"十四五"应用型本科院校系列教材/机械工程类

U0222779

主　编　朱斌海　毕经毅　丁　娟
副主编　李玉龙　褚宝柱　陈福民
主　审　鲁建慧

图学原理与工程制图

Principles of Graphics and Engineering Drawing

新形态教材
扫描书内二维码

哈尔滨工业大学出版社

内 容 简 介

本书是按照教育部制定的高等学校工科本科"画法几何及工程制图课程教学基本要求"及"工程制图基础课程教学基本要求",根据应用型本科院校人才培养目标及教学特点,结合编者多年的教学经验编写而成的。

本书主干内容包括:制图的基本知识和基本技能,点、直线、平面的投影,立体的投影,组合体,轴测图,机件常用的表达方法,标准件和常用件,零件图,装配图,等等。内容编排注重实用性,对画法几何部分内容中关于线面、面面相对位置的一般情况,截交线和相贯线的一般情况,进行了大量削减,全书内容精练、深入浅出、图文并茂,将基本概念和基础理论融入图例中讲解,使学生容易理解和掌握。全书采用最新颁布的国家标准《技术制图》《机械制图》。书中图例选编结合工程实际,题目以基本型为主,难易程度由浅入深。同时与该书配套使用的是《图学原理与工程制图习题集》,该习题集图例经典,题型多样,题量丰富,可选择性强。

本书可作为应用型本科院校各专业工程制图课程的教材,也可作为其他类型高等院校相关专业的教学用书,亦可供有关工程技术人员参考。

图书在版编目(CIP)数据

图学原理与工程制图/朱斌海,毕经毅,丁娟主编
. —哈尔滨:哈尔滨工业大学出版社,2024.8
ISBN 978 - 7 - 5767 - 1392 - 3

Ⅰ.①图… Ⅱ.①朱…②毕…③丁… Ⅲ.①工程制图②机械制图 Ⅳ.①TB23②TH126

中国国家版本馆 CIP 数据核字(2024)第 096200 号

策划编辑 杜 燕
责任编辑 李长波
出版发行 哈尔滨工业大学出版社
社 址 哈尔滨市南岗区复华四道街 10 号 邮编 150006
传 真 0451 - 86414749
网 址 http://hitpress.hit.edu.cn
印 刷 哈尔滨市石桥印务有限公司
开 本 787 mm×1 092 mm 1/16 印张 18.25 字数 433 千字
版 次 2024 年 8 月第 1 版 2024 年 8 月第 1 次印刷
书 号 ISBN 978 - 7 - 5767 - 1392 - 3
定 价 43.80 元

"十四五"应用型本科院校系列教材

编委会

序

哈尔滨工业大学出版社策划的"'十四五'应用型本科院校系列教材"即将付梓,诚可贺也。

该系列教材卷帙浩繁,凡百余种,涉及众多学科门类,定位准确,内容新颖,体系完整,实用性强,突出实践能力培养。不仅便于教师教学和学生学习,而且满足就业市场对应用型人才的迫切需求。

应用型本科院校的人才培养目标是面对现代社会生产、建设、管理、服务等一线岗位,培养能直接从事实际工作、解决具体问题、维持工作有效运行的高等应用型人才。应用型本科与研究型本科和高职高专院校在人才培养上有着明显的区别,其培养的人才特征是:①就业导向与社会需求高度吻合;②扎实的理论基础和过硬的实践能力紧密结合;③具备良好的人文素质和科学技术素质;④富于面对职业应用的创新精神。因此,应用型本科院校只有着力培养"进入角色快、业务水平高、动手能力强、综合素质好"的人才,才能在激烈的就业市场竞争中站稳脚跟。

目前国内应用型本科院校所采用的教材往往只是对理论性较强的本科院校教材的简单删减,针对性、应用性不够突出,因材施教的目的难以达到。因此亟须既有一定的理论深度又注重实践能力培养的系列教材,以满足应用型本科院校教学目标、培养方向和办学特色的需要。

哈尔滨工业大学出版社出版的"'十四五'应用型本科院校系列教材",在选题设计思路上认真贯彻教育部关于培养适应地方、区域经济和社会发展需要的"本科应用型高级专门人才"精神,根据原黑龙江省委书记吉炳轩同志提出的关于加强应用型本科院校建设的意见,在应用型本科试点院校成功经验总结的基础上,特邀请黑龙江省9所知名的应用型本科院校的专家、学者联合编写。

本系列教材突出与办学定位、教学目标的一致性和适应性,既严格遵照学科体系的知识构成和教材编写的一般规律,又针对应用型本科人才培养目标及与之相适应的教学特点,精心设计写作体例,科学安排知识内容,围绕应用讲授理论,做到"基础知识够用、实践技能实用、专业理论管用"。同时注意适当融入新理论、新技术、新工艺、新成果,并且制作了与本书配套的PPT多媒体教学课件,形成立体化教材,供教师参考使用。

"'十四五'应用型本科院校系列教材"的编辑出版,是适应"科教兴国"战略对复合型、应用型人才的需求,是推动相对滞后的应用型本科院校教材建设的一种有益尝试,在应用型创新人才培养方面是一件具有开创意义的工作,为应用型人才的培养提供了及时、可靠、坚实的保证。

希望本系列教材在使用过程中,通过作者和读者的共同努力,厚积薄发、推陈出新、精益求精,不断丰富、不断完善、不断创新,力争成为同类教材中的精品。

前　　言

本书是按照教育部制定的高等学校工科本科"画法几何及工程制图课程教学基本要求"及"工程制图基础课程教学基本要求",根据应用型本科院校人才培养目标及教学特点,结合编者多年的教学经验编写而成的。

本书具有如下特点:

(1)坚持以工程实践应用为目的、理论基础要为实践应用服务的原则,大量削减了画法几何内容,对线面、面面相对位置,截交线,相贯线的内容安排以基本题型为主,适合应用型本科的教学需要,体现了应用型本科的教学特点。

(2)强化草绘能力和计算机绘图能力的培养,适度削减手工绘图。

(3)内容新颖,深入浅出,图文并茂。全书采用最新国家标准。

全书共九章,另加绪论和附录,主要内容有制图的基本知识和基本技能,点、直线、平面的投影,立体的投影,组合体,轴测图,机件常用的表达方法,标准件和常用件,零件图及装配图。

本书可作为应用型本科院校各专业工程制图课程的教材,也可作为其他类型高等院校相关专业的教学用书,亦可供有关工程技术人员参考。

与本书配套的《图学原理与工程制图习题集》(陈福民、郝亮、李天舒主编)由哈尔滨工业大学出版社同时出版。

本书编写分工如下:第1~3章由哈尔滨华德学院朱斌海编写;第4~5章由哈尔滨华德学院毕经毅编写;第6~7章由哈尔滨华德学院丁娟编写;第8章由哈尔滨华德学院李玉龙编写;第9章由哈尔滨华德学院褚宝柱编写;附录1~6由哈尔滨华德学院陈福民编写。全书由朱斌海统稿、定稿,由鲁建慧主审。

由于编者水平有限,不足之处在所难免,衷心希望读者不吝赐教。

编　者
2024 年 6 月

目　　录

绪　　论

🔩 本课程的研究对象和主要任务

在工程技术中,为了准确表示工程对象的结构、形状、尺寸和技术要求等,根据投影原理、制图国家标准及相关规定画出的图,称为图样。在产品研发过程中,设计者通过图样来表达自己的设计思想,制造者通过图样来领会设计意图并按图样进行产品加工、制造及检验,所以图样是工程技术人员表达设计意图和进行技术思想交流的重要工具,是生产中重要的技术文件,因此,被喻为"工程界共同的技术语言"。对于工程技术人员来说,如果不懂这种语言,就等于不会说工程话,所以,作为未来的工程技术人员,学好这种语言就好比从小要学好语言文字一样重要。

工程图学技术基础就是专门研究如何运用正投影的基本理论和方法,绘制和阅读工程图样的课程。本课程是工科院校学生一门重要的必修专业基础课,其主要任务是:

(1)学习正投影的基本理论及应用。

(2)学习利用传统和现代绘图工具及徒手绘制图样的方法。

(3)培养空间构思和空间想象能力。

(4)熟悉技术制图和机械制图国家标准,培养查阅技术资料的能力。

(5)培养绘图、读图能力。

(6)培养认真负责的工作态度和严谨细致的工作作风。

🔩 本课程的学习特点和学习方法

在学习本课程的过程中,除了学习系统的理论知识外,还需要进行丰富的实践操作,因此本课程是一门实践性很强的专业基础课,其核心内容是如何正确运用正投影原理和制图国家标准快速绘制与识读工程图样。因此,在学习过程中,不能仅满足于对理论和标准的理解,必须将这些理论知识和生产实际密切结合。为学好本课程,建议采用以下几种学习方法。

(1)图物转换。本课程的核心内容之一是如何利用二维平面图形来表示三维空间形体,以及通过二维平面图形来想象三维空间形体。因此,学习本课程的主要方法是始终牢记把物体的投影与物体的形状紧密联系在一起,不断地"由物画图"和"由图想物",既要思考视图的形成,又要想象物体的形状,在图物相互转换的过程中,逐步提高绘图能力与读图能力。

(2)学练结合。课前预习、课中学习与课后练习紧密结合,在学中练、在练中学。课前预习应结合章节内容进行,了解内容的重点和难点;课中学习应紧密跟随教师的引导分析和示范教学,认真学习相应的知识与技能;课后练习要在课中学习后及时进行,完成课后布置的习题,以便巩固课中学习所获取的知识与技能,并严格按照正确的绘图方法和绘图步骤训练绘图技能,正确使用绘图工具,做到投影正确、尺寸齐全、字体工整、图线分明、图面干净。

(3)严格执行国家标准。图样是国际工程界通用的技术语言,是根据国际上共同遵守的规则绘制的。自 1959 年我国正式颁布国家标准《机械制图》至今,相继多次对该标准进行了修订,并且又制定了国家标准《技术制图》,它是各专业制图标准共同遵守的通则性规定。因此,无论是学习本课程还是今后走向工作岗位,都必须严格遵守国家标准的各项规定,牢记国家标准中的规定画法、特殊表示法、尺寸标法、技术要求的标法等,养成认真、严谨、细致的作图习惯和一丝不苟的工作作风。

第 1 章

制图的基本知识和基本技能

⚙ 本章导读

机械图样是表达工程技术人员的设计意图和设计方案的重要技术文件。机械图样作为技术交流的共同语言,必须遵守统一的规范,即严格按照国家标准《技术制图》和《机械制图》的统一规定绘制,否则会对生产和技术交流造成阻碍,甚至造成混乱。为此,在绘制机械图样前,应首先掌握国家标准《技术制图》与《机械制图》的一些规定,学习绘图工具与仪器的正确使用方法、常用几何图形的画法、平面图形的分析与绘制、徒手绘图等。

⚙ 素质目标

(1)树立爱党爱国的坚定信念,培养社会责任感和使命感。

(2)培养精益求精、科学严谨、追求卓越的工匠精神。

(3)严格执行机械制图国家标准的基本规定,养成认真、严谨、细致的作图习惯。

⚙ 学习目标

(1)掌握国家标准中关于图纸、比例、字体和图线的有关规定。

(2)掌握常见尺寸标法,能够判别图线画法和尺寸标注中的错误。

(3)能够正确使用绘图工具与仪器,熟练绘制几何图形。

(4)掌握简单平面图形的分析方法、作图步骤及尺寸标注。

(5)了解徒手绘图的作图方法与技巧。

1.1 国家标准《技术制图》与《机械制图》中的一些规定

图样是机器制造过程中的重要技术文件之一,为了便于生产和进行技术交流,对图样的格式、内容、表达方法等必须做统一规定。我国自 1959 年颁布了国家标准《机械制图》以来,先后多次进行修订,其目的是逐步与国际标准接轨。国家标准《技术制图》和《机械制图》内容很多,本节只摘要介绍国家标准《技术制图》和《机械制图》中常用的有关内容。

1.1.1 图纸幅面和格式(GB/T 14689—2008)

1. 图纸幅面尺寸

绘制图样时,优先采用表1.1中规定的图纸幅面尺寸,必要时也允许选用加长幅面。加长幅面的尺寸是由基本幅面的短边成整数倍增加后得出的,如图1.1中的虚线部分。

表1.1　图纸幅面及周边尺寸

幅面代号		A0	A1	A2	A3	A4
宽(B)×长(L)/(mm×mm)		841×1 189	594×841	420×594	297×420	210×297
周边尺寸	e/mm	20			10	
	c/mm	10			5	
	a/mm	25				

2. 图框格式

无论图样是否装订,均应在图幅内画出图框和对中符号,图框线用粗实线绘制,对中符号是从周边中点画入框内5 mm的一段粗实线,如图1.2所示。当遇到标题栏时,进入标题栏内的一段不画(图1.3)。需要装订的图样,其图框格式如图1.3(a)所示,周边尺寸a、c按表1.1中规定,一般采用A4幅面竖装或A3幅面横装。不留装订边的图样,其图框格式如图1.3(b)所示,周边尺寸e按表1.1中规定。同一产品的图样只能采用一种图框格式。

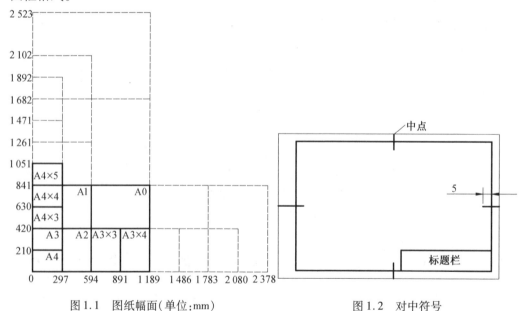

图1.1　图纸幅面(单位:mm)　　　　　图1.2　对中符号

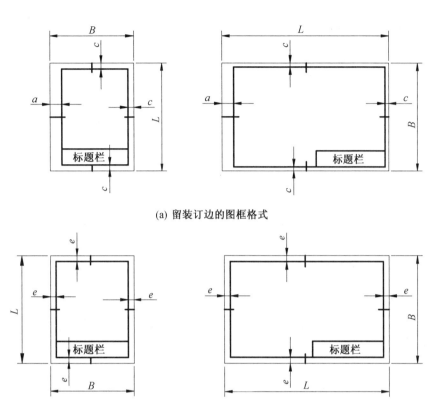

(a) 留装订边的图框格式

(b) 不留装订边的图框格式

图 1.3　图框格式

3. 标题栏的方位与格式

标题栏的位置一般在图纸的右下角,标题栏中文字方向为看图方向,如图 1.3 所示。必要时,可将图纸逆时针转 90°,此时应在图纸下边对中符号处加画一个方向符号,如图 1.4 所示,以明确绘图或看图方向。方向符号为一倒立的等边三角形,其画法如图 1.5 所示。

国家标准《技术制图　标题栏》(GB/T 10609.1—2008) 推荐标题栏的格式、内容和尺寸如图 1.6 所示。标题栏的外框线为粗实线,其右边和底边与图框线重合。内部分栏线一般用细实线绘制。填写的字体除图样名称、单位名称及图样代号用 10 号字外,其余皆用 5 号字。填写标题栏时,日期可写成三种形式,例如,2010 年 5 月 30 日应填写为 20100530 或 2010-05-30 或 2010 05 30。"共　张　第　张"应填写同一代号的图样总张数及该张在总张数中的张次。较简单的零件或装配体,一般只用一张图样表达,此时可不填写张数和张次。

投影符号:当采用第三角画法时,需填写第三角画法的投影符号,如采用第一角画法时,可以省略标注。

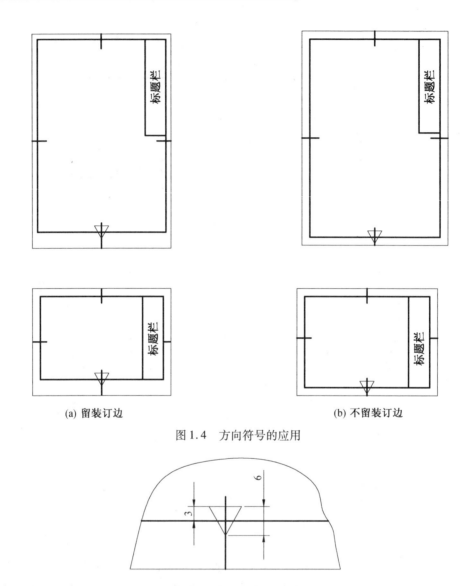

(a) 留装订边   (b) 不留装订边

图 1.4　方向符号的应用

图 1.5　方向符号的画法(单位:mm)

1.1.2　比例(GB/T 14690—1993)

　　图中图形与其实物相应要素的线性尺寸之比称为比例。绘制图样时,一般优先选用表 1.2 中不带括号的比例。在标注尺寸时,图样无论放大或缩小,均应按机件的实际尺寸标注。每张图样,均应在标题栏的"比例"一栏中填写比例,如"1∶1"或"1∶2"等。

　　绘图时,应尽可能按机件实际大小画出,即采用 1∶1 的比例,这样可以直接从图样中获得机件的真实大小。但是,由于不同机件结构形状和大小差别很大,因此对大而简单的机件可采用缩小的比例,对小而复杂的机件可采用放大的比例。

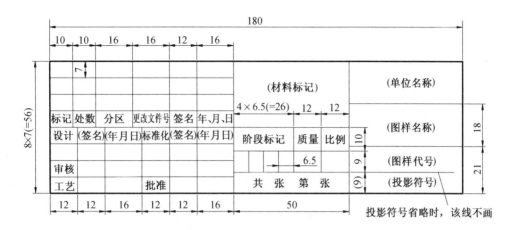

图 1.6　标题栏的格式(单位:mm)

注:1.第一角画法的投影符号为"⊏⊙⊐ ";

2.第三角画法的投影符号为"⊙⊏⊐";

3.投影符号画法为"⊏⊙⊐",h 为图中尺寸数字字体高,$H=2h$,d 为粗实线宽。

表 1.2　比例

原值比例	$1:1$
缩小比例	$(1:1.5),1:2,(1:2.5),(1:3),(1:4),1:5,(1:6),1:10,(1:1.5\times10^{n}),$ $1:2\times10^{n},(1:2.5\times10^{n}),(1:3\times10^{n}),(1:4\times10^{n}),1:5\times10^{n},(1:6\times10^{n}),1:1\times10^{n}$
放大比例	$2:1,(2.5:1),(4:1),5:1,2\times10^{n}:1,(2.5\times10^{n}:1),(4\times10^{n}:1),5\times10^{n}:1,1\times10^{n}:1$

注:1.n 为正整数;

2.不带括号的为优先选用的比例,带括号的为必要时允许选用的比例。

　　绘制同一机件的各个视图时,应采用相同的比例,并将所采用比例统一填写在标题栏中。但当某个视图需要采用不同的比例时,则必须另行标注,如图 1.7 所示。

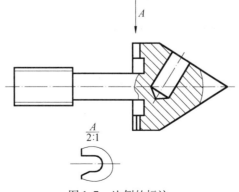

图 1.7　比例的标注

1.1.3　字体（GB/T 14691—1993）

图样中书写的汉字、数字、字母必须做到字体工整、笔画清楚、间隔均匀、排列整齐；各种字体的大小要选择适当。字体的高度（用 h 表示）代表字体的号数（单位：mm），如 7 号字的高度为 7 mm。字体的高度公称尺寸系列为 1.8、2.5、3.5、5、7、10、14、20（mm）8 种。如需书写更大的字，其字体高度应按 $\sqrt{2}$ 的比率递增。

1. 汉字的书写要求

图样中的汉字应写成长仿宋体（汉字不宜采用小于 3.5 号的字），其字宽约为 $h/\sqrt{2}$，并采用国家正式公布推行的简化字。长仿宋体的书写要领是横平竖直、注意起落、结构匀称、填满方格。长仿宋体字的基本笔画及其写法如表 1.3 所示。

表 1.3　长仿宋体字的基本笔画及其写法

基本笔画	点	横	竖	撇	捺	挑	勾	折
形状	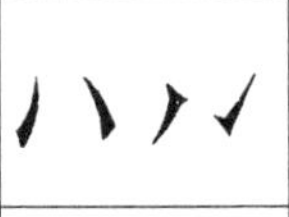 ハ ヽ	 一	 丨	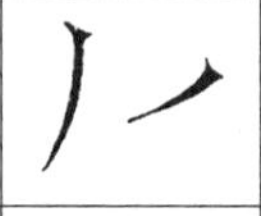 ノ	 ＼ ＼	 一	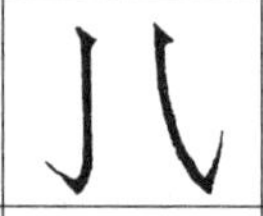 几	 フ乚
写法	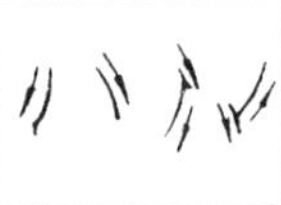	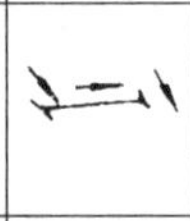			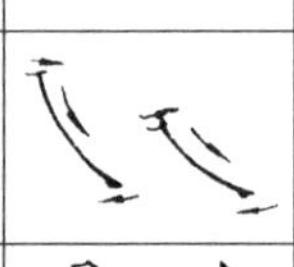			
字例	点 溢	王	中	厂 千	分 建	均	才 戈	国 出

长仿宋体字的示例如下：

10 号字

字体工整　笔画清楚　间隔均匀　排列整齐

7 号字

螺栓齿轮键销轴承泵体盖叉架盘零件装配体比例公差配合

5 号字

制图技术机械工程学院制造电气采矿汽车材料港口纺织焊接热处理土木园林财管

2. 数字和字母的书写要求

数字和字母有斜体和直体两种，斜体字的字头向右倾斜，与水平基准线成 75°角。用作指数、分数、极限偏差、注脚等的数字及字母，一般采用小一号的字。

数字和字母分为 A 型和 B 型。A 型字体笔画宽度（d）为字高（h）的 1/14，B 型字体笔画宽度（d）为字高（h）的 1/10。在同一张图样上，只允许选用一种形式的字体。

字母、数字的字体示例如图 1.8 所示。

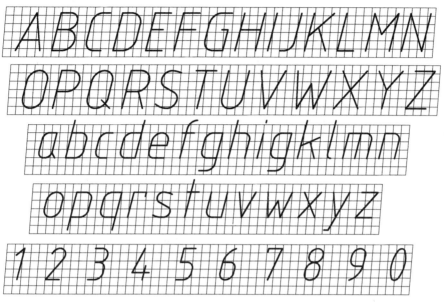

图 1.8　字母、数字的字体示例

1.1.4　图线及其画法(GB/T 17450—1998、GB/T 4457.4—2002)

1. 图线的形式及应用

《技术制图　图线》(GB/T 17450—1998)规定了 15 种基本线型。《机械制图　图样画法　图线》(GB/T 4457.4—2002)选用了 15 种基本线型中的 4 种:01 实线、02 虚线、04 点划线、05 双点划线。机械制图常用的线型由这 4 种基本线型分粗、细演变成 9 种,如表 1.4 所示。

2. 图线尺寸

(1)图线宽度。

所有线型的图线宽度 d 应按图样的类型和尺寸大小在下列数系中选择(该数系公比为 $1:\sqrt{2}\approx1:1.4$):0.13 mm,0.18 mm,0.25 mm,0.35 mm,0.5 mm,0.7 mm,1 mm,1.4 mm,2 mm。

机械制图中,只采用两种线宽,粗实线宽度 d 优先选用 0.7 mm 和 0.5 mm,细实线宽度为 $0.5d$。

(2)线素的长度。

线素指的是不连续的独立部分,如点、长度不同的画线和间隔。表1.4列出了机械制图常用线型的线素长度,手工绘图时线素的长度符合表 1.4 所示的规定,且全图一致。但为了图样清晰和绘图方便起见,可按习惯用很短的短画代替点,在一般情况下可按如图 1.9 所示的尺寸画细虚线、细点划线、细双点划线。

表 1.4　机械制图的图线及应用

序号	代码	线　型		主要用途
1	01.1	细实线	————————	尺寸线和尺寸界线、剖面线、指引线和基准线、弯折线、过渡线
2		波浪线	〜〜〜〜	断裂处的边界线、局部剖视图的边界线
3		双折线	⋀⋁	大零件断裂处的边界线
4	01.2	粗实线	▬▬▬▬	可见轮廓线、相贯线、剖切符号用线、模样分型线
5	02.1	细虚线	— — — —	不可见轮廓线。画长 $12d$,短间隔长 $3d$
6	02.2	粗虚线	▬ ▬ ▬	允许表面处理的表示线。画长 $12d$,短间隔长 $3d$
7	04.1	细点划线	—‧—‧—‧—	对称中心线、回转体的轴线。点长 $\leqslant 0.5d$,短间隔长 $3d$,长画长 $24d$
8	04.2	粗点划线	▬‧▬‧▬	有特殊要求的表面的表示线。点长 $\leqslant 0.5d$,短间隔长 $3d$,长画长 $24d$
9	05.1	细双点划线	—‧‧—‧‧—	相邻辅助零件的轮廓线、极限位置的轮廓线、轨迹线、中断线。点长 $\leqslant 0.5d$,短间隔长 $3d$,长画长 $24d$

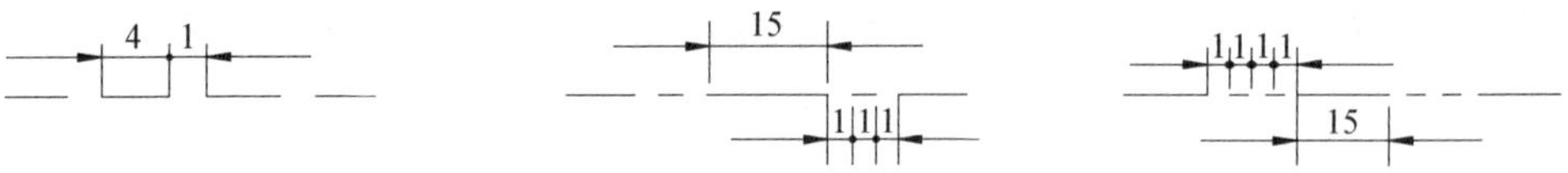

图 1.9　细虚线、细点划线、细双点划线的线素长度(单位:mm)

3.绘制图线注意事项

①同一张图样中,同类图线宽度、间隔、短画应基本一致。当图中的图线发生重合时,其优先表达顺序为粗实线、细虚线、细点划线。

②两条平行线(包括剖面线)之间的距离应不小于粗实线的两倍宽度,其最小距离不得小于 0.7 mm。

③绘制圆的对称中心线(细点划线)时,圆心应为长画的交点,且超出轮廓 2 ~ 3 mm。点划线和双点划线的首末两端应是线段而不是短画,如图 1.10(a)所示。对于直径小于12 mm 的圆,细点划线可用细实线代替,如图 1.10(b)所示。

④细虚线相交或细虚线与其他图线相交时,不能交于空隙处,如图 1.10(c)所示。

⑤当细虚线是粗实线延长线时,应将粗实线画至分界点,留一段空隙再画虚线,以表示两种图线的分界,如图 1.10(d)所示。

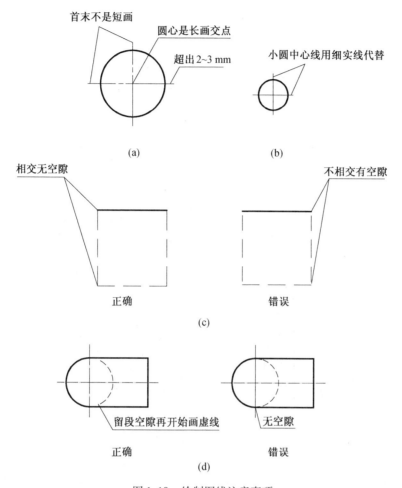

图 1.10　绘制图线注意事项

1.1.5　尺寸注法(GB/T 4458.4—2003)

1. 基本规则

①机件的真实大小应以图样上所注的尺寸数值为依据,与图形大小及绘图的准确度无关。

②图样中的尺寸一般以 mm 为计量单位,不需标注计量单位的代号或名称。如果用其他计量单位,则必须注明相应的计量单位的代号或名称。

③图样中所标注的尺寸,为该图样所示机件的最后完工尺寸,否则应另加说明。

④机件的每一个尺寸,一般只标注一次,并应标注在反映该结构最清晰的图形上。

2. 尺寸组成

一个完整尺寸应包括尺寸界线、尺寸线、尺寸线终端、尺寸数字 4 个基本要素,如图 1.11 所示。

(1)尺寸界线。

尺寸界线用以表示尺寸的起止范围,用细实线绘制,并由图形的轮廓线、轴线、对称中心线等处引出,也可用轮廓线、轴线、对称中心线代替。一般应与尺寸线垂直,并超出尺寸

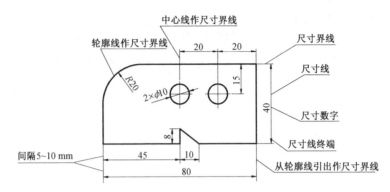

图 1.11　尺寸组成

线的末端 2 ~ 5 mm,如图 1.11 所示。必要时才允许与尺寸线倾斜,如在光滑过渡处标注尺寸时,当尺寸界线不能清晰引出,可用细实线将轮廓线延长,在交点处引出倾斜的尺寸界线,如图 1.12 所示。

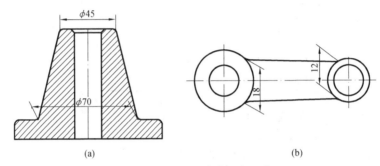

图 1.12　光滑过渡处标注尺寸

（2）尺寸线。

尺寸线用来表示尺寸度量的方向,用细实线绘制。尺寸线不能用其他图线代替,也不能与其他图线重合或画在其延长线上。同方向尺寸线之间间隔应均匀,间隔为 5 ~ 10 mm（图1.11）。标注线性尺寸时,尺寸线必须与所注的线段平行。尺寸线不能相互交叉,而且要避免与尺寸界线交叉。

（3）尺寸线终端。

尺寸线终端用来表示尺寸的起止,有两种形式。

①箭头。其放大后的形式如图 1.13(a)所示。

②斜线。用细实线绘制,其形式如图 1.13(b)所示。

同一张图样中只能采用一种尺寸线终端形式,机械图样中通常以箭头为尺寸线终端形式。

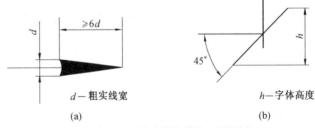

图 1.13　尺寸线终端的两种形式

（4）尺寸数字。

尺寸数字用以表示所注机件的实际大小。尺寸数字一般注写在尺寸线的上方或中断处，同一图样写法要一致。机械图样中尺寸数字一般写在尺寸线的上方，如图1.14所示。水平方向为字头向上；垂直方向为字头向左；倾斜方向为字头有朝上趋势，并尽可能避免在图示 30°范围内标注尺寸，如图 1.15所示。当无法避免时可按图 1.16 的形式标注。尺寸数字不可被任何图线所通过。必要时将该图线断开，如图 1.17 所示。

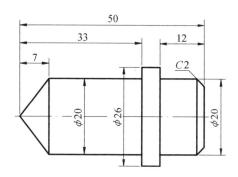

图 1.14　尺寸数字的注写

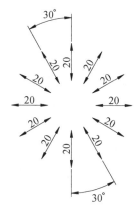

图 1.15　尺寸数字方向

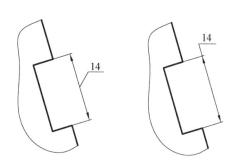

图 1.16　30°角范围内尺寸数字的标注方法

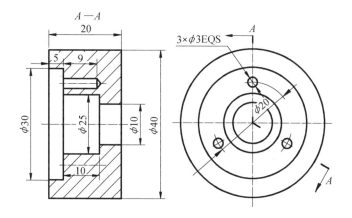

图 1.17　尺寸数字经过图线时的标注方法

常见的尺寸标注方法如表 1.5 所示。

表 1.5 常见的尺寸标注方法

项　　目	图　　例	说　　明
圆及圆弧尺寸标注方法	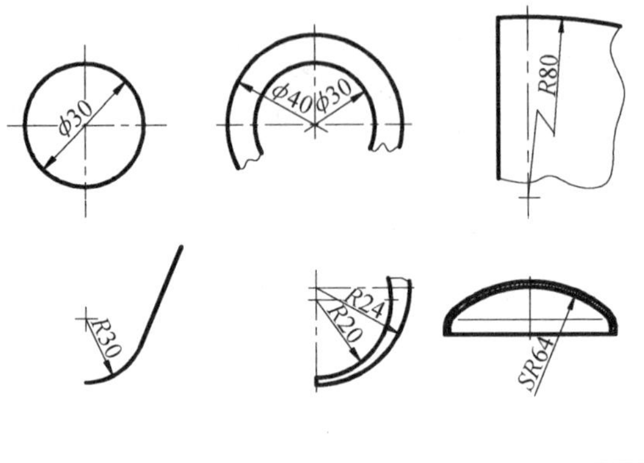	标注圆或大于半圆的圆弧时,尺寸线通过圆心,以圆周为尺寸界线,其尺寸线终端采用箭头形式,尺寸数字前加注直径符号"ϕ";标注小于或等于半圆的圆弧时,尺寸线自圆心引向圆弧,其尺寸线终端只画一个箭头,数字前加注半径符号"R"。当圆弧半径过大或在图纸范围内无法标出其圆心位置或圆心位置不需注明时,按图例中右面两个图的方法标注
小尺寸标注方法	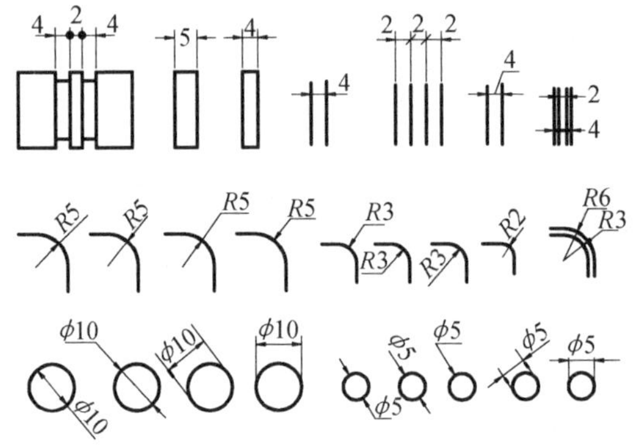	在尺寸界线之间没有足够位置画箭头及注写数字时,箭头可外移,也可用圆点或斜线代替,尺寸数字也可写在尺寸线外引出标注
球面尺寸标注方法	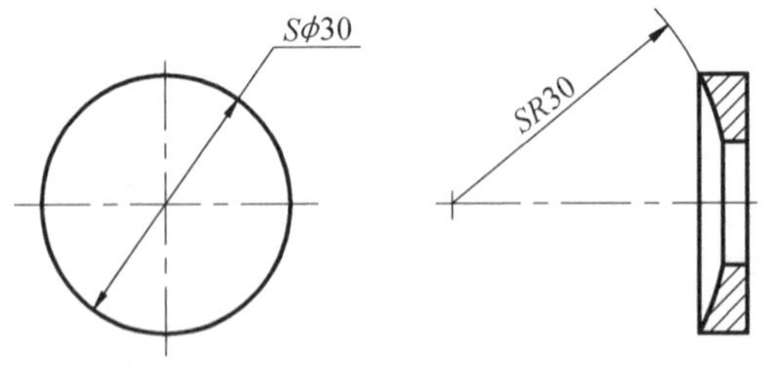	标注球面的直径或半径尺寸时,应在符号"ϕ"或"R"前再加注符号"S"
角度尺寸标注方法	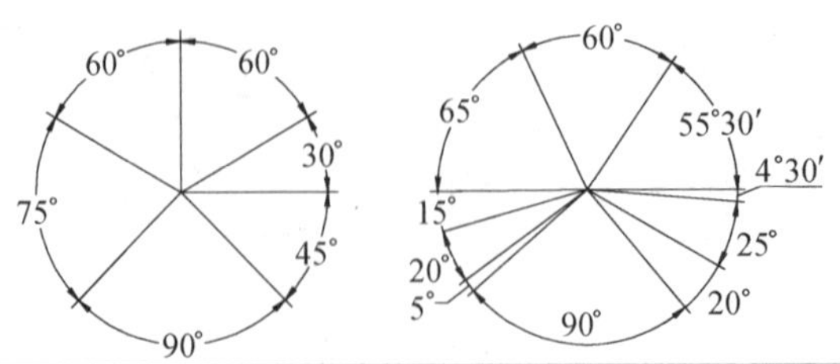	角度数字一律按水平方向注在尺寸线中断处,必要时可写在尺寸线的上方或外边,也可引出标注

3. 常见的尺寸标注符号及缩写词

常见的尺寸标注符号或缩写词如表 1.6 所示。符号的比例画法如图 1.18 所示。

表 1.6　常见的尺寸标注符号或缩写词

含　义	符号或缩写词	含　义	符号或缩写词
直径	ϕ	正方形	□
半径	R	深度	T
球直径	$S\phi$	沉孔或锪平	⊔
球半径	SR	埋头孔	⌄
厚度	t	弧长	⌒
均布	EQS	斜度	∠
45°倒角	C	锥度	◁

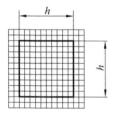
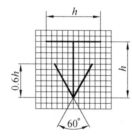
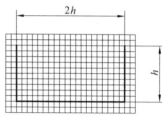
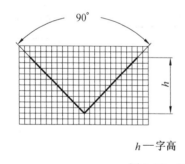
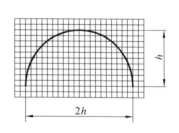

h—字高

图 1.18　尺寸标注常用符号的比例画法

1.2　绘图工具及其使用

1.2.1　图板和丁字尺

图板是用来固定图纸的,表面必须平整。图板的左侧面是丁字尺上下移动的导边,须平直。在绘图前,用胶带将图纸固定在图板的适当位置上,并使图板与水平面倾斜约20°,以便于画图,如图 1.19 所示。

丁字尺是用来画水平线的,它由尺头和尺身两部分组成。尺头的内侧与尺身上边(工作边)应保持垂直,使用时须将尺头紧靠图板左侧,然后利用尺身上边画水平线,切忌用下边画线,如图 1.20 所示。

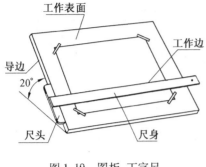

图 1.19 图板、丁字尺

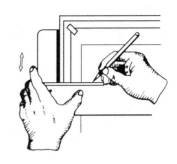

图 1.20 用丁字尺画水平线

1.2.2 三角板

一副三角板包括两块,一块为45°的等腰直角三角形,另一块为30°和60°的直角三角形。绘图用三角板各角度必须准确,各边必须平直。用三角板与丁字尺配合可以画垂直线及与水平线成15°角整倍数的倾斜线(图1.21)。两块三角板配合,还可以画已知直线的平行线和垂直线(图1.22)。

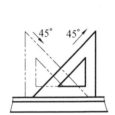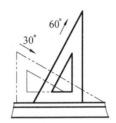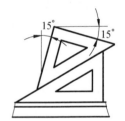

图 1.21 三角板配合丁字尺画特殊角度直线

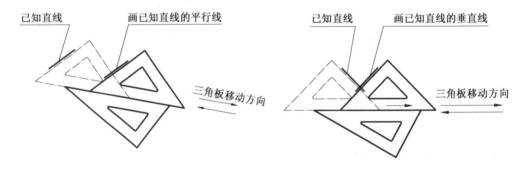

图 1.22 画已知直线的平行线和垂直线

1.2.3 分规和圆规

分规用来量取线段和试分线段。分规两腿端带有钢针,如图1.23(a)所示。当两腿合拢时,两针尖应合成一点,如图1.23(b)所示。用分规截取等长线段及分割线段,如图1.23(c)所示。

　　圆规用来画圆或圆弧。换上针尖插腿,也可作分规用。圆规的一条腿上装有钢针,钢针一端有台阶。画圆时用带台阶的针尖。另一条腿上具有肘形关节,可装铅笔插腿,用来画铅笔图,如图 1.24 所示。

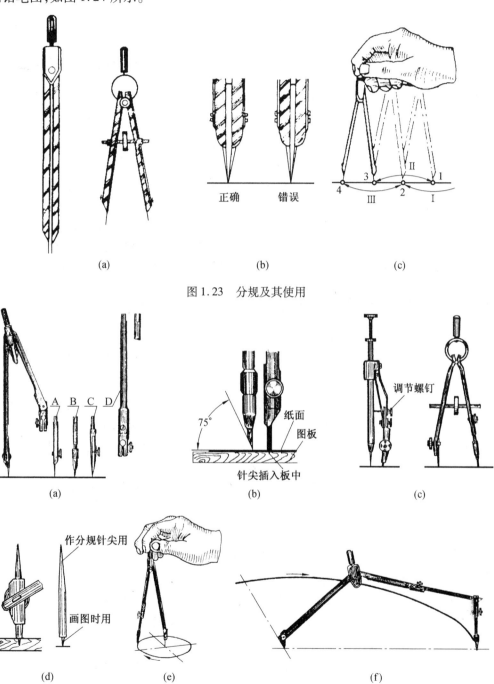

(a)　　　　　　　　　　(b)　　　　　　　　　　(c)

图 1.23　分规及其使用

(a)　　　　　　　　　　(b)　　　　　　　　　　(c)

(d)　　　　　　(e)　　　　　　　　　(f)

图 1.24　圆规及其应用

1.2.4 铅笔

绘图铅笔一般用 H 和 B 分别表示铅芯的软硬。可根据绘制的线型选用不同软硬的铅笔。画底稿时,用较硬的铅笔,如 H、2H,加深时则用较软的铅笔,如 HB、B。写字时,用 H、HB 铅笔。铅笔可削成锥形或楔形,如图 1.25 所示。锥形适用于画底稿和写字,以及画细实线;楔形则用于画粗实线。铅笔应从无字一端开始使用,以保留铅芯软硬标识。

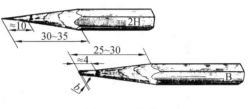

图 1.25　铅笔

1.3　几何作图

无论多么复杂的图样,都可以看成是由直线、圆弧及其他曲线组成的基本图形按一定的几何关系连接而成的。因此,只要掌握这些基本图形的画法,然后采用合理的作图步骤进行作图,就可以提高画图速度,还可以保证画图质量。

1.3.1　等分圆周及作圆内接正多边形

1. 圆的六等分及作正六边形

圆的内接正六边形的边长等于其外接圆半径,所以六等分圆及作正六边形可按图 1.26(a)所示方法;也可利用丁字尺、三角板配合作图,如图 1.26(b)所示。

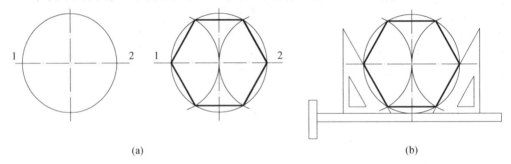

(a)　　　　　　　　　　　　　　　　　　(b)

图 1.26　圆的内接正六边形的画法

2. 圆的五等分及作正五边形

圆的五等分及正五边形作法如图 1.27 所示。作出半径 OB 的中点 E,以 E 为圆心、EC 为半径画圆弧交 OA 于 F 点,CF 即为圆内接正五边形的边长。

3. 圆的 n 等分及作正 n 边形

以 $n = 7$ 等分圆及作正七边形为例,说明其作图方法,如图 1.28 所示。

① 将直径 AB 分为 $n = 7$ 等份,得分点 1、2、3、4、5、6、7;

② 以 B 为圆心、AB 为半径画圆,交水平直径延长线于点 M、N;

③ 将 N 与其中的奇数点或偶数点相连并延长,连接 $N2$、$N4$、$N6$,分别交圆周于 Ⅵ、Ⅴ

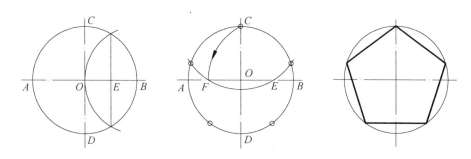

图 1.27 圆的内接正五边形的画法

和 Ⅳ 点,作出其对应点 Ⅰ 、Ⅱ 、Ⅲ ;

④ 顺次连接各点(点 Ⅰ 到点 Ⅶ),即得圆的内接正七边形。

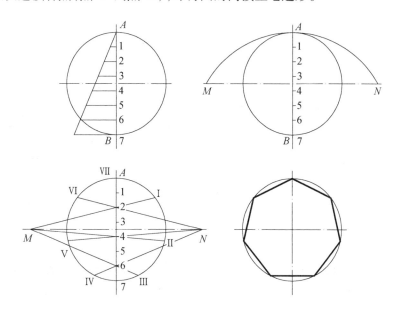

图 1.28 圆的内接正七边形的画法

1.3.2 斜度和锥度

1.斜度

一直线或平面相对于另一直线或平面的倾斜程度称为斜度,如图 1.29 所示。直线 AC 对水平线 AB 的斜度,用 BC 与 AB 长度之比(即倾角 α 的正切值)来度量。工程上常用 $1:n$ 形式来表示,n 为正整数。根据已知斜度作图,其方法如图 1.30(a)、图 1.30(b)所示,这是槽钢的断面图。先作已知斜度(1∶10)的直线,然后过带斜度线段上的任一点作所作直线的平行线,再根据其他所给的尺寸完成槽钢断面图。

斜度的标注如图 1.30(c)所示。用斜度符号标注在图形上有斜度的位置上。注意斜度符号的方向与所画斜度方向一致。

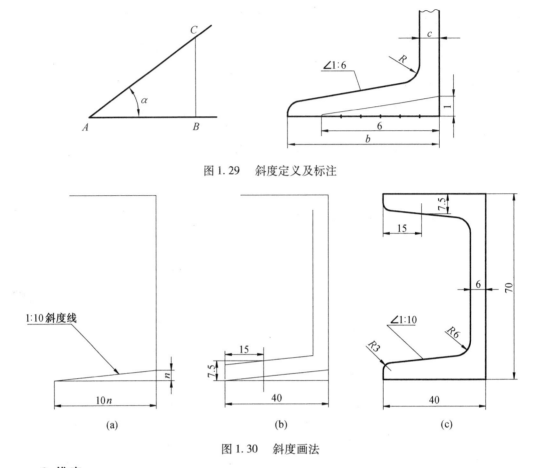

图 1.29　斜度定义及标注

图 1.30　斜度画法

2. 锥度

正圆锥底圆直径与其高度之比称为锥度。对于圆台,则为两底圆直径之差与其高度之比,如图 1.31 所示。工程上亦用 $1:n$ 的形式来表示,如图 1.31(c) 所示。

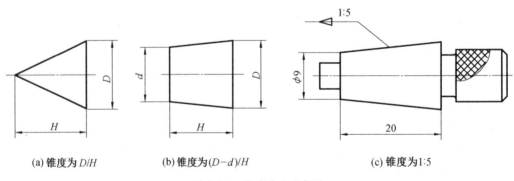

(a) 锥度为 D/H　　　　(b) 锥度为 $(D-d)/H$　　　　(c) 锥度为 1:5

图 1.31　锥度定义及标注

根据已知锥度作图,其方法如图 1.32(a)、图 1.32(b) 所示。首先画出已知锥度的辅助小圆锥,然后过已知点 A、B 作小圆锥轮廓线的平行线,最后根据所给的其他尺寸完成全图。

锥度的标注如图 1.31(c)、图 1.32(c) 所示,用锥度符号标注在图形有锥度的位置

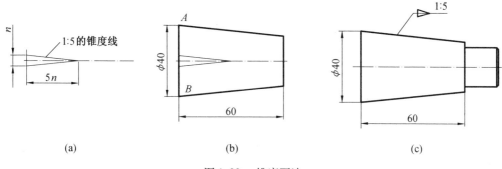

图 1.32　锥度画法

上,符号的方向应与所画锥度方向一致。

斜度和锥度符号的画法如图 1.33 所示。

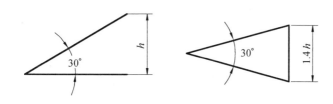

h— 字体的高度;符号线宽为 h/10

图 1.33　斜度和锥度符号的画法

1.3.3　椭圆

1. 同心圆法

如图 1.34 所示,首先分别以长轴 AB 和短轴 CD 为直径作两个同心圆,然后过圆心作一系列直线,与两圆相交得一系列点,过与大圆的交点作短轴的平行线,过小圆上的交点作长轴的平行线,两组相应直线的交点即为椭圆上的点,最后用曲线板将所得交点连接成光滑曲线,即得椭圆。

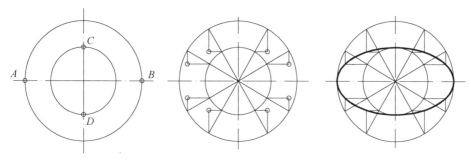

图 1.34　同心圆法画椭圆

2. 四心圆法

如图 1.35 所示,首先作出椭圆的长轴 AB 及短轴 CD,然后连接 AC,并取 CE = OA −

OC,得 E 点,再作 AE 的中垂线,交长短轴分别于1、2两点,并作出其对称点3、4,连接14、12、32和34并延长,最后分别以1、3为圆心,$1A$ 为半径画圆弧,再以2、4为圆心,$2C$ 为半径画圆弧,即得四心圆法绘制的近似椭圆。

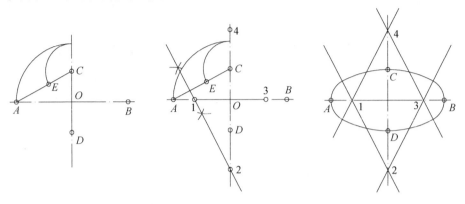

图 1.35　四心圆法画椭圆

1.3.4　圆弧连接

画图时,常遇到从一条线(直线或圆弧)光滑地过渡到另一条线的情况,这种光滑过渡就是平面几何中的相切,在制图中称为连接。作图时,连接弧的半径是给定的,而连接弧的圆心(连接中心)和切点(连接点)需要通过作图确定。

1. 圆弧连接的作图原理

①半径为 R 的圆弧若与已知直线相切,其圆心轨迹是距已知直线为 R 的平行线,由圆心向已知直线作垂线,垂足为切点,如图 1.36(a) 所示。

②半径为 R 的圆弧若与已知圆弧(圆心为 O_1,半径为 R_1)相切,其圆心轨迹是已知圆弧的同心圆。此同心圆的半径 R_2 根据相切情况而定:当两圆弧外切时,$R_2 = R_1 + R$,如图 1.36(b) 所示;当两圆弧内切时,$R_2 = |R_1 - R|$,如图 1.36(c) 所示;连心线 OO_1 与圆弧的交点或连心线 OO_1 延长线与圆弧 R_1 的交点即为切点(连接点)。

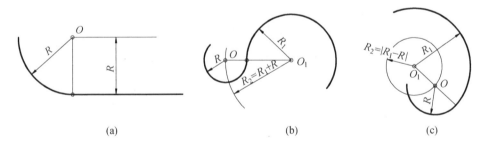

|(a)|(b)|(c)|

图 1.36　圆弧连接的作图原理

2. 圆弧连接的几种情况

①用半径为 R 的圆弧连接两已知直线。Ⅰ 和 Ⅱ 为两已知直线,用半径为 R 的圆弧连接起来。首先要求连接弧的圆心,为此,作与直线 Ⅰ 和 Ⅱ 距离为 R 的平行线 Ⅲ 和 Ⅳ,其

交点 O 即为所求的圆心。然后从圆心 O 分别向两直线作垂线,垂足 K_1 和 K_2 即为连接点。以 O 为圆心,以 R 为半径画圆弧 K_1K_2,即把二直线光滑连接起来。如图 1.37 所示。

②用半径为 R 的圆弧连接一直线和一圆弧。已知直线 Ⅰ,已知圆弧的圆心为 O_1,半径为 R_1,如图 1.38 所示。

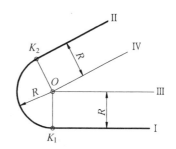

图 1.37　圆弧连接两已知直线

与已知直线 Ⅰ 相切的连接弧圆心轨迹为与直线 Ⅰ 距离为 R 的直线 Ⅱ,与已知圆弧相切的连接弧圆心轨迹为已知弧的同心圆,半径为 $R_2 = R_1 + R$ 或 $R_2 = |R_1 - R|$,两轨迹的交点即为连接中心。由此圆心向已知直线作垂线,垂足 K_1 为一个连接点;连心线与已知圆弧的交点 K_2 为另一连接点。求得圆心和连接点后,即可用已知半径 R 作出连接弧,图 1.38 分别为两种不同情况的作法。

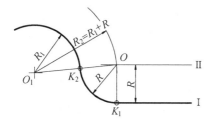
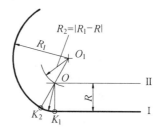

图 1.38　用圆弧连接直线和圆弧

③用半径为 R 的圆弧连接两已知圆弧。这种连接形式有三种情况:连接弧与两已知圆弧皆外切;连接弧与两已知圆弧皆内切;连接弧与一已知圆弧外切,与另一已知圆弧内切。

两已知圆弧的圆心分别为 O_1、O_2,半径分别为 R_1、R_2。现以与两已知圆弧皆外切为例说明作法,如图 1.39(a)所示。

分别以 O_1 和 O_2 为圆心,以 $R + R_1$ 和 $R + R_2$ 为半径画圆弧,其交点即为连接弧圆心 O;连心线 OO_1 和 OO_2 与两已知弧的交点 K_1、K_2 即为连接点。以 O 为圆心,以 R 为半径画弧 K_1K_2 即把两已知圆弧连接起来。

其他两种情况的画法,如图 1.39(b)、图 1.39(c)所示。

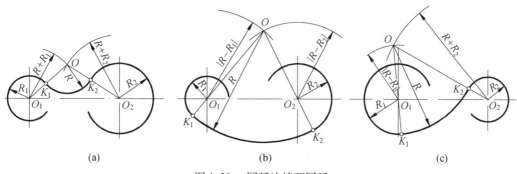

图 1.39　圆弧连接两圆弧

1.4　平面图形的尺寸标注和线段分析

平面图形通常是由一些线段和一个或数个封闭线框构成。画图时,要根据平面图形中所标注的尺寸,分析其中各组成部分的形状、大小和它们的相对位置,从而确定正确的画图步骤。

1.4.1　平面图形的尺寸分析

平面图形中各组成部分的大小和相对位置是由其所标注的尺寸确定的。平面图形中所标注的尺寸,按其作用可分为以下两类:

1. 定形尺寸

用以确定平面图形各组成部分的形状和大小的尺寸,称为定形尺寸,例如,线段长、圆的直径、圆弧的半径等。如图 1.40 中,圆弧尺寸 $\phi20$、$\phi6$、$SR6$、$R6$、$R56$、$R40$、$\phi30$,线段长度 14、12 均为定形尺寸。

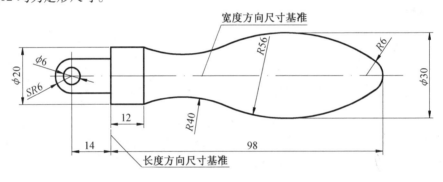

图 1.40　平面图形尺寸分析

扫一扫　看模型

2. 定位尺寸

用以确定平面图形中各组成部分之间相对位置的尺寸,称为定位尺寸。因为平面图形反映两个方向尺寸,所以一般情况下平面图形中每一部分都有两个方向的定位尺寸。例如,图 1.40 中尺寸 98 为圆弧 $R6$ 长度方向的定位尺寸,14 为 $\phi6$、$SR6$ 的长度方向的定位尺寸,宽度方向的定位尺寸省略未注,这是因为圆心在轴线上。

标注定位尺寸起始位置的点或线,称为尺寸基准。在平面图形中一般要有长度和宽度两个方向的基准,通常选取对称图形的对称线、较大圆的中心线、图形底线或端线作为尺寸基准。如图 1.40 中,长度方向尺寸基准选取左侧较长的直线,宽度方向则以对称线作为尺寸基准。

应当指出,有的尺寸既属于定形尺寸,又可视为定位尺寸。如图 1.40 中的尺寸 12 既是定形尺寸,又可看作与其相连图形的长度方向的定位尺寸。

1.4.2 平面图形的线段分析

根据所给出的尺寸的多少,将平面图形的线段分为三种:

1. 已知线段

图中所注尺寸齐全,根据所给尺寸能直接画出的线段,称为已知线段。已知线段是圆弧时,称为已知圆弧。若圆弧半径 R 和圆心位置尺寸 (x,y) 都已知,则称为已知圆弧,如图 1.40 中的 $R6(92,0)$,$\phi6(-14,0)$,$SR6(-14,0)$,均为已知圆弧。

2. 中间线段

图中所注尺寸少一个,要根据线段一端与相邻线段相切关系才能作出的线段,称为中间线段。中间线段是圆弧时,称为中间圆弧,如图 1.40 中的 $R56(x,\pm41)$ 属于中间圆弧。

3. 连接线段

图中所注尺寸少两个,靠线段两端与相邻线段相切关系才能作出的线段,称为连接线段。连接线段为圆弧时,称为连接圆弧,如图 1.40 中的 $R40$ 属于连接圆弧。

1.4.3 平面图形的画图步骤

在对平面图形进行尺寸分析和线段分析之后,就可得出画图步骤,先画已知线段,再画中间线段,最后画连接线段。现以图 1.40 所示平面图形为例,说明画图的具体步骤:

①选基准,画基准线,如图 1.41(a)所示;
②画已知线段,如图 1.41(b)所示;
③画中间线段 $R56$,如图 1.41(c)所示;
④画连接线段 $R40$,如图 1.41(d)所示。
⑤检查、整理无误后,加深并标注尺寸,如图 1.40 所示。

1.4.4 平面图形的尺寸标注

标注平面图形尺寸时,首先要对平面图形进行分析,弄清由哪些基本几何图形构成,并确定已知线段、中间线段和连接线段,从而弄清各部分之间的相互关系。然后选择合适的尺寸基准,依次注出各部分的定位尺寸和定形尺寸。

例 1.1 注出图 1.42(a)所示平面图形的尺寸。

1. 分析图形,确定基准

选水平中心线为宽度方向基准。左边圆的竖直中心线为长度方向基准。

2. 注定形尺寸

$\phi40$、$\phi20$、$\phi10$、$\phi16$、$R10$、$R35$、$R30$、$R11$、$\phi46$、15。如图 1.42(b)所示。

3. 注定位尺寸

$\phi16$、$\phi46$ 圆心定位尺寸是 83,$R11$、$\phi10$ 圆心定位尺寸是 46,22 为线段 15 的长度定位尺寸,$\phi20$、$\phi40$ 圆心坐标为 $(0,0)$。其他圆弧均为连接圆弧,不用注定位尺寸,如图 1.42(c)所示。完成后的尺寸标注如图 1.42(d)所示。

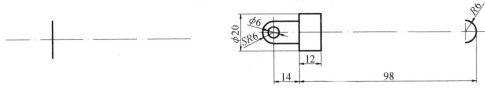

(a) 选基准，画基准线

(b) 画已知线段

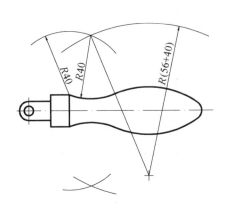

(c) 画中间线段

(d) 画连接线段

图 1.41　平面图形的画图步骤

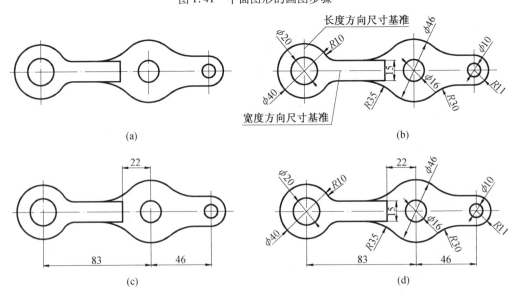

(a)

(b)

(c)

(d)

图 1.42　平面图形尺寸注法

1.5　绘图方法和步骤

1.5.1　尺规绘图方法和步骤

1. 绘图前的准备工作

（1）准备工具。

准备好所用的绘图工具和仪器,磨好所需铅笔和圆规上的铅芯。

（2）安排工作地点。

使光线从图板左前方向射入,并将需要的工具放在方便处。

（3）固定图纸。

用透明胶带固定图纸,一般按对角线方向顺次固定,使图纸平整。当图纸较小时,应将图纸布置在图板的左下方,但要使图板的底边与图纸的下边距离大于丁字尺的宽度,以便放置丁字尺(图1.43)。

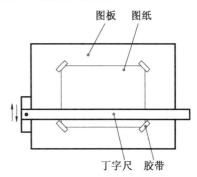

图 1.43　固定图纸

2. 画底稿

用削尖的 H 或 2H 铅笔轻轻地画出,并经常磨削铅笔。步骤如下:

①定比例,选图纸幅面。根据所要绘制图形的大小和复杂程度,确定合适的绘图比例和图纸幅面。

②先画图纸幅面边线,再画图框、标题栏(图1.44)。

③布图。选基准、画基准线以确定各图在图框中的位置(图1.45)。

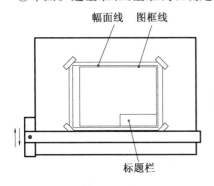

图1.44　画图框、标题栏

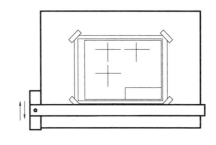

图1.45　布图

④画已知线段。

⑤画中间线段。

⑥画连接线段。

⑦画尺寸线、尺寸界线、剖面符号(在底稿中可只画一部分,其余在加深时再全部画出)。

3. 加深底稿

加深粗实线用 B 或 HB 铅笔,加深虚线及细实线用削尖的 H 或 2H 铅笔,写字和画箭头用 HB 或 H 铅笔。画图时,圆规的铅芯应比画直线的铅芯软一级。加深图线时用力要均匀,还应使加深的图线均匀地分布于底稿线的两侧。在加深时,应该做到线型正确,粗细分明,连接光滑,图面整洁,同一种线型规格一致。在加深前,应认真校对底稿,修正错误或不妥之处,并擦净多余线条和污垢。擦图时要用擦图片控制擦去的范围,并用橡皮顺纸纹方向擦净。步骤如下:

①加深所有粗实线的圆和圆弧;
②从上向下依次加深所有水平粗实线;
③从左向右依次加深所有垂直粗实线;
④从图的左上方开始,依次加深所有倾斜方向的粗实线;
⑤按加深粗实线的同样步骤加深所有的虚线圆和圆弧,水平、铅垂和倾斜方向的虚线;
⑥加深所有细点划线、细实线、波浪线等;
⑦检查全图,注尺寸,填写标题栏。

1.5.2 徒手绘图及其画法

徒手绘图指的是用铅笔,不用丁字尺、三角板、圆规(或者部分使用绘图仪器)的手工绘图;草图(即徒手图)是指以目测估计比例,徒手绘制的图形。

在机器测绘、讨论设计方案、技术交流、现场参观时,受现场条件或时间的限制,经常绘制草图。有时也可将草图直接供生产使用,但大多数情况下,要再整理成正式图。徒手绘制草图可以加速新产品的设计、开发,有助于组织、形成和拓展思路,便于现场测绘,节约作图时间等。因此,工程技术人员除了要学会用尺规、仪器和计算机绘图外,还必须具备徒手绘制草图的能力。

1. 徒手绘制草图的要求

①画线要稳,图线要清晰;
②目测尺寸尽量准确,各部分比例匀称;
③绘图速度要快;
④标注尺寸无误,字体工整。

2. 徒手绘图的方法

徒手绘图所使用的铅笔笔芯磨成圆锥形,画对称中心线和尺寸线的磨得较尖,画可见轮廓线的磨得较钝。所使用的图纸无特别要求,为方便可使用印有浅色方格或菱形格的作图纸。

一个物体的图形无论怎样复杂,总是由直线、圆、圆弧和曲线所组成,因此要画好草图,必须掌握徒手画各种线条的手法。

(1)握笔的方法。

手握笔的位置要比尺规作图高一些,以利于运笔和观察目标。笔杆与纸面成 45° ~

60°,执笔稳而有力。

(2)直线的画法。

徒手绘图时,手指应握在铅笔上离笔尖约 35 mm 处,手腕和小手指与纸面的压力不要太大。画直线时,手腕不要转动,眼睛看着画线的终点,轻轻移动手腕和手臂,使笔尖向着要画的方向做直线运动,画水平线时以图 1.46(a)所示方向画线较为顺手,这时图纸可斜放。画竖直线时自上而下运笔,如图 1.46(b)所示。

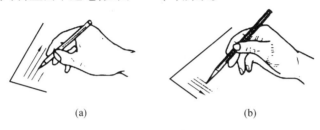

(a)　　　　　　　　　　　(b)

图 1.46　徒手画直线的方法

(3)特殊角度线的画法。

30°、45°、60°等角度可利用直角三角形对应边的近似比例关系确定两直角边端点,然后连接画出,如图 1.47 所示。

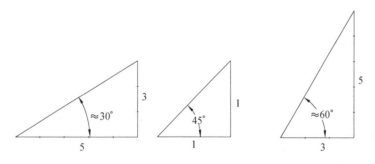

图 1.47　特殊角度线的画法

(4)圆及圆角的画法。

徒手画图时,应先定圆心及画中心线,再根据半径大小用目测在中心线上定出四点,然后过这四点画圆,如图 1.48(a)所示。当圆的直径较大时,可过圆心增画两条 45°的斜线,在线上再定四个点,然后过这八个点画圆,如图 1.48(b)所示。当圆的直径很大时,可取一纸片标出半径长度,利用它从圆心出发定出许多圆周上的点,然后通过这些点画圆。或用手作圆规,小手指的指尖或关节作圆心,使铅笔尖与它的距离等于所需的半径,用另一只手小心地慢慢旋转图纸,即可得到所需的圆。

画圆角时,先用目测在分角线上选取圆心位置,使它与角的两边距离等于圆角的半径大小。过圆心向两边引垂直线定出圆弧的起点和终点,并在分角线上也画出一圆周点,然后用徒手作圆弧把这三点连接起来。

(5)方格纸绘制草图的方法。

将图形中的直线与方格纸上的线条重合,可以很方便地控制各部分比例和画线方向,并且容易保证各图之间的对应关系。图 1.49 为在方格纸上徒手画物体的三视图。

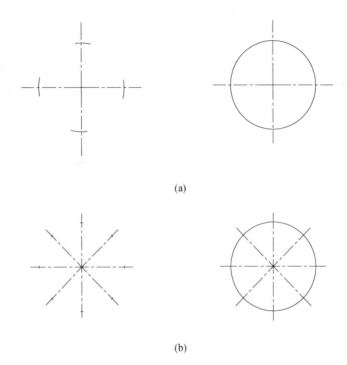

(a)

(b)

图 1.48　圆的画法

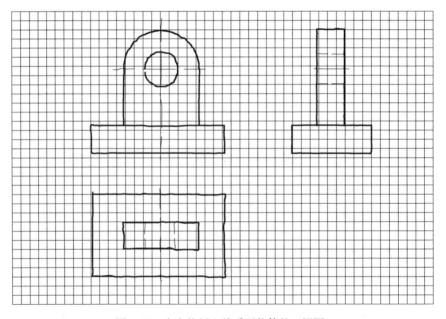

图 1.49　在方格纸上徒手画物体的三视图

⚙ 思政元素

　　"没有规矩,不成方圆"是人们比较熟悉的一句贤文,出自《孟子·离娄上》:"不以规矩,不能成方圆。"原意是说如果没有规和矩,就无法制作出方形和圆形的物品,后来引申为行为举止的标准和规则。1959 年我国颁布了《机械制图》的第一个国家标准,工程图学进入一个崭新的发展阶段。机械制图是机械行业的重要"语言",它是机械技术人员交流与表达思想的重要工具,机械制图的绘制内容主要包括图形、尺寸、技术要求和标题栏等,绘制图样的内容都必须严格遵循国家标准,因此这就要求机械制图人员能保持严谨认真的制图习惯。

第 2 章

点、直线、平面的投影

⚙ 本章导读

众所周知,机械图样是按照正投影原理和制图国家标准的有关规定绘制的,机件的结构形状是通过机械图样中的视图来表示的。要快速、正确、熟练地绘制和识读机械图样,就必须认真学习投影的形成过程,牢固掌握多面正投影图之间的对应关系。为此,本章重点介绍多面正投影的形成过程与投影规律,以及点、直线、平面的投影规律等,初步培养空间想象能力,为更好地学习绘图技能打下坚实的理论基础。

⚙ 素质目标

(1)树立爱党爱国的坚定信念,激发投身国家建设的使命担当。
(2)培养空间想象能力和抽象思维能力,养成精益求精、科学严谨的作图习惯。

⚙ 学习目标

(1)了解投影法,掌握正投影的基本特性。
(2)理解三投影面体系的建立,掌握三投影面投影的形成过程。
(3)理解三投影面间的投影关系,掌握三投影面投影的画法及作图步骤。
(4)能够熟练地在多面正投影和立体图上分析相应的点、直线、平面的投影,并能判断点、直线和平面的空间位置。

2.1　投　影　法

2.1.1　投影法的建立

在日常生活中,人们可以观察到,室内物体在阳光或灯光的照射下,会在地面、桌面或墙上出现影子,如图 2.1(a)所示,三角板在灯光的照射下,桌面上出现了它的影子。在图 2.1(b)中,设想把电灯光源视为一点 S,称为投射中心,A、B、C 为空间点,桌面 H 为投影面。由 S 经空间点 A、B、C 所引的直线 SA、SB、SC,称为投射线,各投射线与投影面的交点

a、b、c，称为点 A、B、C 在 H 面上的投影，将投影 a、b、c 按空间关系相连得一平面图形，即为 $\triangle ABC$ 在 H 面上的投影。这种用投影表示空间物体的方法，称为投影法。

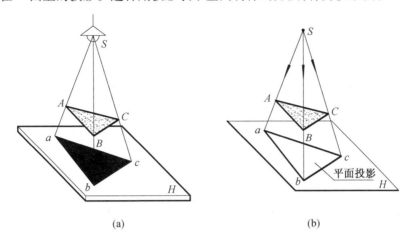

图 2.1 中心投影法

2.1.2 投影法的分类

投影法可根据投射线平行或汇交分为两类。

1. 中心投影法

如图 2.1(b) 所示，投射线汇交于一点 S（投射中心）的投影方法，称为中心投影法。用中心投影法所得到的投影，称为中心投影。中心投影图形的大小随着物体、投射中心和投影面三者之间相对距离的不同而变化。中心投影法的特点是所得投影的大小不能反映物体的真实大小和形状，工程上多用于绘制建筑效果图。

2. 平行投影法

当投射中心移向无穷远时，所有投射线趋于平行，如图 2.2 所示，其中 S 为投射方向。这种投射线相互平行的投影方法，称为平行投影法。用平行投影法所得到的投影，称为平行投影。

平行投影法按投射线与投影面是否垂直分为斜投影法和正投影法。

投射线倾斜于投影面的平行投影法，称为斜投影法。用斜投影法所得到的投影称为斜投影，如图 2.2(a) 所示。

投射线垂直于投影面的平行投影法，称为正投影法。用正投影法所得到的投影称为正投影，如图 2.2(b) 所示。

正投影法能够准确表达物体的真实形状和大小，作图简便，因此工程上应用广泛。绘制机械图样主要采用正投影法。本书也将主要介绍正投影法，书中凡未做特殊说明的"投影"均指正投影。

2.1.3 正投影的基本特征

1. 点的正投影特征

如图 2.3 所示，过空间点 A 向 H 面作垂线，垂足 a 即为点 A 在 H 面上的投影，因为线

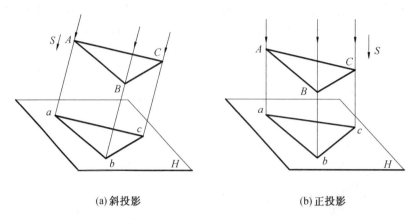

(a) 斜投影　　　　　　　　　　　(b) 正投影

图 2.2　平行投影法

面交点只有一个,所以,当投影面和空间点位置确定后,其投影是唯一确定的。反之,如果 *A* 在 *H* 面上的投影 *a* 已知,则无法确定其空间点的位置。

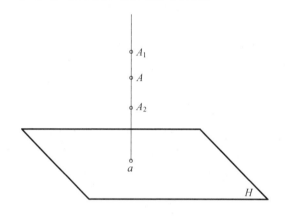

图 2.3　点的正投影特征

2. 直线、平面的正投影特征

(1) 实形性。

直线或平面平行于投影面时,其投影反映实长或实形,这种特征称为实形性(图 2.4(a))。

(2) 积聚性。

直线或平面垂直于投影面时,其投影积聚为一点或一条直线,这种特征称为积聚性(图2.4(b))。

(3) 类似性。

直线或平面倾斜于投影面时,其投影为小于原长或原形的类似形,这种特征称为类似性(图2.4(c))。

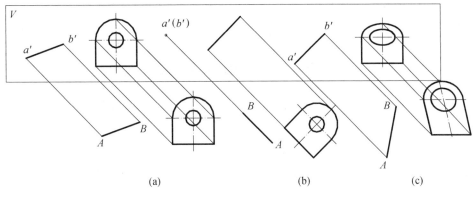

(a) (b) (c)

图 2.4 直线、平面正投影特征

2.2 多面正投影和点的投影

2.2.1 多面正投影

根据点的正投影特征可知,已知点的一个投影,不能唯一确定点的空间位置,空间物体也是如此。因此,只研究物体的一个投影,没有实际意义,通常将物体放置在两个或更多投影面之间,分别向这些投影面作投影,形成多面正投影。《技术产品文件 词汇 投影法术语》(GB/T 16948—1997)规定,物体在互相垂直的两个或多个投影面上,得到正投影之后,将这些投影面旋转展开到同一图面上,使该物体的各个正投影图有规则地配置,并相互之间形成对应关系,这样的图形称为多面正投影或多面正投影图。

任何物体都是由点、线、面等几何元素组成,而点是构成空间物体最基本的几何元素,因此,研究物体的投影首先应从点的投影开始。

2.2.2 点在两投影面体系第一分角中的投影

1. 两投影面体系的建立

空间中互相垂直的正立投影面(简称正面或 V 面)和水平投影面(简称水平面或 H 面)所构成的体系称为两投影面体系。V、H 面交线称为投影轴,用 OX 表示。它将空间划分为四个分角:第一分角①、第二分角②、第三分角③、第四分角④(图 2.5)。这里重点讲述的是第一分角中的情况。

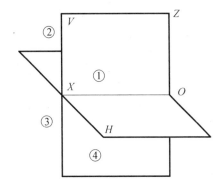

图 2.5 两投影面体系的建立

2. 点的两面投影形成及投影规律

如图 2.6 所示,由点 A 分别作 V、H 面的投射线,该投射线与 V 面交点称正面投影,用 a' 表示,与 H 面交点称水平投影,用 a 表示。由于 $Aa'a_xa$ 与 V、H 面垂直,所以,$a'a_x \perp a_xa \perp OX$。又因为 $Aa\ a_xa'$ 是矩形,所以,$a_xa' =$

aA，$a_X a = a'A$。让 V 面不动，将 H 面绕 OX 轴向下旋转 $90°$ 与 V 面共面，如图 2.6(b) 所示。由于 H 面只有绕 OX 轴转动而无移动，故旋转后 a'、a_X、a 三点共线，$a'a \perp OX$。点在互相垂直的投影面上的投影，在投影面展开成同一个平面后的连线，称为投影连线。

由于平面是无限伸展的，所以在画投影图时不画投影面的边框线，也不标记 V、H、a_X，如图 2.6(c) 所示，即为点 A 的两面投影图。

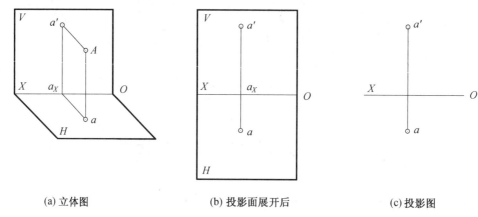

| (a) 立体图 | (b) 投影面展开后 | (c) 投影图 |

图 2.6 点的两面投影形成及投影规律

由此可得点的两面投影特性：

① 点的投影连线垂直于投影轴，即 $a'a \perp OX$。

② 点的投影到投影轴的距离，等于该点到相邻投影面的距离，即 $a'a_X =$ 点 A 到 H 面的距离；$aa_X =$ 点 A 到 V 面的距离。如果已知点的投影 a、a'，假想让 V 面不动，将 H 面绕 OX 向前上方转动 $90°$ 恢复到立体位置，再分别由 a、a' 作 H、V 面的投射线，投射线交点就是唯一确定的点 A 的空间位置。

2.2.3 点在三投影面体系第一分角中的投影

1. 三投影面体系的建立

三投影面体系由互相垂直的三个投影面组成(图 2.7)。其中，正立投影面简称正面，用 V 表示；水平投影面简称水平面，用 H 表示；侧立投影面简称侧面，用 W 表示。三个投影面交线互相垂直，用 OX、OY、OZ 表示，称为投影轴，分别代表长、宽、高三个方向。三根投影轴交于一点 O，称为原点。

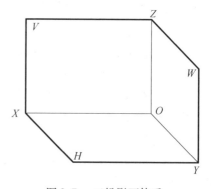

图 2.7 三投影面体系

2. 点的三面投影形成及投影规律

（1）点的三面投影形成。

如图 2.8(a) 所示，将点 A 分别向各投影面进行投影，就得到了它的三个投影：水平投影、正面投影和侧面投影,分别用 a、a' 和 a'' 表示①。

沿 Y 轴方向剪开,并按图示方向旋转 $90°$,将三个投影展平在同一平面上,如图 2.8(b) 所示。由于平面是无限伸展的,因此,通常去掉表示投影面范围的边框及表示投影面的标记,所得到的即为点 A 的三面投影图,如图 2.8(c) 所示。

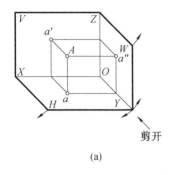
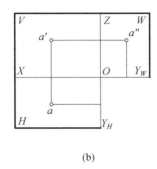
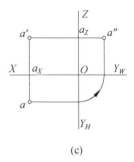

(a)　　　　　　　　　　　(b)　　　　　　　　　　　(c)

图 2.8　点的三面投影形成及投影规律

(2) 点的三面投影规律。

从上述点的三面投影形成,可得出点的三面投影规律:

① 点的正面投影与水平投影的连线垂直于 OX 轴,即 $aa' \perp OX$ 轴;

② 点的正面投影与侧面投影的连线垂直于 OZ 轴,即 $a'a'' \perp OZ$ 轴;

③ 点的水平投影到 OX 轴的距离等于点的侧面投影到 OZ 轴的距离,即 $aa_X = a''a_Z$。

由图 2.8 还可以分析出点的投影到相应投影轴的距离,反映空间该点到相应投影面的距离,即:

水平投影 a 到 X 轴的距离 = 点 A 到 V 面的距离,水平投影 a 到 Y_H 轴的距离 = 点 A 到 W 面的距离;

正面投影 a' 到 X 轴的距离 = 点 A 到 H 面的距离,正面投影 a' 到 Z 轴的距离 = 点 A 到 W 面的距离;

侧面投影 a'' 到 Y_W 轴的距离 = 点 A 到 H 面的距离,侧面投影 a'' 到 Z 轴的距离 = 点 A 到 V 面的距离。

由此可见,已知点的任意两个投影,就可求出点的第三面投影。

例 2.1　已知点 B 的正面投影 b' 和水平投影 b,试求其侧面投影 b''(图 2.9(a))。

解　(Ⅰ) 过 b' 作 $b'b_z \perp OZ$,并延长之(图 2.9(b));

(Ⅱ) 量取 $b''b_Z = bb_X$,求得 b''。或过 b 作 Y_H 轴的垂线,用 $45°$ 分角线或圆弧,保证 $b''b_Z = bb_X$,也可得到 b''(图 2.9(c))。

(3) 点的三面投影和直角坐标的关系。

在图 2.10(a) 中,若将三投影面体系看成是笛卡儿直角坐标系,三个投影面就分别成为三个坐标面,X、Y、Z 轴则对应为坐标轴,三轴交点 O 为坐标原点。空间点的坐标值在投

---

①　空间点用大写字母表示,投影用小写字母表示。H 面上投影不加撇,V 面上投影加一撇,W 面上投影加两撇。

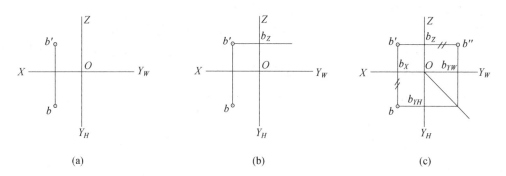

图 2.9　由点的两面投影求第三面投影

影图上的正方向规定为:X 坐标自 O 向左,Y 坐标自 O 向前,Z 坐标自 O 向上。因此,空间点 A 的位置,便可用它的三个直角坐标 x、y、z 表示。

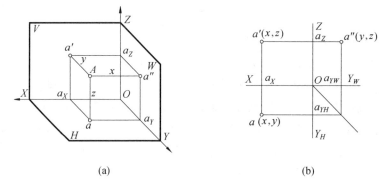

图 2.10　点的三面投影与坐标的关系

$x = a'a_Z = aa_Y$,表示点 A 到 W 面的距离;

$y = aa_X = a''a_Z$,表示点 A 到 V 面的距离;

$z = a'a_X = a''a_Y$,表示点 A 到 H 面的距离。

可见,已知点的坐标 (x,y,z),可以求出点的三面投影。另外,点的任何两个投影中必包含着点的三个坐标,因此,由点的两面投影即可确定点的空间位置,也可作出点的第三面投影。

例 2.2　已知空间点 C 的坐标为 $(12,10,15)$[①],试作其三面投影图。

解　(Ⅰ)作投影轴,在 OX 轴上向左量取 $x = 12$,得 c_X(图 2.11(a));

(Ⅱ)过 c_X 作 OX 轴垂线,在此垂线上沿 OZ 轴方向量取 $z = 15$,得 c';沿 OY_H 轴方向量取 $y = 10$,得 c(图 2.11(b));

(Ⅲ)由 c、c' 作出 c''(图 2.11(c))。

---

①　本书中,凡未写单位的线性尺寸,单位均为 mm。

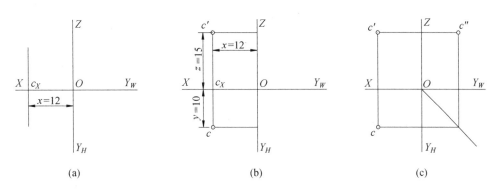

(a)　　　　　　　　　　(b)　　　　　　　　　　(c)

图 2.11　根据点的坐标作投影

2.2.4　空间两点的相对位置

空间两点的相对位置是指两点之间上下、前后和左右方位关系,它可以通过两点的坐标大小来判断。如图 2.12(a) 所示,当点 A 的 x 坐标增大时,点向左移动;y 坐标增大时,点向前移动;z 坐标增大时,点向上移动。在图 2.12(b) 中,由 $Z_C < Z_A$ 可以判断出 C 在 A 下方,由 $Y_C < Y_A$ 可以判断出 C 在 A 后方,由 $X_C > X_A$ 可以判断出 C 在 A 左方。

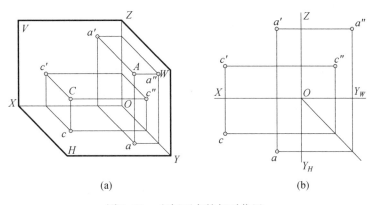

(a)　　　　　　　　　　　　(b)

图 2.12　空间两点的相对位置

2.2.5　重影点及其投影的可见性

当空间两点只有某一个方向存在坐标差时,它们在该方向上的投影重合为一点,该重合投影称为重影点。在图 2.13 中,A、B 两点只有 Z 方向存在坐标差,因此,沿 Z 方向投影,即水平投影重合为一点。重影点中点 A 的 Z 坐标值大,离观察者近,其投影为可见;而点 B 的 Z 坐标值小,在 A 之下不可见,其投影 b 加括号表示。

空间点对其他两投影面的投影为重影点时,可以用类似的方法判别其可见性。

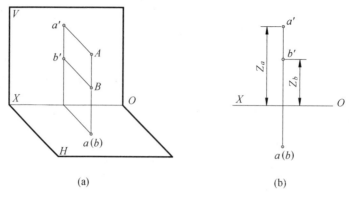

图 2.13　重影点

2.3　直线的投影

2.3.1　直线及属于直线的点的投影

1. 直线的投影

根据直线的正投影特征可知,垂直于投影面的直线,其投影积聚为一点,不垂直于投影面的直线,其投影仍然是直线(图2.4)。

直线是无限伸展的,但由于研究直线是在有限的纸面内,所以这里所指的直线为直线段。由初等几何可知,两点定一直线,所以只要确定直线上两个端点的投影,然后将同面投影相连,即可得到该直线的相应投影。

2. 属于直线的点

属于直线的点有以下两个主要投影特征:

(1) 从属性。

属于直线的点,其各个投影必属于该直线的同面投影(图2.14(a)),K 属于直线 AB,则点 K 的各个投影必属于直线 AB 的同面投影,即 k 属于 ab,k' 属于 $a'b'$,k'' 属于 $a''b''$ (图2.14(b))。

(2) 定比性。

属于直线的点,分割直线成定比,投影后比例关系不变(图2.14),即 $AK:KB = ak:kb = a'k':k'b' = a''k'':k''b''$。

反之,如果点的投影不满足上述两个投影特征,就可判定该点不属于直线,如图2.14(a)中的点 M。

例2.3　如图2.15(a)所示,已知侧平线 DE 的两面投影及属于该直线的点 K 的正面投影 k',试求出其水平投影 k。

解　方法1:根据该直线的两面投影,求出第三面投影,即侧面投影,然后根据属于直线上的点的从属性不变的投影特征求出 k'',最后由点的投影规律求出水平投影 k (图2.15(b))。

方法2:根据属于直线上的点具有定比性不变的特点,不求侧面投影,用初等几何方

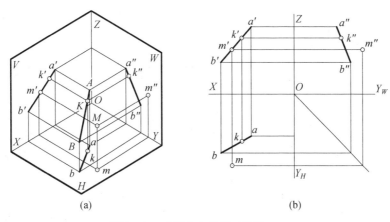

(a)　　　　　　　　　　　(b)

图 2.14　直线和点的相对位置

法直接求出水平投影。在图 2.15(c) 中,从水平投影 de 的任意一端引一射线,在此由点 e 引出,取 $ek_0 = e'k'$,$k_0 d_0 = k'd'$,然后连接 $d_0 d$,从 k_0 引 $d_0 d$ 的平行线,即可求得 de 上的点 k。

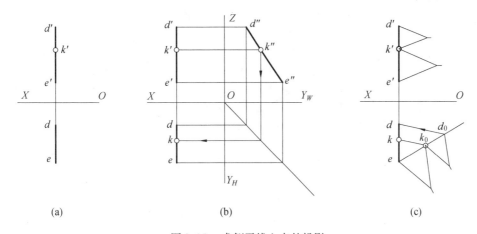

(a)　　　　　　　　(b)　　　　　　　　(c)

图 2.15　求侧平线上点的投影

2.3.2　各种位置直线的投影特征

在三投影面体系中,直线与投影面的相对位置可以分为垂直、平行和倾斜三种情况,下面分别讨论它们的投影特征。

1.投影面垂直线

凡垂直于某一投影面,同时平行于另两个投影面的直线,统称为投影面垂直线,其中垂直于正面的直线称为正垂线,垂直于水平面的直线称为铅垂线,垂直于侧面的直线称为侧垂线。

它们的共同投影特征可归纳为两点:

① 直线在其所垂直的投影面上的投影,积聚为一点;

② 直线的其余两个投影,均平行于相应的投影轴,且反映该直线的实长。

表 2.1 列出了各种投影面垂直线的投影特征。

表 2.1　各种投影面垂直线的投影特征

	正垂线	铅垂线	侧垂线
物体表面上直线举例	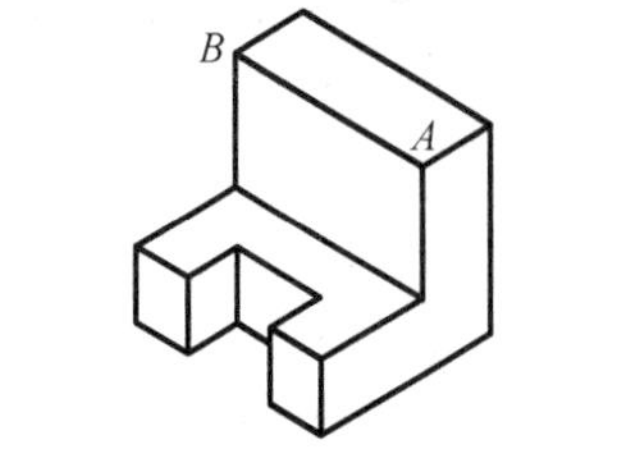	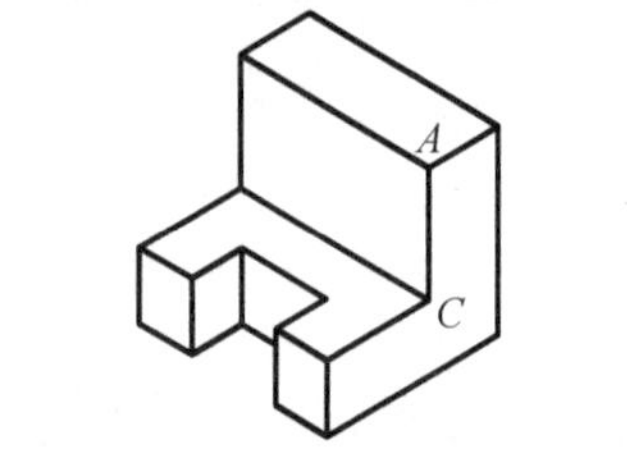	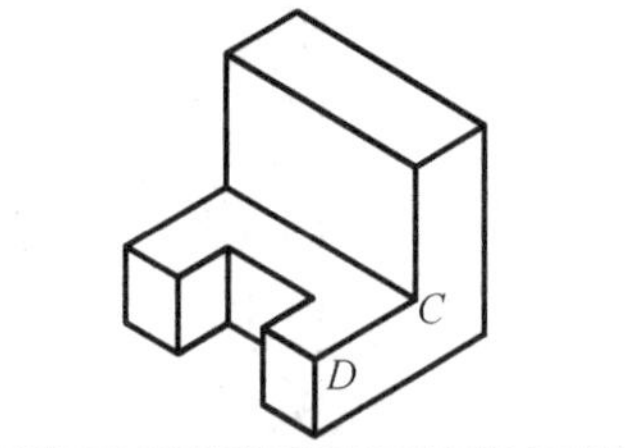
视图	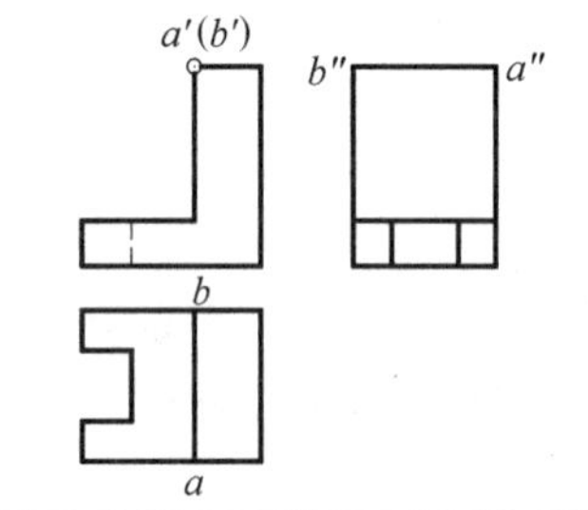	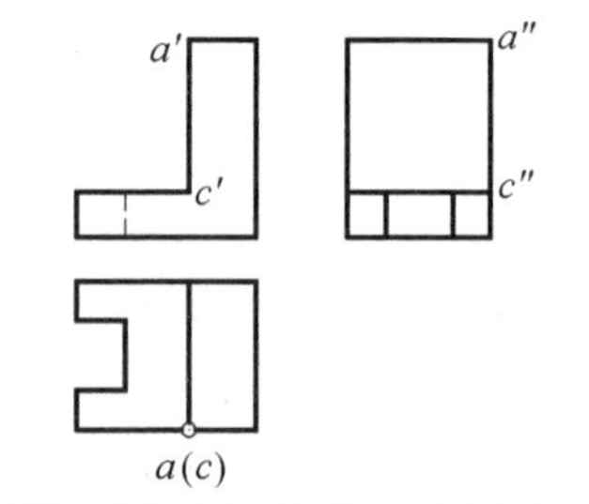	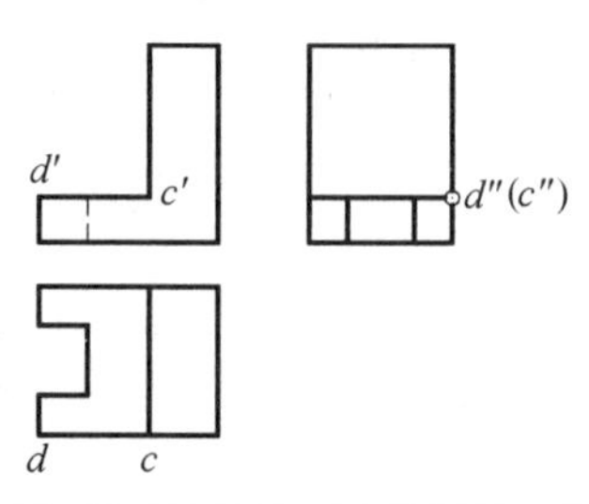
投影图	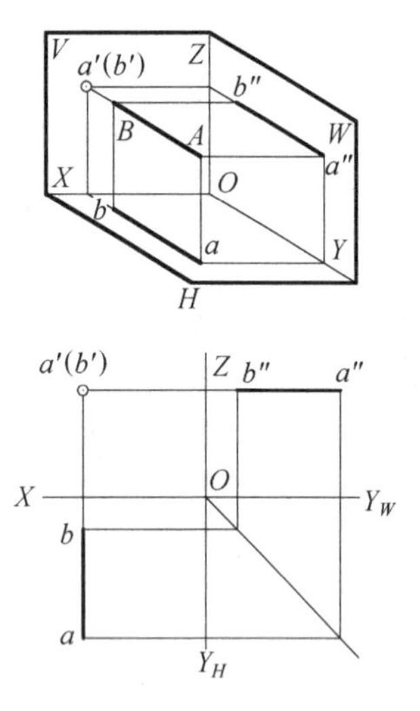	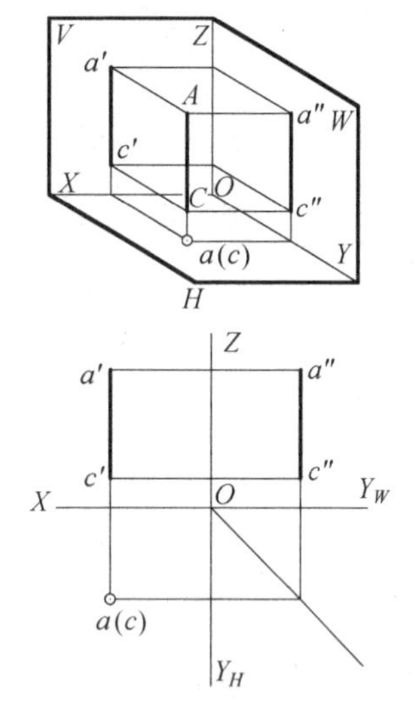	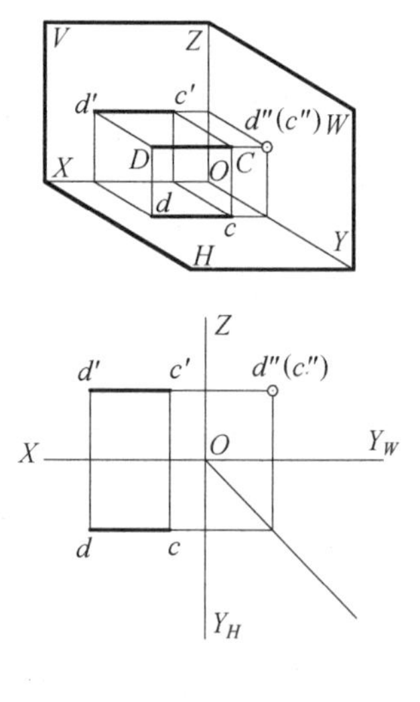
投影特征	①$a'b'$ 积聚成一点； ②ab // OY_H，$a''b''$ // OY_W，都反映实长	①ac 积聚成一点； ②$a'c'$ // OZ，$a''c''$ // OZ，都反映实长	①$d''c''$ 积聚成一点； ②dc // OX，$d'c'$ // OX，都反映实长

2. 投影面平行线

凡平行于某一投影面,同时倾斜于另两个投影面的直线,统称为投影面平行线,其中平行于正面的直线称为正平线;平行于水平面的直线称为水平线;平行于侧面的直线称为侧平线。

表 2.2 列出了各种投影面平行线的投影特征。

它们共同的投影特征可归纳为两点:

① 直线在其平行的投影面上的投影,反映直线实长,同时还反映该直线与另两个投

影面之间的真实倾角①;

② 直线的其余两个投影均分别平行于相应的投影轴。

表 2.2　各种投影面平行线的投影特征

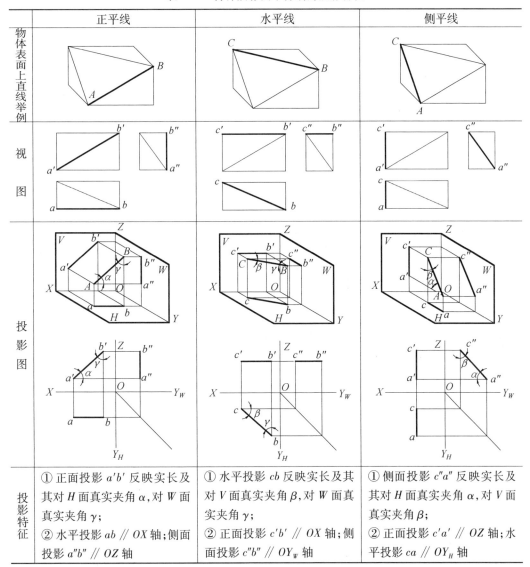

	正平线	水平线	侧平线
物体表面上直线举例			
视图			
投影图			
投影特征	① 正面投影 $a'b'$ 反映实长及其对 H 面真实夹角 α,对 W 面真实夹角 γ; ② 水平投影 ab // OX 轴;侧面投影 $a''b''$ // OZ 轴	① 水平投影 cb 反映实长及其对 V 面真实夹角 β,对 W 面真实夹角 γ; ② 正面投影 $c'b'$ // OX 轴;侧面投影 $c''b''$ // OY_W 轴	① 侧面投影 $c''a''$ 反映实长及其对 H 面真实夹角 α,对 V 面真实夹角 β; ② 正面投影 $c'a'$ // OZ 轴;水平投影 ca // OY_H 轴

3.一般位置直线

凡同时倾斜于三投影面的直线,称为一般位置直线。如图 2.16(a) 所示三棱锥上的 SA 棱线即为一般位置直线的实例。

由图 2.16(b) 的投影图,可归纳其投影特征为三点:

---

①　空间线、面与投影面的夹角称倾角。其与 H 面的倾角用 α 表示;与 V 面的倾角用 β 表示;与 W 面的倾角用 γ 表示。

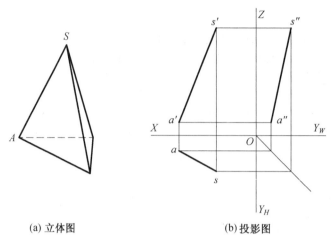

(a) 立体图   (b) 投影图

图 2.16   一般位置直线的投影

① 一般位置直线的三个投影与投影轴都倾斜;

② 一般位置直线的任一投影均不反映该直线实长,且小于实长;

③ 任一个投影与投影轴的夹角,均不反映空间直线与任何投影面间的真实倾角。

2.3.3   两直线的相对位置

任何物体都是由点、线、面组成的,物体上的线和线之间相对位置不同,其投影特征也不同,为准确表达物体和分析物体的视图,必须了解空间两直线处于各种相对位置时的投影特征。物体上直线和直线之间的相对位置有三种情况(图 2.17):平行(如 *AB* 和 *CD*)、相交(如 *CD* 和 *DE*)和交叉(如 *DE* 和 *FG*)。平行和相交两直线处于同一平面,故称为同面直线,交叉两直线不在同一平面,称为异面直线(也称交叉直线)。下面分别讨论三种位置直线的投影特征。

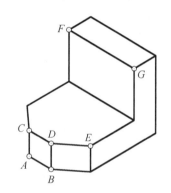

图 2.17   物体上两直线的相对位置

1. 两直线平行

在图 2.18 中,空间直线 *AB* 和 *CD* 平行。由于投影方向一致,故 *ABba* 和 *CDdc* 为两个平行平面,则它们与 *H* 面的交线 *ab* 和 *cd* 也相互平行,同理可知 $a'b' \parallel c'd'$(图 2.18(b))或 $a''b'' \parallel c''d''$。由此可得平行两直线的性质。

性质 1:空间平行的两直线在同一投影面内的投影互相平行。

性质 2:空间平行的两直线长度之比等于其投影长度之比,但反之并不一定成立。

根据上述性质,可以解决有关两直线的平行问题。

根据两直线投影判断空间两直线是否平行的方法主要有两种:

方法 1:对于两一般位置直线,判断空间两直线是否平行,只要看它们的任意两个同面投影是否平行,如果两个同面投影分别平行,则该两直线在空间一定平行,如图

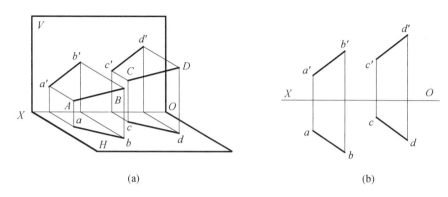

(a)   (b)

图 2.18　两直线平行

2.18(b)所示,$AB /\!/ CD$,否则不平行。

方法 2:当两直线同时平行于某一个投影面时,先求出它们在所平行的投影面内的投影,如果它们所平行的投影面内投影平行,则该两直线空间一定平行,否则不平行,如图 2.19(a)所示,由于 $g''h'' /\!\!/\!\!/ e''f''$,则 $GH /\!\!/\!\!/ EF$。另外,也可以根据倾斜方向判断。在图 2.19(b)中,EF 和 GH 的两个端点在两投影中顺序号不一样,说明其倾斜方向不同,则两直线不平行。如果倾斜方向相同,再检查两投影长度比是否相等(图 2.19(c)),其方法是,从一点 P 向任意方向引两条射线,自点 P 在其中一条射线上先后截取 EF 和 GH 正面投影长得 1、2;在另一射线上截取水平投影长得 1′、2′,分别将 11′、22′ 相连,由此可见投影长度比不等,则两直线不平行。

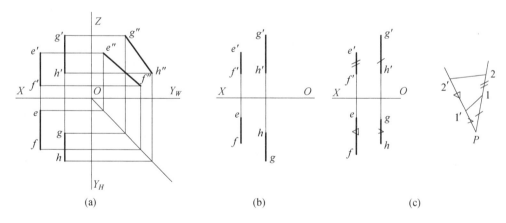

(a)   (b)   (c)

图 2.19　判断两直线是否平行

2. 两直线相交

如图 2.20 所示,空间两直线 AB、CD 相交,点 K 为其交点。两直线的交点亦即两直线的共有点,故点 K 的 V 面投影 k' 必在 $a'b'$ 和 $c'd'$ 的交点上,同理 H 面投影 k 必在 ab 和 cd 的交点上,W 面投影 k'' 必在 $a''b''$ 和 $c''d''$ 的交点上,同时 $k'k \perp OX$,$k'k'' \perp OZ$,$kk'' \perp OY$。

由此得出空间两直线相交时的投影特征是:其同面投影相交,且交点的投影连线垂直于相应的投影轴。

在投影图上判断两一般位置直线是否相交,只要看它们任意两个同面投影是否相交,

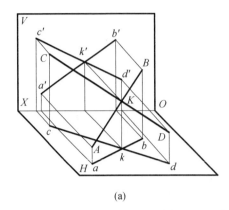
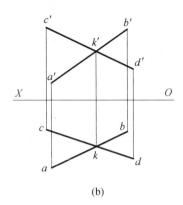

(a)　　　　　　　　　　　(b)

图 2.20　两直线相交

且交点的投影连线是否垂直于相应的投影轴即可。但当两直线中有一条为投影面平行线时,则要看两直线在所平行的投影面上的投影是否相交,且交点是否满足点的投影规律才可判定。 如图 2.21(a) 中由于 CD 是侧平线,此时要求出两直线在 W 面中的投影(图 2.21(b)),这里 W 面上的投影显然相交,但交点与 V 面上投影交点连线不垂直于 OZ,因此 AB 与 CD 不相交。另外,此题也可根据点分割线段成定比的原理来加以判断(图 2.21(c)),假设两直线相交交点为 $K(k,k')$,则应有 $c'k':k'd' = ck:kd$,再验证该比例关系是否成立。 其方法是:在水平投影中,从 c 点引任意方向的射线,量取 $cM = c'k'$;$MN = k'd'$,连接 Nd,过 M 作 $Mm /\!/ Nd$;m 与 k 不重合,假设不成立,故两直线不相交。

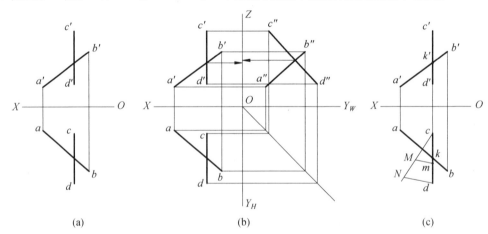

(a)　　　　　　　　(b)　　　　　　　　(c)

图 2.21　判断两直线是否相交

3. 两直线交叉

既不平行也不相交的两直线,称为交叉直线。如图 2.22 所示,直线 AB 和 CD 的同面投影相交,但交点的投影连线不垂直于投影轴,因此可判定两直线不相交。又由于两直线的同面投影互相不平行,故可知这两条直线亦不平行,因此可判定两直线交叉。

两直线交叉的投影特征是:同面投影不会同时平行,同面投影可能相交,但交点的投影连线不垂直于相应的投影轴。

交叉两直线在投影图中的交点,如图 2.22(b) 所示,水平投影 ab 和 cd 的交点 1、2 及

· 46 ·

正面投影 $a'b'$ 和 $c'd'$ 的交点 $3'4'$，都是重影点，且根据重影点的特性可以判定该两直线的空间情况。从图中可见，水平重影点 1、2 的正面投影是 $c'd'$ 上的 $1'$ 点和 $a'b'$ 上的 $2'$ 点，其中 $1'$ 点高于 $2'$ 点（z 坐标大），对水平投影而言 1 在 2 之上，Ⅰ 点所在 CD 线在 Ⅱ 点所在 AB 线之上为可见，Ⅱ 点在下为不可见，2 加括号表示。同理，对正面投影的重影点，根据 Ⅲ、Ⅳ 点的 y 坐标大小，可知 Ⅲ 点在前为可见，Ⅳ 点在后为不可见，$4'$ 加括号，空间情况如图 2.22(a) 所示。

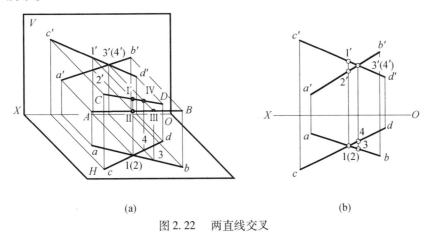

(a)	(b)

图 2.22 两直线交叉

2.4 平面的投影

2.4.1 平面的表示法

由初等几何可知，平面可由下列几何元素确定，因而可由它们的投影来表示平面的投影，如图 2.23 所示。

① 不在同一直线上的三点（图 2.23(a)）；

② 一直线和直线外一点（图 2.23(b)）；

③ 两平行直线（图 2.23(c)）；

④ 两相交直线（图 2.23(d)）；

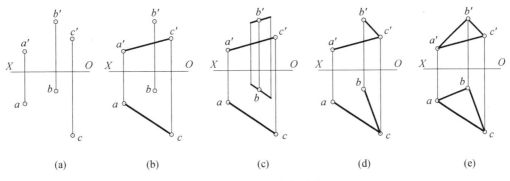

(a)	(b)	(c)	(d)	(e)

图 2.23 平面的表示法

⑤ 任意封闭的平面图形(如三角形、圆等)(图 2.23(e))。

从图中可见,各种表示法是可以相互转化的,但以平面图形表示最为常见。

2.4.2 各种位置平面的投影特征

和直线一样,在三投影面体系中,平面相对于投影面的位置有三种情况:垂直、平行和倾斜。下面分别讨论它们的投影特征。

1. 投影面垂直面

凡垂直于一个投影面,而与另两个投影面倾斜的平面,统称为投影面垂直面。其中,垂直于正面的平面称为正垂面;垂直于水平面的平面称为铅垂面;垂直于侧面的平面称为侧垂面。

表 2.3 列出了投影面垂直面的投影特征。它们的共同投影特征可归纳为两点:

① 平面在所垂直的投影面上的投影,积聚成一直线,该直线与两投影轴的夹角分别反映该平面与相应投影面的真实夹角;

② 平面的另两个投影均为小于实形的类似形。

表 2.3 投影面垂直面的投影特征

	正垂面	铅垂面	侧垂面
物体上的平面举例	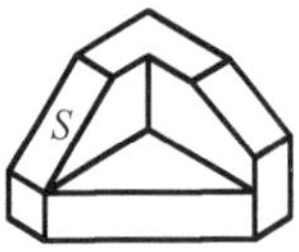	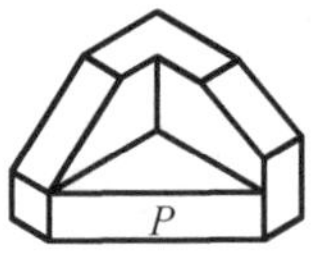	
视图	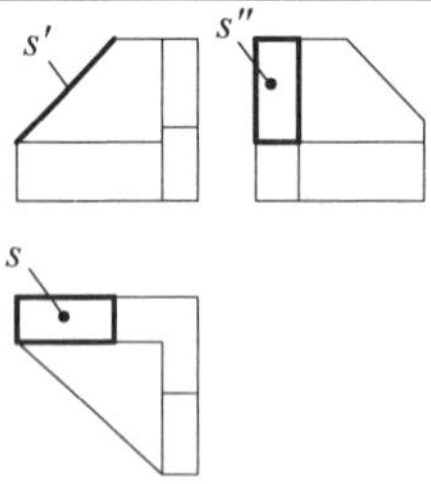	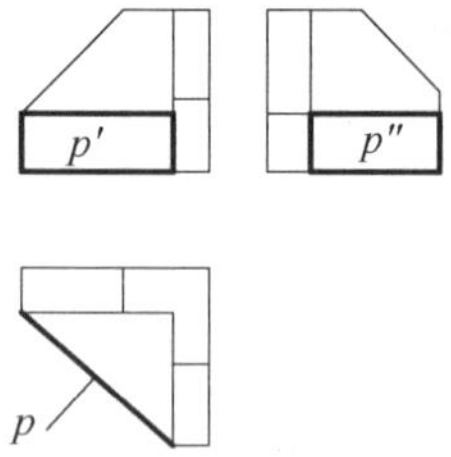	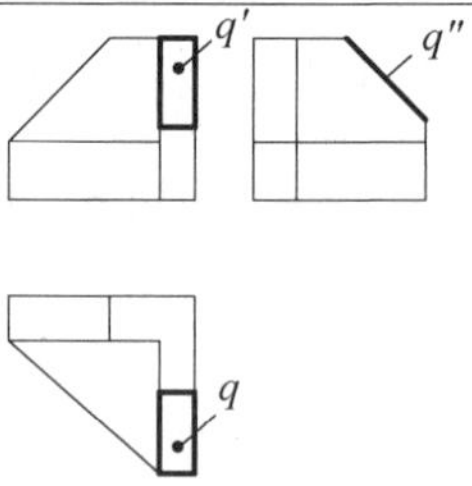
投影图	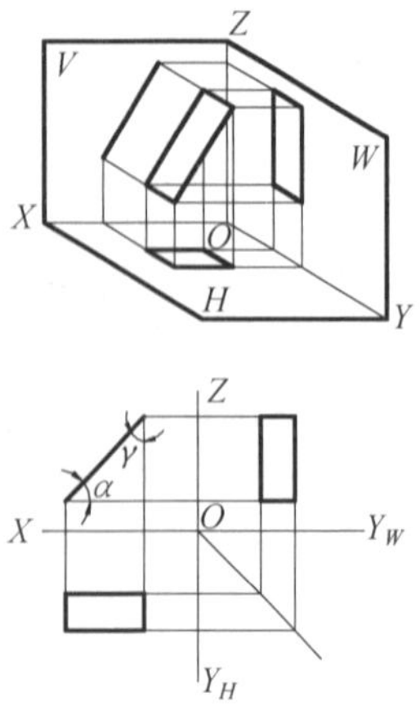	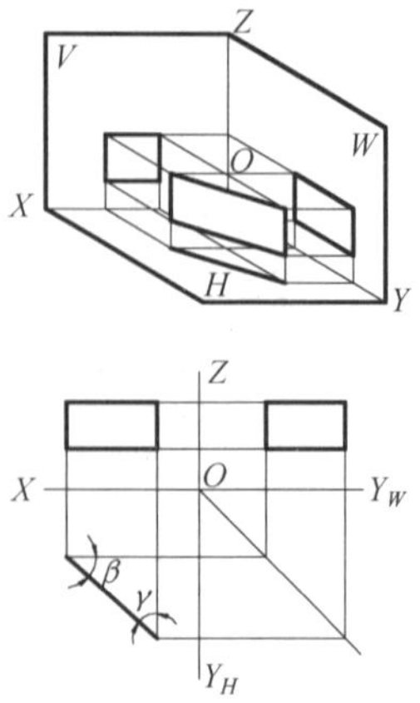	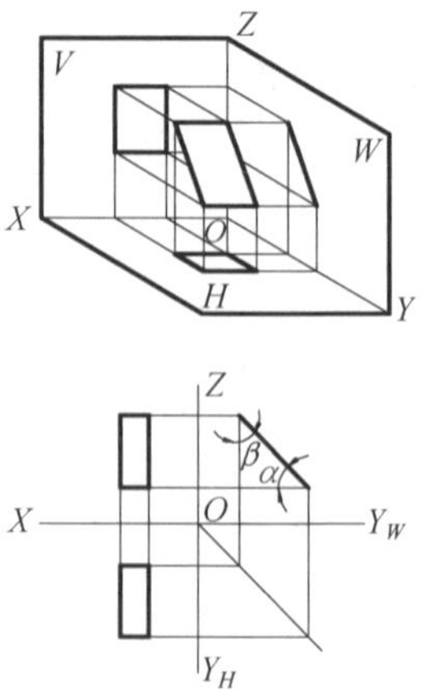

续表 2.3

	正垂面	铅垂面	侧垂面
投影特征	① 正面投影积聚成一条直线，并反映与水平投影面的真实夹角 α 和与侧立投影面的真实夹角 γ； ② 水平投影和侧面投影为缩小的类似形	① 水平投影积聚成一条直线，并反映与正立投影面的真实夹角 β 和与侧立投影面的真实夹角 γ； ② 正面投影和侧面投影为缩小的类似形	① 侧面投影积聚成一条直线，并反映与正立投影的真实夹角 β 和与水平投影面的真实夹角 α； ② 正面投影和水平投影为缩小的类似形

2. 投影面平行面

凡平行于一个投影面，同时垂直于另两个投影面的平面，统称为投影面平行面。其中平行于正面的平面称为正平面；平行于水平面的平面称为水平面；平行于侧面的平面称为侧平面。表 2.4 列出了投影面平行面的投影特征。

表 2.4　投影面平行面的投影特征

	正平面	水平面	侧平面
物体上的平面举例	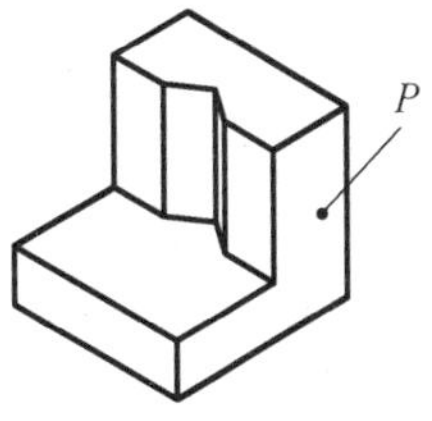	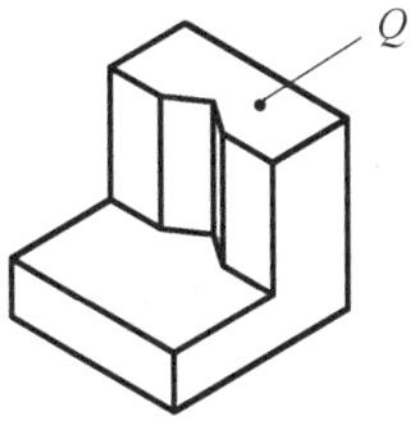	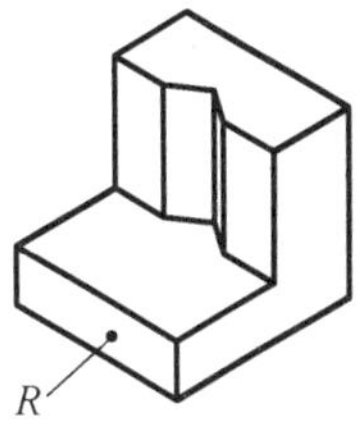
视图	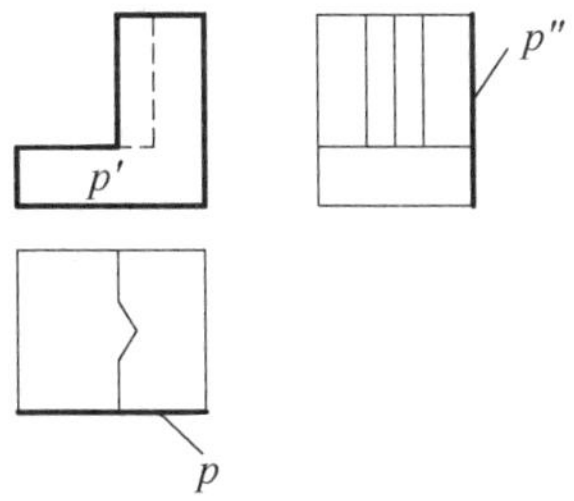	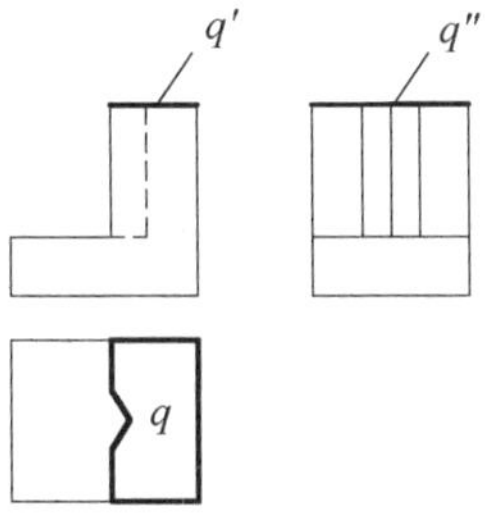	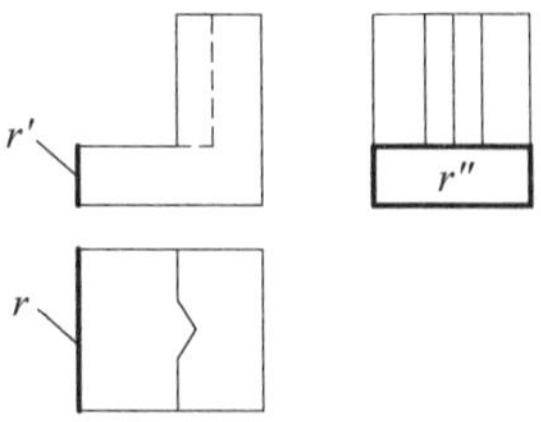
投影图	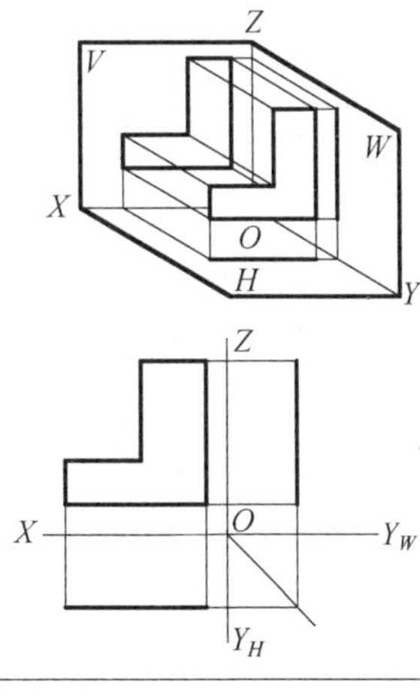	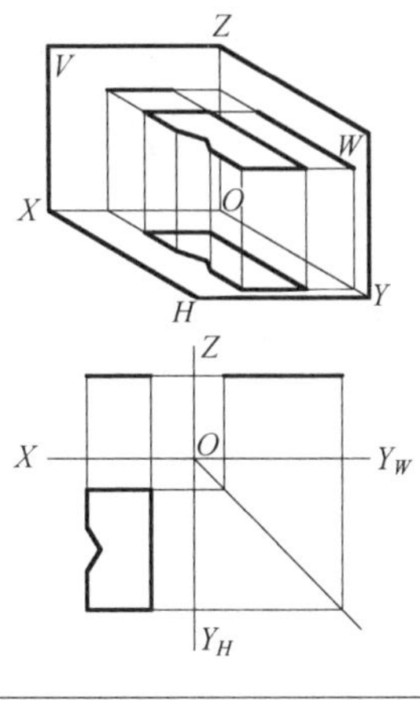	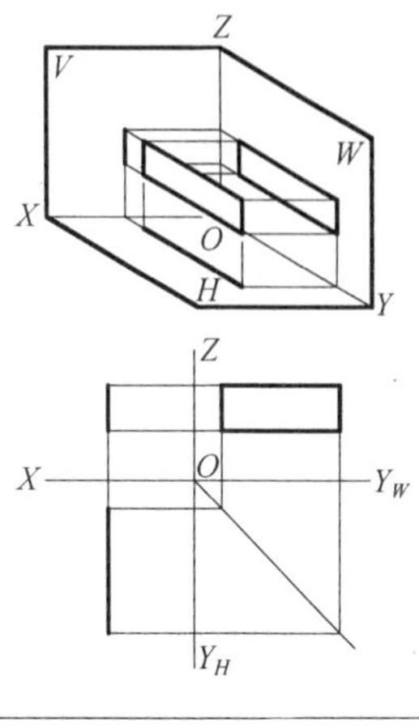

续表2.4

	正平面	水平面	侧平面
投影特征	① 正面投影反映 *P* 面实形； ② 水平投影积聚成一条直线，且平行于 *OX* 轴；侧面投影积聚成一条直线，且平行于 *OZ* 轴	① 水平投影反映 *Q* 面实形； ② 正面投影积聚成一条直线，且平行于 *OX* 轴；侧面投影积聚成一条直线，且平行于 OY_W 轴	① 侧面投影反映 *R* 面实形； ② 正面投影积聚成一条直线，且平行于 *OZ* 轴；水平投影积聚成一条直线，且平行于 OY_H 轴

它们的共同投影特征亦可归纳为两点：

① 平面在所平行的投影面上的投影，反映该平面的实形；

② 平面的另两个投影均积聚成直线，且分别平行于相应的投影轴。

3. 一般位置平面

凡同时倾斜于三投影面的平面，称为一般位置平面，如图 2.24(a) 所示三棱锥上的 *SAC* 平面即为一般位置平面。图 2.24(b) 为 *SAC* 平面在三棱锥三个投影面上的位置。由图 2.24(c) 的投影图，可归纳其投影特征为三点：

① 三个投影均不反映该平面的真实大小；

② 三个投影均没有积聚性；

③ 三个投影均为小于实形的类似形。

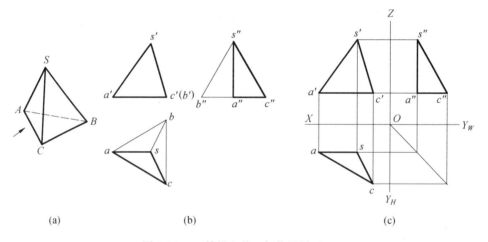

(a)   (b)   (c)

图 2.24 三棱锥上的一般位置平面

例 2.4 试分析图 2.25(a) 所示物体各表面的空间位置，并利用各种位置平面的投影特征，补画出该物体的俯视图。

解 物体上 *P* 面的侧面投影积聚成一条斜线，正面投影为一封闭图形，故可判定它在空间处于侧垂面位置。利用投影关系作出它的水平投影，应为一个与正面投影类似的封闭图形，如图 2.25(b) 所示。

物体上 *Q*、*R* 面的正面投影积聚成一平行于 *X* 投影轴的直线；侧面投影积聚成一平行于 Y_W 投影轴的直线，所以它们在空间处于水平面位置。利用投影关系作出它们的水平投影，应为反映该两平面实形的封闭图形，如图 2.25(c) 所示。

物体上 *S*、*T* 面的正面投影积聚成一平行于 *Z* 投影轴的直线，侧面投影为反映平面实形的封闭图形,所以它们在空间处于侧平面位置。利用投影关系作出它们的水平投影为平行于 Y_H 轴的直线,且与 R 面的两条轮廓线重合,如图 2.25(d) 所示。

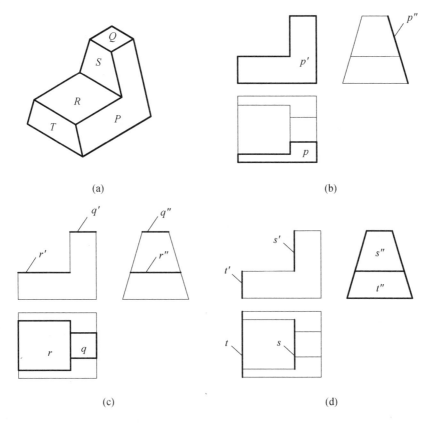

图 2.25　分析物体各表面的空间位置

2.4.3　属于平面的点和直线

点和直线属于平面的几何条件如下:

① 若点属于平面内任一直线,则点属于平面;

② 若直线经过平面内两点,或过平面内一点且平行于平面内一直线,则直线属于平面。

由此可得平面内取点、取线的方法。

例 2.5　已知一平面 $ABCD$,其投影如图 2.26(a) 所示。

(1) 已知 $E \in ABCD$ 平面,求 e';

(2) 已知 $f \setminus f'$,判别 F 是否属于平面 $ABCD$。

解　(1) 作图 1:如图 2.26(b) 所示。

① 连接 ae 交 cd 于 m;

② 由 $m' \in c'd'$,求 m';

③ 连接 $a'm'$ 并延长;

④ 由 e 连接 OX 的垂线交 $a'm'$ 延长线于 e',即为所求。

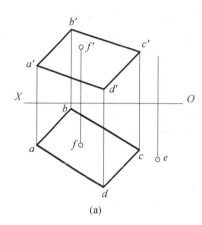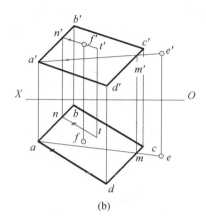

(a)   (b)

图 2.26　属于平面的点

（2）作图 2：如图 2.26（b）所示。

① 作 $f'n'$ ∥ $a'd'$ 交 $a'b'$ 于 n'；

② 由 $n \in ab$，求 n；

③ 作 nt ∥ ad；

④ 因 nt 不经过 f，得 F 不属于 NT，即 F 不属于平面 $ABCD$。

例 2.6　已知平面 $ABCD$ 投影如图 2.27（a）所示，试完成平面图形的水平投影。

分析：由题意可知 Ⅰ、Ⅷ 两点属于 AB，Ⅰ Ⅱ ∥ AD；Ⅶ Ⅷ ∥ AD；Ⅱ Ⅲ ∥ CD；Ⅵ Ⅶ ∥ CD，Ⅳ Ⅴ ∥ CD，Ⅲ Ⅳ ∥ AD，Ⅴ Ⅵ ∥ AD。

解　作图：

① 连接 ab，在 ab 上求 1、8（图 2.27（b））；

② 分别将 $2'3'$、$7'6'$ 延长交 $a'd'$、$b'c'$ 于 m'、n'，并由 $m \in ad$，$n \in bc$，求出 m、n（图 2.27（b））；

③ 连接 mn，在其上求出 3、6（图 2.27（b））；

④ 作 12 ∥ ad，87 ∥ ad，分别交 mn 于 2、7，作 34 ∥ ad，求 4，作 45 ∥ ab，65 ∥ bc（图 2.27（b））；

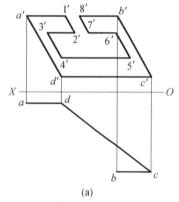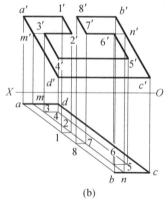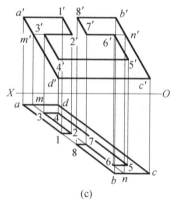

(a)   (b)   (c)

图 2.27　补全平面的水平投影

⑤ 顺次连接 $a12345678b$ 并加深,即完成作图(图 2.27(c))。

2.5　直线与平面、平面与平面之间的相对位置

直线与平面、平面与平面在空间的相对位置有平行和相交两种情况,垂直是相交的特殊情况。研究直线与平面、平面与平面间各种相对位置的投影特征,以及如何根据投影图判断其空间相对位置,是解决空间几何元素之间定位和度量问题的基础,在此仅就工程上常用的几种特殊位置关系进行介绍。

2.5.1　平行问题

1. 直线与特殊位置平面平行

判断直线与特殊位置平面是否平行,只要判断平面的积聚性投影与直线的同面投影是否平行即可。如图 2.28(a) 所示,直线 MN 与铅垂面 DEF 平行,则其水平投影 mn 一定平行于该平面的有积聚性投影 def(图 2.28(b));又如图 2.28(c) 所示,$l'k' \parallel a'b'c'd'$,则直线 LK 一定平行于水平面 $ABCD$。

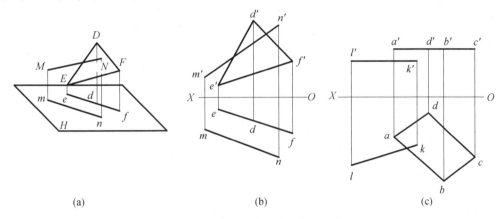

图 2.28　直线与特殊位置平面平行

2. 特殊位置平面平行

如果两特殊位置平面平行,在它们所垂直的投影面上的有积聚性投影必互相平行,如图 2.29 所示。因此,根据平面的有积聚性的同面投影是否平行,就可以判别两特殊位置平面在空间是否平行。

2.5.2　相交问题

1. 一般位置直线与特殊位置平面相交

如图 2.30(a) 所示,一般位置直线 MN 与铅垂面 $\triangle ABC$ 相交,交点 K 为直线 MN 与平面 $\triangle ABC$ 的共有点。由于铅垂面的水平投影有积聚性,这样,交点 K 的

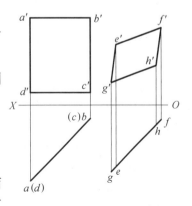

图 2.29　两垂直面互相平行

水平投影即是直线 MN 的水平投影 mn 与平面的有积聚性投影 abc 的交点 k。根据点属于直线的作图方法,可求得交点 K 的正面投影 k',如图 2.30(b) 所示。

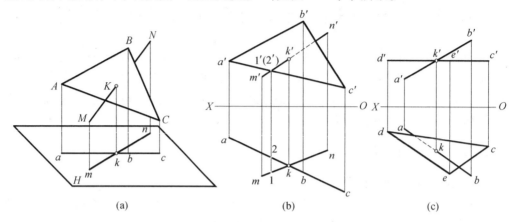

图 2.30   一般位置直线与特殊位置平面相交

求出交点的投影后,还要对直线与平面投影重合部分的可见性进行判别。线面交点是直线投影可见与不可见部分的分界点。根据直线与平面的位置关系,MK 一段在铅垂面之前,KN 在其后。因此,正面投影 $m'k'$ 为可见的,画成粗实线,$k'n'$ 与 $\triangle a'b'c'$ 重影的一段为不可见的,画成虚线。

图 2.30(c) 表示了一般位置直线与水平面相交求交点的作图过程。由平面的积聚性投影可确定点 k',由 k' 得到 k,bk 为可见,因为 BK 在水平面上方。

2. 投影面垂直线与一般位置平面相交

图 2.31 所示为一正垂线 MN 与一般位置平面 $\triangle ABC$ 相交投影。直线 MN 的正面投影有积聚性,即交点 K 的正面投影 k' 与直线 MN 的正面投影 $m'n'$ 均重影为一点。

根据交点的共有性,即交点 K 既属于直线又属于平面 $\triangle ABC$,故可在 $\triangle ABC$ 内过点 K 作一辅助线 BD,即可确定交点 K 的水平投影 k。

现对重影部分的可见性进行判别,直线正面投影积聚无可见性问题,其水平投影的可见性判别如下:直线 MN 与 $\triangle ABC$ 的边 AB 为交叉两直线,由它们水平投影的重影点 Ⅰ、Ⅱ 可判定 AB 在上,因而,直线 MN 上 ⅡK 一段在 $\triangle ABC$ 之下,其投影为虚线。

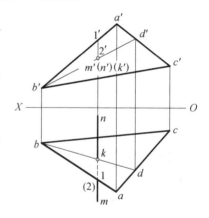

图 2.31   垂直线与一般位置平面相交

3. 特殊位置平面与一般位置平面相交

图 2.32(a) 所示为一铅垂面正方形 $ABCD$ 投影,其水平投影积聚为直线,根据交线的共有性,交线 MN 的水平投影 mn 必与 $a(d)b(c)$ 重合且为与三角形 efg 的公共部分,由 mn 可以作出其正面投影 $m'n'$,如图 2.32(b) 所示。

判别重影部分的可见性:两平面的交线是两平面重影部分可见与不可见的分界线,

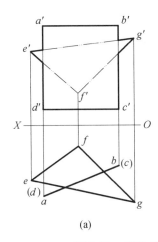
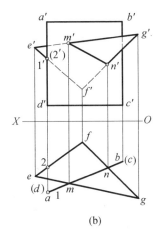

(a)　　　　　　　　　　　　　(b)

图 2.32　特殊位置平面与一般位置平面相交

对同一平面交线两侧重影部分的可见性总是相反。因此,只要在每个投影面上任找一对重影点进行比较,就可判定整个投影的可见性。

现对两平面重影部分的可见性进行判别,水平投影中一个投影积聚无可见性问题。正面投影可见性判断如下:在正面投影中选择一对重影点 $1' \equiv 2' = a'd' \cap e'f'$, $\mathrm{I} \in AD$、$\mathrm{II} \in EF$,由水平投影可判定 I 在前、II 在后,因此可得,包含 I 的正方形 $ABCD$ 正面投影可见,包含 II 的平面 $\triangle DEF$ 则为不可见。即 $m'n'$ 左侧图形 $m'n'e'f'$ 与正方形 $a'b'c'd'$ 重合部分为不可见的,画成虚线。按照“同面的异侧、异面的同侧可见性相反”的原则,即可确定全部投影的可见性。

2.5.3　垂直问题

1.直线与特殊位置平面垂直

若直线与特殊位置平面垂直,则在平面积聚为直线的投影上,直接反映垂直关系,此时的直线亦为特殊位置直线。如图 2.33(a)所示,与正垂面垂直的直线必定为正平线,在正面投影中反映垂直关系。如图 2.33(b)所示,垂直于水平面的直线必为铅垂线,在正面投影上反映垂直关系。

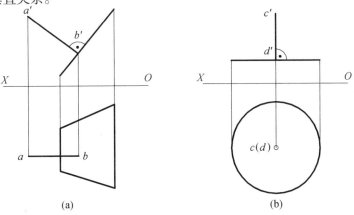

(a)　　　　　　　　　　　　　(b)

图 2.33　与特殊位置平面垂直的直线

2. 两特殊位置平面垂直

两特殊位置平面垂直,它们的有积聚性投影一定互相垂直,如图 2.34 所示,$a'b'c' \perp d'e'f'$。

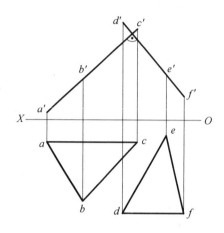

图 2.34　特殊位置平面垂直

⚙ 思政元素

人类从新石器时代以来就已经具备绘制一些简单的图形和符号的能力。春秋战国时期人们就能够应用图纸来指导工程建设。北宋时期我国就出现了记录建筑图样画法的书籍《营造法式》。近代以来,我国著名图学家赵学田先生对工程图学的投影规律总结为九字诀"长对正、高平齐、宽相等",赵学田先生将毕生的精力献给图学教育,科普图学知识,为我国工程图学的发展奠定了坚实的基础。

第 *3* 章

立体的投影

⚙ 本章导读

立体是由若干表面围成的实体,按其表面性质,分为平面立体和曲面立体。立体的投影主要研究空间物体各面在相应视图上的投影。而常见机械零件的表面是由一些平面或曲面构成的,两个表面相交会形成表面交线。在这些交线中,有的是平面与立体表面相交而产生的截交线,有的是两立体表面相交且两部分形体互相贯穿而形成的相贯线。了解这些交线的性质并掌握其画法,有助于正确表示机械零件的结构与形状。

本章首先介绍平面立体和曲面立体两种基本体的投影分析及其表面取点、线的方法,然后介绍截交线和相贯线的绘图方法。

⚙ 素质目标

(1)树立爱党爱国的坚定信念,培养社会责任感和使命感。

(2)养成认真负责、踏实敬业的工作态度与严谨细致的工作作风。

⚙ 学习目标

(1)掌握平面立体三面投影的画法及其表面上点的投影的作图方法。

(2)掌握曲面立体三面投影的画法及其表面上点的投影的作图方法。

(3)掌握平面立体和曲面立体被不同截平面切割后截交线的形状与画法。

(4)熟悉常见相贯线的形状,能够熟练绘制常见相贯线的投影。

(5)了解相贯线的特殊情况,能够熟练绘制相贯线特殊情况的投影。

3.1 立体及其表面上的点、线

3.1.1 平面立体

平面立体是由若干个平面多边形围成的封闭几何体,常见的简单平面立体有棱柱、棱锥,如图3.1所示。

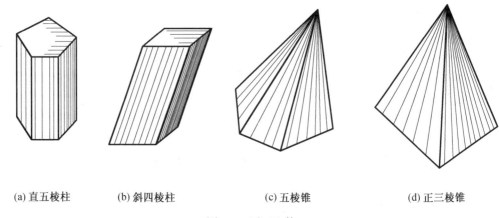

(a) 直五棱柱　　　　(b) 斜四棱柱　　　　(c) 五棱锥　　　　(d) 正三棱锥

图 3.1　平面立体

围成平面立体的各表面称为棱面；多边形的边，即相邻两棱面的交线称为棱线；各棱线的交点称为平面立体的顶点。

用投影图表示平面立体，就是把构成该立体的各表面的投影作出来，然后将可见表面棱线画成粗实线，不可见的棱线画成虚线即可。

1. 棱柱

（1）棱柱的投影。

如图 3.2（a）所示，将一个正五棱柱放置在三投影面体系中，使上、下底平面平行于 H 面，后面平行于 V 面，得其三面投影图（图 3.2（b））。因立体的各几何元素之间的相对位置是固定的，与投影体系无关，因此绘制立体投影图时通常省略投影轴，这样的投影图称为无轴投影。此时，正面投影和水平投影及正面投影和侧面投影间距根据布图需要来确定，水平投影和侧面投影间，可通过选择基准方法保证两投影中各要素在 Y 方向相对位置相同（图 3.2（c））。五棱柱各侧面垂直于 H 面，H 投影积聚，其他投影为实形的类似形；上、下底面平行于 H 面，H 投影反映实形，其他投影积聚且垂直各侧棱边；各侧棱边垂直于 H 面，H 面投影积聚为一点，其他投影反映实长。画投影图时要注意，不可见棱线要画成虚线。

（2）棱柱的表面取点。

在平面立体表面上取点的原理及方法，与在平面内取点相同，只需判别可见性即可。

例 3.1　在正五棱柱侧面 AA_0B_0B 上有一点 M（图 3.2（a）），已知其 V 面投影 m' 可见，求 m、m''。

解　作图时根据 $AA_0B_0B \perp H$ 面，得 $m \in aa_0b_0b$，再根据 m'、m 及 Δy 相等求出 m''。因侧面 AA_0B_0B 位于正五棱柱的左前方，所以 m'' 可见。

2. 棱锥

棱锥的底面为多边形，其余的棱面都是三角形，且交于锥顶。除底边外各棱线也都汇交于锥顶。棱锥底面多边形若为 n 边形，则称为 n 棱锥，底边若是正 n 边形，且锥顶对底面的正投影是正 n 边形的中心，则称为正 n 棱锥。图 3.1（c）是五棱锥，图 3.1（d）是正三棱锥。

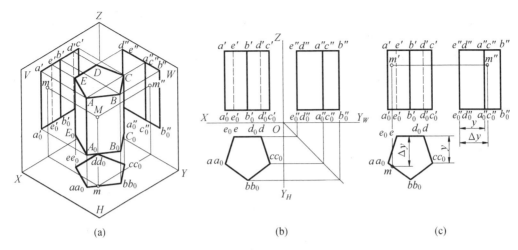

图 3.2　正五棱柱的投影及表面上取点

（1）棱锥的投影。

图 3.3 所示为一正三棱锥，锥顶点为 S，棱锥底面为正 $\triangle ABC$，且平行于 H 面，其水平投影 $\triangle abc$ 反映实形，正面投影和侧面投影分别积聚为直线段。棱面 SAC 为侧垂面，其侧面投影成为一直线段，水平投影和正面投影仍为三角形，棱面 SAB 和 SBC 均为一般位置平面，它们的三面投影均为三角形。棱线 SB 为侧平线，SA、SC 为一般位置直线；底棱 AC 为侧垂线，AB、BC 为水平线，它们的投影可根据不同位置直线的投影性质进行分析。正三棱锥的三面投影如图 3.3(b) 所示。

正三棱锥的三面投影中，不可见棱线投影 $s''(c'')$ 与可见棱线投影 $s''a''$ 重合，且为该投影的最外轮廓线，画粗实线；其余各棱线的投影都可见，故无虚线。

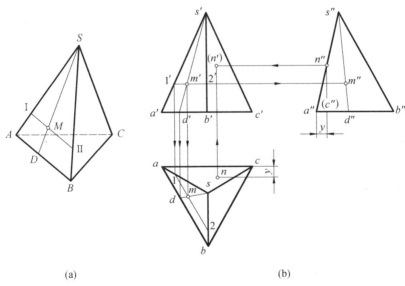

图 3.3　正三棱锥的投影及表面上取点

（2）在棱锥表面上取点。

如图 3.3(a) 所示，正三棱锥表面上有一点 M，已知它的正面投影 m'，求作另外两个投

影。由于 m' 是可见的,得知点 M 属于棱面 SAB,可过点 M 在 $\triangle SAB$ 内作一直线 SD,即过 m' 作 $s'd'$,再求出 sd 和 $s''d''$,也可以过点 M 在 $\triangle SAB$ 内作平行于底棱 AB 的直线 Ⅰ Ⅱ,同样可以求得点 M 的另外两个投影。

又已知棱锥表面上点 N 的水平投影 n,点 N 属于棱面 SAC,SAC 为侧垂面,侧面投影积聚成线,因此,可以由水平投影直接求得侧面投影 n'',再由 n 和 n'' 求得点 N 的正面投影 n',n' 不可见,加括号表示。

3.1.2 曲面立体

表面由曲面或由平面与曲面围成的立体称为曲面立体。工程上常见的曲面立体是回转体,主要有圆柱、圆锥、圆球等。现对它们的投影及在其表面上取点进行分析。

1.圆柱

圆柱是由圆柱面和顶面、底面所围成的实体。

(1)圆柱的投影。

如图 3.4(a)所示,圆柱的轴线垂直于水平面。顶面和底面是水平面,水平投影反映圆的实形,正面投影和侧面投影各积聚成一段直线。对圆柱面部分,由于所有素线都垂直于 H 面,故圆柱面的水平投影积聚成圆,正面投影只需画出正面投影可见的前半柱面和不可见的后半柱面的分界线的投影,即正面投影转向轮廓线的投影,它是圆柱面上最左、最右两条素线 AA_1 和 BB_1 的投影 $a'a'_1$ 和 $b'b'_1$;同理,侧面投影只需画出左半柱和右半柱的分界线的投影,即最前、最后两条素线 CC_1 和 DD_1 的投影 $c''c''_1$ 和 $d''d''_1$。

(2)在圆柱表面上取点。

如图 3.4(b)所示,已知圆柱表面上点 M 的正面投影 m',求 m 和 m''。由于 m' 是可见的,因此点 M 必定在前半个圆柱面上,其水平投影 m 在圆柱具有积聚性的水平投影圆的前半个圆周上。由 m' 和 m 可求出 m''。因点 M 在圆柱的左半部,故 m'' 可见(图 3.4(c))。

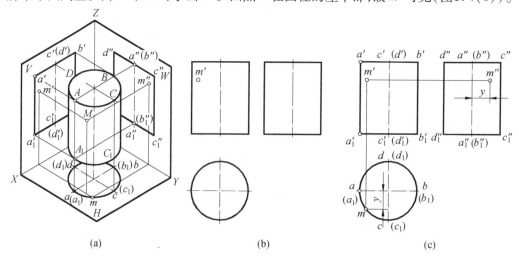

(a)   (b)   (c)

图 3.4 圆柱的投影及表面上取点

2. 圆锥

圆锥是由圆锥面和底面所围成。

（1）圆锥的投影。

如图3.5（a）所示，圆锥的轴线垂直于水平投影面，其水平投影为一圆，此圆即是整个圆锥面的水平投影，均为可见，同时也是圆锥底面的投影。圆锥的正面投影和侧面投影是形状相同的等腰三角形。等腰三角形的底是圆锥底圆的投影，三角形的两个腰是对投影面的转向轮廓线，即圆锥面上投影可见与不可见部分的分界线。正面投影中，三角形的腰是圆锥最左、最右两条素线 SA 和 SB 的投影 $s'a'$ 和 $s'b'$。SA、SB 把圆锥面分成前、后两部分，正面投影中前半部分可见，后半部分不可见。同理，侧面投影中，三角形的腰是圆锥上最前、最后两条素线 SC 和 SD 的投影 $s''c''$ 和 $s''d''$，SC 和 SD 把圆锥面分成左、右两部分，侧面投影中左半部分是可见的，右半部分是不可见的，如图3.5（b）所示。

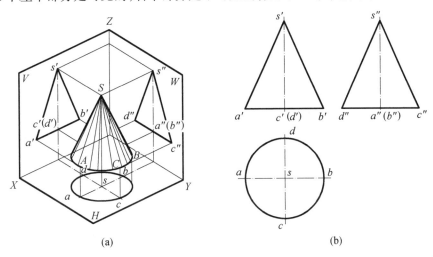

图 3.5　圆锥的投影

（2）圆锥表面上取点。

如图3.6（a）所示，已知圆锥表面上点 M 的正面投影 m'，求 m 和 m''。因圆锥面的三个投影均无积聚性，故不能像圆柱面上那样利用积聚性求其表面上点的投影，可用在圆锥面上作辅助线的方法作图。作辅助线的方法有两种，即直素线法和纬圆法。

① 直素线法。在锥面上过锥顶所作的直线称为直素线。这里，过锥顶 S 和点 M 作直素线 $S\,I$。在投影图上分别作出 $S\,I$ 的各个投影后，即可按线上取点的方法由 m' 求出 m 和 m''，如图3.6（b）所示。

② 纬圆法。在圆锥面上作垂直于轴线的圆，称为纬圆。这里，过点 M 在圆锥面上作纬圆，该圆为水平圆。该圆的正面投影为过 m' 且垂直于轴线的直线段，它的水平投影为与底圆同心的圆，m 必在此圆周上。由于 m' 正面投影可见，该点一定在前半锥上，因此，m 在前半圆上。由 m' 可求出 m，再由 m' 和 m 求得 m''，如图3.6（c）所示。

3. 圆球

（1）圆球的投影。

如图3.7（a）所示，圆球的三个投影都是与球的直径相等的圆，它们分别是球面对三

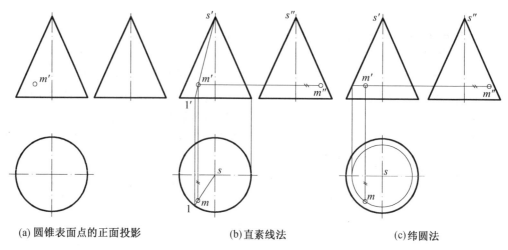

(a) 圆锥表面点的正面投影　　　　(b)直素线法　　　　(c)纬圆法

图 3.6　圆锥表面上取点

个投影面的转向轮廓线。球的正面投影圆是球面上平行于 V 面的最大圆 A 的投影,它的水平投影积聚成一直线并与水平中心线重合;侧面投影与侧面投影圆的竖直中心线重合。正面投影圆把球面分成前、后两部分,前半球正面投影可见,后半球正面投影不可见,它是正面投影可见与不可见面的分界圆。

　　球的水平投影圆是球面上平行于 H 面最大圆 B 的投影,它的正面投影积聚成一直线重合在正面圆的水平中心线上;它的侧面投影重合在侧面投影圆的水平中心线上。水平投影圆把球面分成上、下两部分,上半球水平投影可见,下半球水平投影不可见,它是水平投影可见与不可见面的分界圆。

　　球的侧面投影圆是球面上平行于 W 面的最大圆 C 的投影,它的正面投影和水平投影分别重合于相应的投影圆的竖直中心线上。侧面投影圆把球面分成左、右两部分,左半球侧面投影可见,右半球侧面投影不可见,它是侧面投影可见与不可见面的分界圆。

　　(2) 圆球表面上取点。

　　如图3.7(b)所示,已知圆球表面上点 M 的水平投影 m,求 m' 和 m''。因球面的投影均无积聚性,故采用在球面上作平行于投影面的圆为辅助线的方法作图。可过点 M 作一平

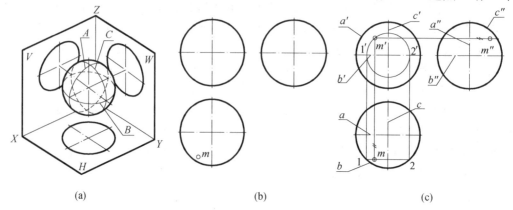

(a)　　　　　　　　　　(b)　　　　　　　　　　(c)

图 3.7　圆球的投影及表面上取点

行正面的辅助圆，m' 必在该圆上，由 m 求得 m'，再由 m' 和 m 可得 m''。由于点 M 位于前、左半球，故正面投影 m' 和侧面投影 m'' 均是可见的(图 3.7(c))。

当然，也可以过点 M 作水平圆或侧平圆为辅助圆来作图，请读者自行分析。

3.2　平面与平面立体表面相交

平面与立体表面的交线，称为截交线。该平面称为截平面。截交线具有这样的性质：它既在截平面上，又在立体表面上，是截平面与立体表面的共有线。平面与立体表面的截交线形状是由直线段围成的平面多边形。多边形的顶点是立体棱线与截平面的交点，多边形的各边是截平面与立体表面上不同平面的交线。

平面与平面立体的截交线求法可归结为两种：

(1) 求平面立体棱线与截平面的交点，顺序连接各交点，即得截交线，这种方法称为线面交点法。

(2) 求截平面与立体表面的交线，这种方法称为面面交线法。

当截平面与立体表面上的某个面平行时，要特别注意截交线与原有棱边的平行关系。

截平面的位置可以是特殊位置，也可以是一般位置。现主要以特殊位置截平面为例说明求解平面立体截交线的方法和步骤。

例 3.2　四棱锥 $SABCD$ 被正垂面 P 切割，求其截交线的投影，如图 3.8(b) 所示。

分析　由图 3.8(a) 可知，截平面 P 与四棱锥的四个侧表面相交，截交线为四边形。四边形的顶点 Ⅰ、Ⅱ、Ⅲ、Ⅳ 分别是四条棱线 SA、SB、SC、SD 与截平面 P 的四个交点。由于平面 P 是正垂面，它的 V 面投影积聚为一条直线，故截交线的 V 面投影积聚为直线段，可直接求出。然后由其 V 面投影求出 W 面投影，再由 V、W 面投影确定其 H 面投影。

作图步骤如下：

① 直接标出四条棱线与平面 P 四个交点的 V 面投影 $1'$、$2'$、$3'$、$4'$。

② 根据直线上点的投影性质，由 V 面投影求出交点的 W 面投影 $1''$、$2''$、$3''$、$4''$。由 V、W 两面投影出四个交点的 H 面投影 1、2、3、4。

③ 顺序连接四个交点的同面投影，即得截交线的各投影。

④ 判断可见性：图中四棱锥的上部被平面 P 切去，因而截交线的三个投影均可见。注意棱线 SC 的 W 面投影为细虚线，如图 3.8(c) 所示。

例 3.3　求 P、Q 两平面与三棱锥 $SABC$ 截交线的投影，如图 3.9(b) 所示。

分析　由图 3.9(a) 可见，正垂面 P 与三棱锥的两侧表面 SAB 和 SAC 相交于两段直线 ⅠⅡ 和 ⅠⅢ。水平面 Q 也与两侧表面 SAB 和 SAC 相交于水平线 ⅡⅣ 和 ⅢⅣ，它们分别与三棱锥底面的边 AB 和 AC 平行，即线段 ⅡⅣ 和 ⅢⅣ 的方向为已知。只要求出点 Ⅳ 的投影，就可求出点 Ⅱ、Ⅲ 的投影。P、Q 两截平面相交于直线 ⅡⅢ。点 Ⅰ 和点 Ⅳ 位于 SA 棱线上，其 V 面投影 $1'$ 和 $4'$ 已知，由 V 面投影可直接求出其 H、W 面投影 1、$1''$ 和 4、$4''$。Ⅱ、Ⅲ 两点可采用求平面上点的方法，由 V 面投影 $2'$、$(3')$ 求出其 H、W 面投影 2、$2''$ 和 3、$3''$。

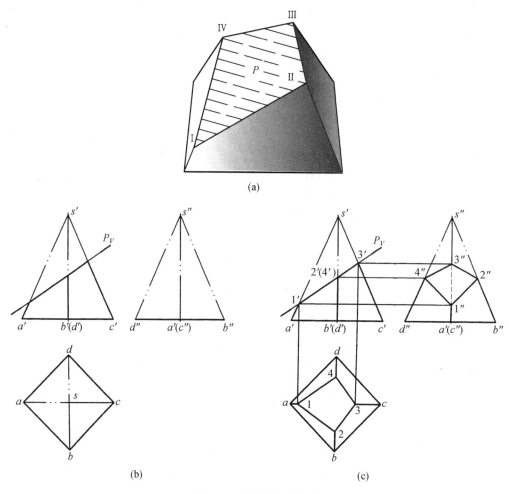

图 3.8　四棱锥的截交线

作图步骤如下:

① 直接标出 P、Q 两平面与 SA 棱线交点的 V 面投影 $1'$、$4'$,以及 P、Q 两平面的交线 V 面投影 $2'$、$(3')$。由 $1'$、$4'$ 根据投影关系求出 1、4 和 $1''$、$4''$。

② 在 H 投影面上,作 $42 /\!/ ab$,$43 /\!/ ac$,根据 V 面投影 $2'$、$(3')$ 求出 H 面投影点 2 和 3。

③ 由 2、$2'$ 求出 $2''$;由 3、$3'$ 求出 $3''$。

④ 顺序连接各点的同面投影,即得截交线的投影。

⑤ 判别可见性:P、Q 两平面交线的 H 面投影 Ⅱ Ⅲ 不可见,画成细虚线;其他交线可见,画成粗实线,如图 3.9(c) 所示。

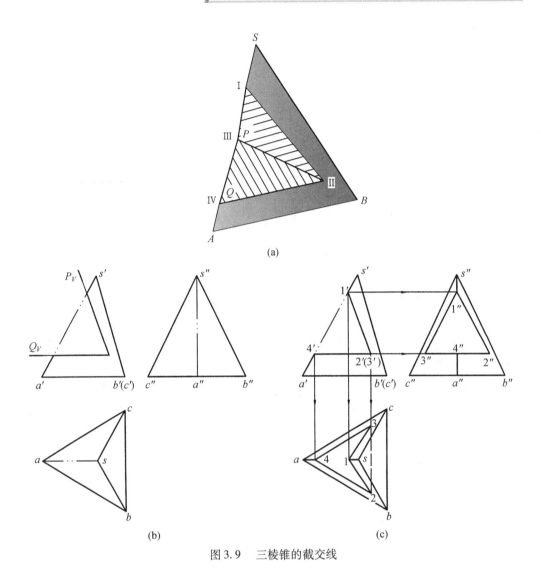

图 3.9 三棱锥的截交线

3.3 平面与回转体表面相交

3.3.1 概述

平面与回转体相交(也可看作回转体被平面切割),在回转体表面产生的交线,称为回转体截交线,这个平面称为截平面,截交线所围成的平面图形称为截断面(图 3.10)。

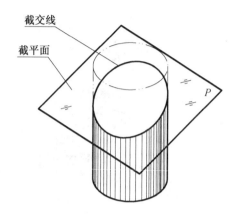

图 3.10　回转体的截交线

3.3.2　回转体截交线的性质

1. 共有性

回转体截交线是截平面与回转体表面的共有线,截交线上的点是截平面与回转体表面的共有点(图 3.10)。

2. 封闭性

一般情况下,回转体截交线是封闭的平面曲线或平面曲线和直线围成的封闭平面图形,特殊情况下为平面多边形。其形状取决于回转体表面性质及截平面与回转体的相对位置。

3.3.3　求回转体截交线的方法

回转体截交线是回转体表面和截平面的共有线,截交线上的点是回转体表面和截平面上的共有点,因此,求回转体截交线的投影实际上就是求截交线上一系列共有点的投影。根据截交线的共有性,截交线是截平面上的线,当截平面是特殊位置平面时,其某个投影有积聚性,截交线的投影与截平面的有积聚性投影重合,成为已知。如图 3.11(a)所示,圆柱被正垂面所截,截交线正面投影有积聚性,截交线的正面投影与截平面的有积聚性的正面投影重合,再把截交线看成是回转体表面上的线,因为一个投影已知,利用回转体表面上取点的方法,求出截交线上一系列点的其余投影即可(图 3.11(b))。

作图步骤如下:

①分析截交线形状,确定待求的投影。根据图 3.11(a)分析截交线形状是椭圆,正面投影已知,水平投影积聚在圆周上为已知,侧面投影待求。

②求截交线上的特殊点。包括:确定其投影范围的方位点(各个方向的极限点),即长、短轴端点 Ⅰ 、Ⅴ 和 Ⅲ 、Ⅶ,由 1、5、3、7 和 1′、5′、3′、(7′),求出 1″、5″、3″、7″;回转面侧面投影转向线上的点,即转向点 Ⅲ 、Ⅶ(与方位特殊点 Ⅲ 、Ⅶ 重合),它们将是轮廓与截交线的切点(图 3.11(b))。

③求一般点,即特殊点之间的若干点。用圆柱表面取点法,求出四个一般点的 V 面投

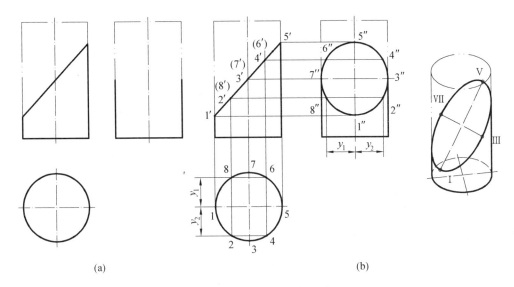

图 3.11 求回转体的截交线

影 2′、4′、(6′)、(8′)，对应找出其水平投影 2、4、6、8，求出侧面投影 2″、4″、6″、8″
（图 3.11(b)）。

④ 判别曲线走向(凹向)及可见性，依次光滑连接所求的八个点的侧面投影(图
3.9(b))。

⑤ 补全轮廓线的投影，完成作图。由正面投影可见，侧面投影转向轮廓线在 Ⅲ、Ⅶ 点
以上被切去，侧面投影 3″、7″ 以上轮廓线不存在，补全 3″、7″ 以下部分的轮廓线即可，注意
该轮廓线应与截交线椭圆相切(图 3.11(b))。

3.3.4 常见回转体截交线

1.圆柱截交线

根据截平面与圆柱轴线相对位置不同，圆柱截交线形状有三种，见表 3.1。

表 3.1 平面与圆柱的截交线

截平面位置	垂直于轴线	倾斜于轴线	平行于轴线
截交线形状	圆	椭圆	矩形
轴测图			

续表 3.1

截平面位置	垂直于轴线	倾斜于轴线	平行于轴线
投影			

例 3.4 完成带槽圆柱的侧面投影,如图 3.12 所示。

分析 圆柱轴线垂直于水平投影面。圆柱上端所开通槽可以认为是被两个侧平面和一个水平面所截而成。三个截平面与圆柱表面均产生截交线。两个侧平面截圆柱外表面及顶面均为直线,水平面截圆柱面为圆弧。截交线的正面投影为三段直线,水平投影为两段直线和两段圆弧,这两段圆弧都重影在圆柱表面的水平投影圆上。可以根据截交线的正面投影和水平投影,求得其侧面投影。

解 作图:根据圆柱表面截交线上点的正面投影 a'、b'、(c')、(d')、e' f'、(g')、(h') 和它们的水平投影 a、(b)、(c)、d、e、(f)、(g)、h,利用投影规律求出它们的侧面投影 a''、

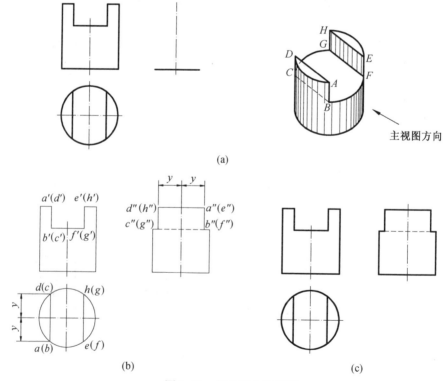

(a)

(b)   (c)

图 3.12 切口圆柱的投影

b''、c''、d''、(e'')、(f'')、(g'')、(h'')（图3.12（b））。

依次连接截交线上各点的侧面投影。因槽底的侧面投影中间是不可见的,所以画虚线。

从正面投影可以看出,槽口水平面以上的侧面投影转向轮廓线已被切掉,因此,在侧面投影中,侧面投影转向轮廓线不存在,槽口部分的前后轮廓是截交线投影（图3.12（c））。

2. 圆锥截交线

根据截平面与圆锥轴线相对位置不同,圆锥截交线形状有五种,见表3.2。

表3.2　平面与圆锥的截交线

截平面位置	垂直于轴线 $\theta = 0°$	与所有素线相交 $\theta < \alpha$	平行于一条素线 $\theta = \alpha$	平行于轴线（或平行于两条素线）$\theta = 90°$	通过锥顶
截交线形状	圆	椭圆	抛物线	双曲线	相交二直线（连同与锥底面的交线为一三角形）
轴测图	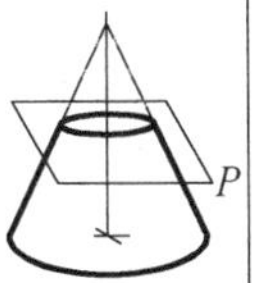	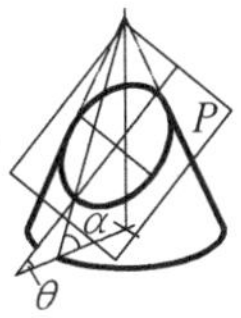	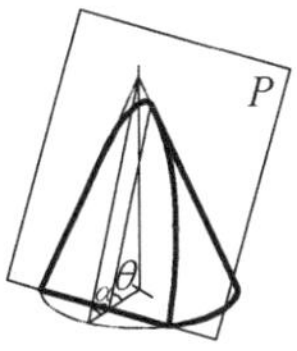	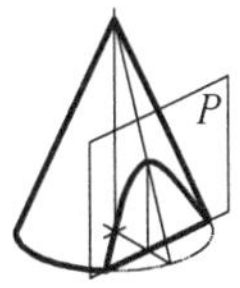	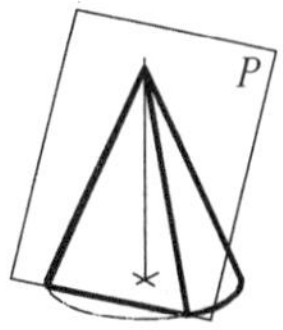
投影图	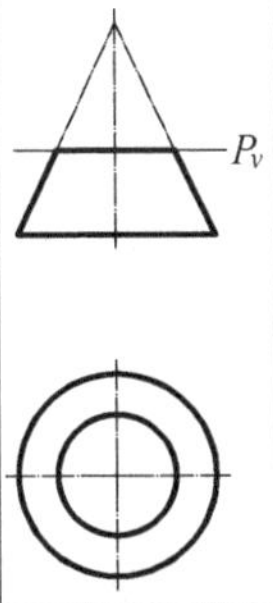	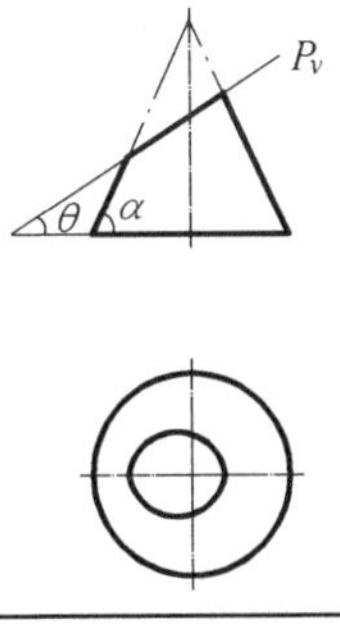	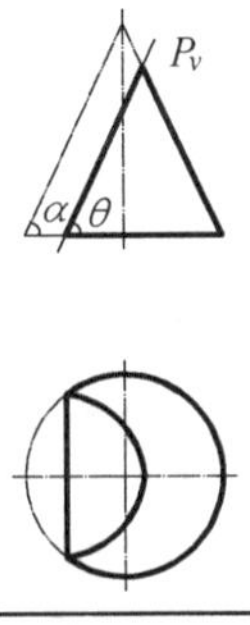	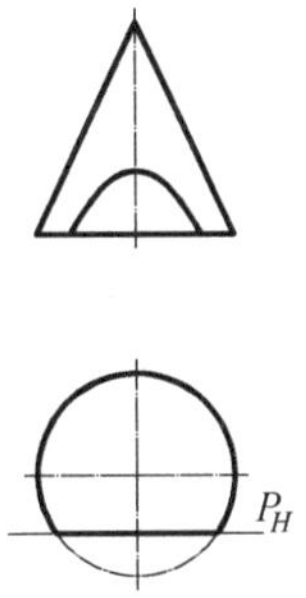	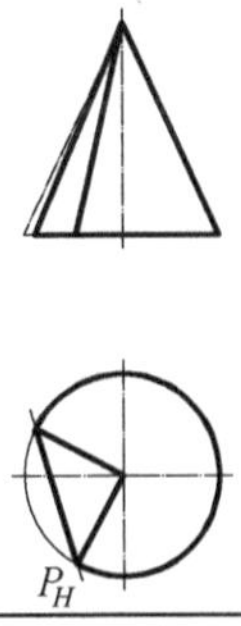

例3.5　完成正垂面截切圆锥的各投影,如图3.13（a）所示。

解　作图:

① 分析截交线形状,确定待求的投影。根据图3.13（a）分析截交线形状是椭圆,正面投影已知,水平投影和侧面投影待求。

② 求截交线上的特殊点。包括:确定其投影范围的方位点（各个方向的极限点）,即椭圆的长轴（正平线）端点 Ⅰ、Ⅱ,短轴（长轴的中垂线即正垂线）端点 Ⅲ、Ⅳ。在 V 面投影中标出方位特殊点 $1'$、$2'$、$3'$、$4'$,利用圆锥表面取点法（纬圆法和素线法）求出1、2、3、4和 $1''$、$2''$、$3''$、$4''$;因为转向线的其他投影重合于轴线,所以 V 面投影中,轴线与截平面的交点 $5'$、$(6')$ 即为待求转向点。按同样方法求出 $5''$、$6''$ 和5、6即可。

③ 求一般点,即特殊点之间的若干点。在 V 面投影中标出一般点 $7'$、$(8')$,利用纬圆法求出7、8之后,再由 $7'$、$(8')$ 和7、8,对应求出 $7''$、$8''$。

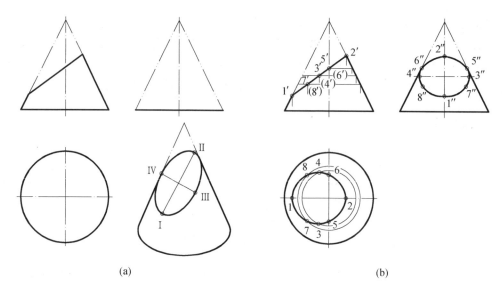

(a)   (b)

图 3.13   正垂面与圆锥相交

④ 依次光滑连接所求各点的水平投影和侧面投影。注意在 5″、6″ 处截交线与转向轮廓线相切。

⑤ 补全轮廓线的投影,完成作图(图 3.13(b))。

例 3.6   完成切口圆锥的投影,如图 3.14(a)所示。

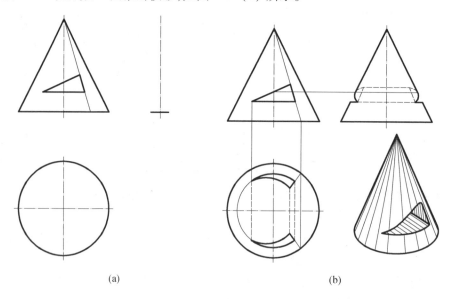

(a)   (b)

图 3.14   求切口圆锥的投影

扫一扫   看模型

分析 由图 3.14(a) 可见,切口由三个截平面截圆锥形成,其中过锥顶正垂面截圆锥交线为直线,水平面截圆锥交线为圆弧,另一个正垂面截圆锥交线为椭圆弧。整个截交线是由三部分组合而成,因此,按照上述求截交线步骤逐个作出每一段截交线投影即可。值得注意的是,各截平面之间产生的交线投影一定画出来,可见则画粗实线,不可见则画虚线。

具体作图方法请自行分析(图 3.14(b))。

注意:侧面投影中水平截面到正垂面之间部分的转向轮廓线已被切去,不应画出,且不可见部分画成虚线。

3. 圆球截交线

无论截平面与圆球的相对位置如何,其截交线形状都是圆,但交线圆与投影面的相对位置不同,其投影形状也不同。

例 3.7 完成切口半球的水平投影和侧面投影(图 3.15(a))。

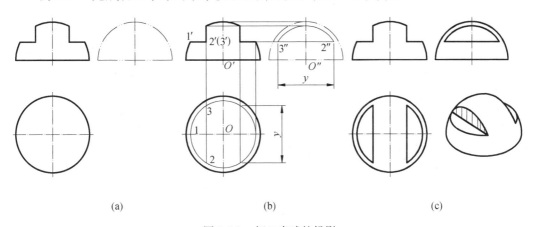

图 3.15 切口半球的投影

解 作图步骤:

① 分析截交线形状,确定待求的投影。如图 3.15(a) 所示,切口由一个水平截面和两个侧平截面截切半球所形成。它们的水平投影和侧面投影分别反映截交线圆弧的实形,并与球同心;正面投影中截交线积聚成为已知,其他投影未知待求。

② 求特殊点。如图 3.15(b) 所示,由 1′ 求出 1,以 O 为圆心、O 到 1 距离为半径画弧,由 2′、3′ 作投影连线求出 2、3,再由 2、3 和 2′、3′ 求出 2″、3″。按左右对称可得右侧截交线的水平投影。两个侧平面截半球所得交线为侧平圆,正面投影和水平投影积聚成直线,侧面投影为以球心 O″ 为圆心,经过 2″、3″ 的圆弧。

③ 连线并判断可见性。此题中截交线的投影为直线和圆弧,不必再求一般点,根据已求出的直线端点、圆弧圆心和端点直接连线即可(图 3.15(b))。

④ 整理轮廓线的投影,完成作图(图 3.15(c))。

4. 组合回转体截交线

例 3.8 如图 3.16 所示,求作顶尖左端的截交线。

分析 从 3.16 顶尖的立体图可看出,顶尖头部是由圆锥和圆柱同轴组合而成,被水

平面 P 和正垂面 Q 所截切。截交线由三部分组成:水平截平面截切圆锥面得双曲线;截切圆柱面得两平行于轴线的直线段;正垂截面截切圆柱得椭圆弧。截交线的正面投影和侧面投影都有积聚性,只需要做出水平投影。

作图 如图 3.16 所示。

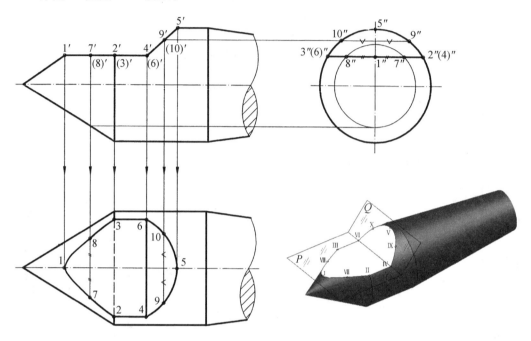

图 3.16 组合回转体截交线

① 求特殊点。在正面投影和侧面投影中定出圆锥面上三个特殊点 $1'$、$2'$、$3'$ 和 $1''$、$2''$、$3''$;定出圆柱面上三个特殊点 $4'$、$5'$、$6'$ 和 $4''$、$5''$、$6''$。由正面投影和侧面投影画出水平投影 1、2、3、4、5、6。

② 求一般点。在正面投影中定出圆锥面上的一般点 $7'$、$8'$;用辅助纬圆的方法画出侧面投影 $7''$、$8''$ 和水平投影 7、8。在正面投影和侧面投影中定出圆柱面上的一般点 $9'$、$10'$ 和 $9''$、$10''$。

③ 各点依次连线,整理轮廓线,画出水平投影两截平面的交线 4、6 为粗实线,锥柱交线投影 23 段为虚线,前后两段为粗实线。

3.4　两回转体表面相交

3.4.1　概述

图 3.17 所示机件都是由两个或多个立体相交而成。两个立体相交称为相贯,由立体相交而形成的表面交线称为相贯线。为了清晰地表示出这些机件的各部分形状和相对位置,在图上必须正确绘出相贯线的投影。如把机件抽象为几何体,根据其几何性质可把相贯形体分为三类:

① 平面立体与平面立体相交,如图 3.17(a) 所示;
② 平面立体与曲面立体相交,如图 3.17(b) 所示;
③ 曲面立体与曲面立体相交,如图 3.17(c) 所示。

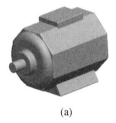  

(a)　　　　　　　　(b)　　　　　　　　(c)

图 3.17　立体相交的实例

由于前两者相贯线的作图方法可归结为平面与平面相交、平面与曲面立体相交的问题,这些已在前面做了讨论,因此本节仅介绍两回转体相交相贯线及作图问题。

3.4.2　回转体相贯线的性质

相贯线的形状因相交的回转体形状和大小及相对位置的不同而异,但它们都具有以下性质:

① 由于相贯体表面是封闭的,并占有一定的空间范围,因此回转体的相贯线一般是封闭的空间曲线(图 3.18),特殊情况下,可以是平面曲线或直线(见 3.4.4 节图 3.23);

② 相贯线是两相贯体表面的共有线,是由两立体表面上一系列点所组成,同时相贯线是两相贯体的分界线。

相贯线为封闭空间曲线

图 3.18　相贯线

3.4.3　相贯线的作图方法

根据相贯线的性质,作相贯线投影,就是先求出相贯体表面上一系列共有点的投影,然后顺次光滑连接。求共有点的方法很多,下面介绍两种最常用的方法。

1. 表面取点法

当相贯体中有一个是圆柱体,且其某个投影具有积聚性时,则相贯线的同面投影就重合在圆柱体的积聚性投影上。相贯线的一个投影已知(图3.19(a)),根据相贯线共有性,再把相贯线看作是其中另外一个相贯体表面上的线,根据这个已知投影,利用回转体表面取点法,就可作出相贯线的其他投影(图3.19(b))。

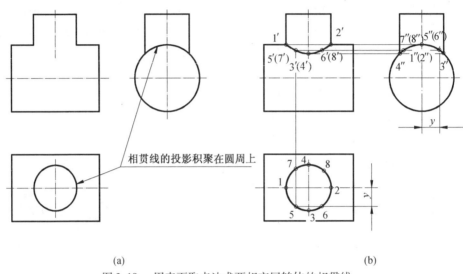

(a)   (b)

图3.19   用表面取点法求两相交回转体的相贯线

作图步骤如下:

① 分析形状,确定待求投影。如图3.19(a)所示,一水平圆柱和直立圆柱相交,相贯线为一前后左右对称的封闭空间曲线。小圆柱轴线垂直水平投影面,所以小圆柱表面的水平投影具有积聚性,相贯线的水平投影即在此圆周上。大圆柱的轴线垂直于侧面,其表面在侧面投影上具有积聚性,相贯线的侧面投影也一定和大圆柱的侧面投影的圆周重合,但必须是与小圆柱共有的一段。相贯线的正面投影待求。

② 求特殊点。方位点即各投影中各方向的极限点。这里待求的是正面投影,确定其投影范围的有左右和上下两个方向的极限点。在侧面投影上标出最高点、最低点的投影1″、(2″)(也是最左点和最右点)、3″、4″(也是最前点和最后点),对应找到水平投影1、2、3、4,根据点的投影规律求出正面投影 1′、2′、3′、(4′)。转向点是相贯体转向轮廓线上的点。1″、2″ 为正面投影转向轮廓线上的点,已求出。

③ 求一般点。一般点是指特殊点之间的点,需求出若干个。在相贯线侧面投影上任取点5″、(6″),对应找到水平投影5、6,然后求出正面投影5′、6′。其他一般点的作法相同。

④ 连线并判断可见性。判断可见性的原则是只有同时属于相贯体可见部分的相贯线才是可见的。参照水平投影的连接顺序依次光滑连接正面投影,即得到所求相贯线的正面投影。正面投影中,两圆柱前半柱上的相贯线(1′-5′-3′-6′-2′)是可见的,画成粗实线;后半柱面上的相贯线(1′-7′-4′-8′-2′)为不可见,但因与前面一半重合,故只画粗实线(图3.19(b))。

⑤ 整理轮廓线。当原图所给轮廓不完整时,需要将其补齐,将轮廓线画至相贯线。

本题中正面投影转向轮廓线交点 1″、2″ 就是相贯线上的点。

图 3.20 的求解作图与图 3.19 类似,请自行分析。

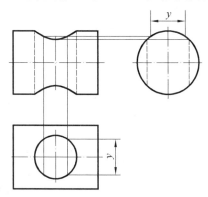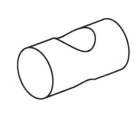

图 3.20 圆柱上的通孔

2.辅助平面法

(1)辅助平面法求相贯线原理。

辅助平面法就是在两相贯体的适当位置,作一辅助平面 P,使其与相贯体相交,分别作出 P 与两相贯体的截交线,再求得两截交线的交点 Ⅰ、Ⅱ,便是相贯线上的点(即三面共点)。如图 3.21 所示,依照此法作一系列辅助平面,可求得一系列相贯线上的点。所以,辅助平面法求相贯线的原理就是三面共点原理。利用辅助平面法求相贯线不仅可以解决相贯体投影有积聚性的情况,也可以解决相贯体投影无积聚性的情况。

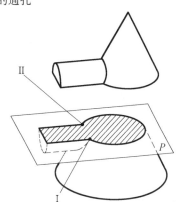

图 3.21 用辅助平面法求相贯线上的点

(2)辅助平面的选择原则。

应使辅助平面与相贯体表面截交线的投影是简单易画的直线或圆。

例 3.9 完成轴线垂直相交的圆锥和圆柱相贯线的投影(图 3.22(a))。

解 作图步骤:

① 分析形状,确定待求投影。圆柱完全与圆锥相贯,相贯线是一条封闭的、前后对称的空间曲线。圆柱的轴线垂直于侧面,其侧面投影积聚为圆,相贯线的侧面投影重合在圆柱的投影圆上为已知。相贯线的正面投影和水平投影待求,这里利用辅助平面法来求。根据辅助平面的选择原则,选定水平面作为辅助平面。

② 求特殊点。方位点即各投影中各方向的极限点。这里待求的是正面投影和水平投影,确定其投影范围的点有:左右、上下和前后三个方向的极限点。如图 3.22(b) 所示,由侧面投影可知,1″、2″ 是最高点和最低点,过 1″、2″ 作正平面 S_W、S_W 截圆柱、圆锥交线均为正面投影转向轮廓线,在正面投影中,转向轮廓线的交点即为 1′、2′,根据 1′、2′ 和 1″、2″ 可求得其水平投影 1、2。同时,Ⅱ 点也是相贯线的最左点。3″、4″ 是相贯线的最前点、最后点的侧面投影。过 3″、4″ 作辅助平面 Q,平面 Q 截圆锥为圆,截圆柱为两直线,即水平投

影两轮廓线,可求得水平投影3、4和正面投影3′、(4′)(图3.22(b))。5″、6″是相贯线的最右点的侧面投影。求作方法是:过锥顶作圆柱侧面投影的切线,得切点5″、6″,过5″、6″作辅助水平面 R ,利用辅助平面 R 可求得其水平投影 5、6 和正面投影 5′、(6′)(图3.22(c))。转向点是转向轮廓线上的点。Ⅲ、Ⅳ 两点位于圆柱水平投影转向轮廓线上,3、4 已经求出,它也是相贯线水平投影可见性的分界点。

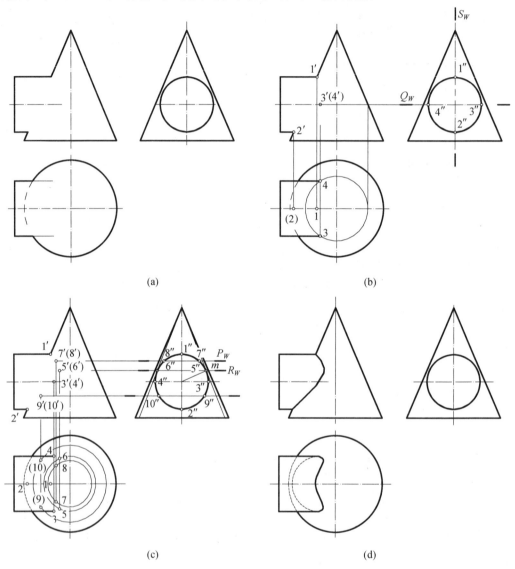

(a)　　　　　　　　　(b)

(c)　　　　　　　　　(d)

图 3.22　圆锥和圆柱正交的相贯线

③ 求一般点。一般点是指特殊点之间的点,需求出若干个。如图 3.22(c) 所示,在求特殊点的水平面之间适当位置作一水平辅助面 P , P 与圆柱相交为两条直线, P 与圆锥相交为水平圆,两者相交于 Ⅶ、Ⅷ 点,即为相贯线上的点。同理,还可求得一般位置点 Ⅸ、Ⅹ。

④ 连线并判断可见性。判断可见性的原则是只有同时属于相贯体可见部分的相贯线才是可见的。由于相贯线前后对称,故相贯线正面投影前后重合,画粗实线。在水平投

影中,相贯线在圆柱上半部的 3、5、7、1、8、6、4 点是可见的,连成粗实线,其余各点在圆柱下半部是不可见的,连成虚线(图 3.22(d))。

⑤ 整理轮廓线。当原图所给轮廓不完整时,需要将其补齐,画至相贯线。本题中水平投影转向轮廓线应画到 3、4 为止。

3.4.4　相贯线的特殊情况

两回转体相交时,在一般情况下,相贯线为空间曲线,但特殊情况下,是平面曲线或直线。常见的有:

① 当两个相交的回转体内切于一个球面时,它们的相贯线是平面曲线椭圆。如两等径圆柱相交或圆柱与圆锥相交并且内切于一个球面时,相贯线为两个相同形状的椭圆。当两回转体的轴线所决定的平面平行于某投影面时,则此两椭圆在该投影面上的投影积聚成相交的两直线段,如图 3.23(a)、(b)、(c)、(d) 所示。

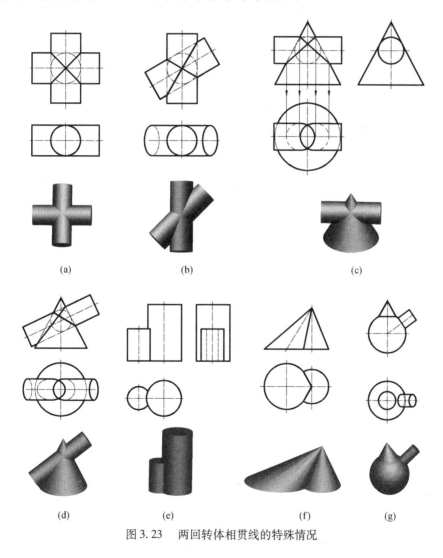

图 3.23　两回转体相贯线的特殊情况

②轴线相互平行的两圆柱相交时,其相贯线是平行轴线的两条直线段,如图3.23(e)所示。

③当两圆锥共顶相交时,相贯线为相交的两直线段,如图3.23(f)所示。

④两同轴线回转体相交时,相贯线是垂直于轴线的圆。如图3.23(g)所示回转体与球相交,且轴线通过球心时,交线都为圆。

画相贯线时,一般情况下按例3.9中的作图步骤,但遇到上述特殊情况时,可充分应用其特性,简化作图过程。

⚙ 思政元素

两等径回转体相贯这一模型很早就被我国古人所提出。早在魏晋时期,数学家、古典数学理论奠基人之一的刘徽曾提出,当两个底面直径相同的圆柱垂直相交时,它们的交集产生了一种特殊的几何体,刘徽称之为"牟合方盖"。如果把牟合方盖放入一个边长等于圆柱直径的正方体,它的上下两个顶点和侧面四个曲面,是刚好和正方体的六个面相接或相切的。而牟合方盖与正方体的内切球也是刚好相切的。"牟合方盖"的提出,充分体现了我国古人的智慧,他们对数学、哲学问题的执着思考,对科学知识求真探索的精神,永远值得我们学习。

第 *4* 章

组 合 体

⚙ 本章导读

任何机械设备都是由许多零件装配而成的,零件在机器上的作用不同,其结构、形状也不同。无论零件的形状多么复杂,都可以看成是由一些几何形状简单的基本体按照不同方式组合而成的组合体。基本体是构成各种零件的基础,组合体是由两个或两个以上的基本体,通过叠加或切割而成的形体。

本章首先介绍绘制组合体三视图的方法,然后介绍组合体尺寸标注及识读组合体三视图的方法,为后续学习绘制和识读零件图打下基础。

⚙ 素质目标

(1)树立将个人奋斗融入党和国家事业的人生理想。

(2)弘扬劳模精神、劳动精神、劳动精神、工匠精神。

(3)养成严谨细致、精益求精的工作态度。

⚙ 学习目标

(1)了解组合体的组合形式,认识组合体的表面连接关系。

(2)正确绘制组合体的三视图,熟练掌握作图方法和作图步骤。

(3)正确标注与识读组合体的尺寸,合理选择尺寸基准。

(4)掌握识读组合体视图的要领与方法,能够运用形体分析法和线面分析法识读组合体视图并构思其形状。

4.1 画组合体三视图

4.1.1 三视图的形成及投影规律

在实际工作中,可认为图形是人站在离机件无穷远处,且正对着机件观察而画出的。根据有关标准和规定,机件在投影面上的投影又称为视图。前面介绍的正面投影、水平投影、侧面投影分别称为主视图、俯视图、左视图,统称三视图。因此,三视图的形成过程与三面投影的形成过程完全相同。三视图之间的投影对应关系与三面投影之间的投影对应关系也是完全相同的(图4.1(a))。习惯把物体上X轴方向的尺寸称为长;Y轴方向的尺寸称为宽;Z轴方向的尺寸称为高。在三视图中,主视图、俯视图均反映物体的长,左右对应;主视图、左视图均反映物体的高,上下对应;俯视图、左视图均反映物体的宽,俯视图靠近X轴部分和左视图靠近Z轴部分与物体后部相对应,俯视图远离X轴部分和左视图远离Z轴部分与物体的前部相对应(图4.1(b),(c))。因此作三视图时,只要保证三视图之间的这种投影对应关系,无须画投影轴,视图之间距离可根据布图需要确定(图4.1(d))。

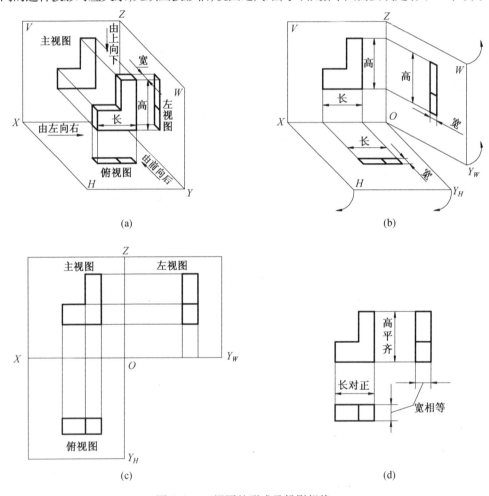

图4.1 三视图的形成及投影规律

为了便于记忆,可将三视图之间的投影对应关系总结如下:
① 主、俯视图长对正,长分左右;
② 主、左视图高平齐,高分上下;
③ 俯、左视图宽相等,宽分前后。
这种度量关系和方位对应关系对所有立体的整体和局部都是适用的。因此,画图时,

必须对好三视图的位置,而且机件上每一个部分、每一个面和每一个点的三个投影也一定要符合上述规律。看图时,也必须以这三条规律为依据,找出三视图中相应部分的对应关系,才能正确地想出整个机件的形状。

4.1.2　形体分析法与线面分析法

1. 形体分析法

形体分析法是首先假想把组合体分解为若干个简单形体,然后分析并确定形体间的组合形式、相对位置和各表面间的连接关系,这个过程就是形体分析的过程,这种方法就是形体分析法。它是画组合体视图和读组合体视图的基本方法。

(1) 组合体的组合形式。

组合体是由基本体组合而成的。基本组合形式可分为叠加(堆积)与切割(挖切)两类,如图 4.2 所示。

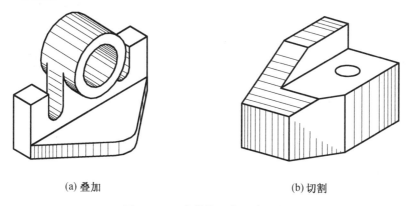

(a) 叠加　　　　　　　　　　　　　　　(b) 切割

图 4.2　组合体的基本组合形式

(2) 组合体表面间的连接关系。

在组合体的两种基本组合形式中,相邻表面间的连接关系可分为四种。现分述如下:

① 相错。如图 4.3 所示,该组合体可分解为底板和拱形柱体两部分。两形体前端面互相错开,这时,主视图中两形体的连接处应有线分开。

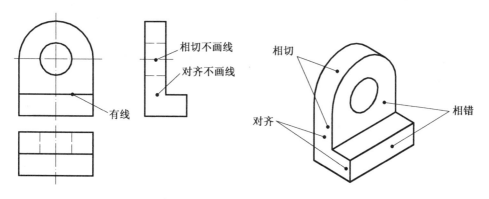

图 4.3　相错、相切和对齐的画法

② 对齐。如图 4.3 所示,该形体上、下两部分的长度相等,两者左右端面连成一个平面,是对齐(共面)关系。因此,左视图此端面连接处就不应再画线隔开。

③ 相切。如图 4.3 左视图所示,当两形体表面相切时,两表面光滑地连接在一起,相切处不应该画出轮廓线。

④ 相交。当两形体的表面相交时,无论是平面与平面、平面与曲面或两曲面相交,交线投影必须画出。如图 4.4 中的相贯线和图 4.5 中的截交线。

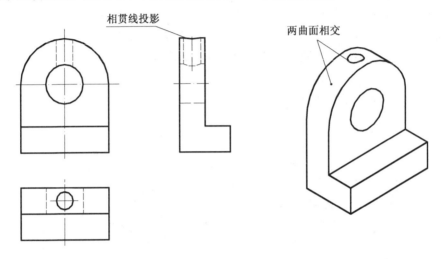

图 4.4　形体表面交线的画法(一)

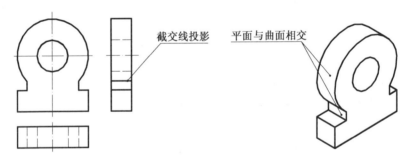

图 4.5　形体表面交线的画法(二)

2.线面分析法

线面分析法就是利用线、面投影特性,分析组合体表面形状及表面间相对位置关系的方法。如图 4.6 所示,该形体可看成是平面立体被切割而形成的。P 为铅垂面,它的水平投影积聚成线,正面投影与侧面投影是类似多边形(六边形)。画图时可注出六边形的各个顶点,利用面上求点的方法准确地画出六边形的各投影。

图 4.7 给出了立体上的一般位置平面的投影图情况。从图中可以看出,一个 N 边形的平面图形,它的非积聚性投影必然是 N 边形。这就为检查画图与读图的正确与否提供了一种依据。一般来说,画组合体三视图是以形体分析法为主,线面分析法为辅。对于局部难表达处可结合线面分析法帮助分析。

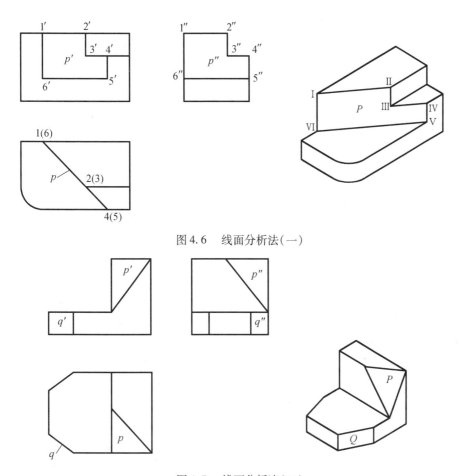

图 4.6 线面分析法(一)

图 4.7 线面分析法(二)

4.1.3 组合体三视图的画法

图 4.8 所示轴承座是比较典型的叠加式组合体,其画图方法通常采用形体分析法,现以此为例介绍画组合体三视图的方法和步骤。

1.形体分析

首先,假想将轴承座分解成几个简单形体(图 4.8(b)),轴承座可以看成是由凸台Ⅰ、轴承Ⅱ、支撑板Ⅲ、肋板Ⅳ和底板Ⅴ组成。其次,分析它们之间的相对位置及表面之间的连接关系,支撑板和肋板叠加在底板之上。支撑板的左右两侧面与轴承的外表面相切,肋板两侧面与轴承的外表面相交,凸台与轴承相贯。

2.选择主视图

主视图方向一定,另外两个视图方向自然确定。确定主视图方向一般应考虑以下几个原则:

①符合自然安放原则。使组合体处于较为稳定和平衡状态。

②符合形体特征最多原则。在该方向所得到的主视图,反映组合体的形体特征较多,各形体间的相对位置关系反映得较明显。

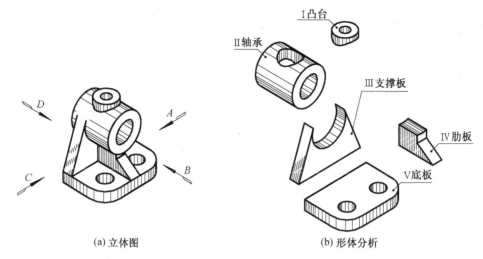

(a) 立体图　　　　　　　　　　　　　(b) 形体分析

图 4.8　轴承座

③ 符合虚线少的原则。按所选的主视图方向,所得到的其他两个视图中虚线较少。

根据以上原则,按图 4.8(a)箭头所指的方向 A、B、C、D 作为投射方向,画出视图进行比较,确定主视图。如图 4.9 所示,D 视图出现较多虚线,显然没有 B 视图清楚,C 视图与 A 视图相同,但如以 C 视图作为主视图则左视图上会出现较多虚线,所以不如 A 视图好。再以 B 视图与 A 视图进行比较,对反映各部分的形状特征和相对位置来说,虽各有优缺点,但都比较好,均可选择作为主视图。从整体布图合理性来考虑,这里选 B 视图作为主视图。

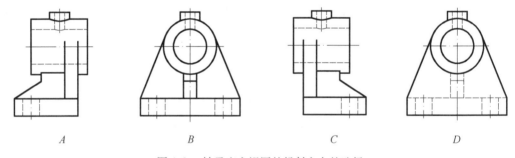

A　　　　　　　　B　　　　　　　　C　　　　　　　　D

图 4.9　轴承座主视图的投射方向的选择

3. 画图

(1)选比例、定图幅。

视图确定以后,要根据组合体的大小选定作图比例,根据组合体的长、宽、高计算出三视图所占面积,并在视图之间留出标注尺寸的位置和适当的间距,据此选用合适的标准图幅。

(2)布图、画基准线。

图纸固定后,根据各视图的大小和位置,画出基准线。基准线是指画图时测量尺寸的基准,每个视图需要确定两个方向的基准线。通常选物体对称面、较大回转体轴线和大端面作为基准,这里选择了左右对称面作为长度基准;底面作为高度基准;支撑板与底板对齐的后端面作为宽度基准(图 4.10(a))。

（3）逐个画出各形体的三视图。

画形体的顺序：一般先实（实形体）后空（挖去的形体）；先大（大形体）后小（小形体）；先画整体，后画细节。同时要注意，三个视图配合画，从反映形体特征的视图画起，再按投影规律画出其他两个视图（图4.10(b) ~ (e)）。以上是画底稿，要求参考1.5节。

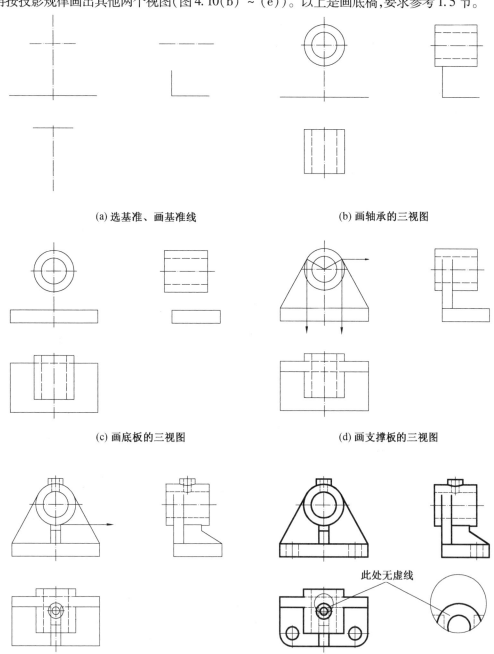

(a) 选基准、画基准线　　　　　　　(b) 画轴承的三视图

(c) 画底板的三视图　　　　　　　　(d) 画支撑板的三视图

此处无虚线

(e) 画凸台与肋板的三视图　　　　(f) 画底板上的圆角和圆柱孔，校核、加深

图4.10　轴承座的作图过程

（4）检查底稿、描深。

各部分的底稿画好后，要进行认真检查，然后按规定线型描深，如图 4.10(f) 所示。描深要求参考 1.5 节。

对于像轴承座这种叠加式的组合体，画三视图时采用形体分析法。而对切割式的组合体，画三视图常用线面分析法。下面再以图 4.11(a) 所示的组合体为例，说明切割式组合体的画图过程。

形体分析如图 4.11(b)、(c) 所示。

画图过程如图 4.11(d)，(e)，(f)，…，(i) 所示。

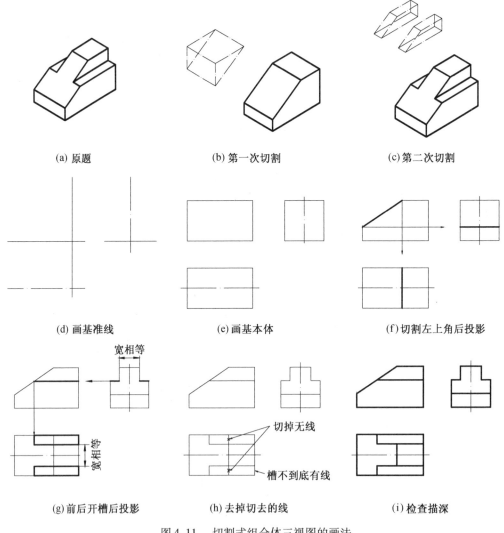

| (a) 原题 | (b) 第一次切割 | (c)第二次切割 |

| (d) 画基准线 | (e)画基本体 | (f)切割左上角后投影 |

| (g)前后开槽后投影 | (h)去掉切去的线 | (i)检查描深 |

图 4.11　切割式组合体三视图的画法

4.2　组合体的尺寸标注

视图只能表达组合体的形状,尺寸才能反映其真实大小及各部分之间的相对位置。组合体尺寸标注的基本方法与平面图形尺寸标注相同,首先要选择尺寸基准,但除了长度、高度基准外,还要选择宽度基准。然后进行尺寸标注,所标注的尺寸应达到如下三点要求:

① 正确:符合国家标准关于尺寸标注的有关规定。

② 完整:所注尺寸既不多余,也不遗漏。

③ 清晰:尺寸布置整齐合理,便于阅读。

4.2.1　尺寸种类

1.定形尺寸

确定组合体形状及大小的尺寸称为定形尺寸。如图 4.12 中的直径 ϕ、半径 R 及长、宽、高等尺寸都是定形尺寸。

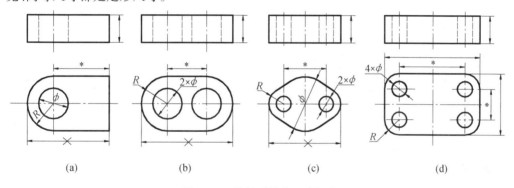

|(a)|(b)|(c)|(d)|

图 4.12　简单形体的尺寸标注

2.定位尺寸

确定组合体上各部分结构相对于基准位置或各部分结构之间相对位置的尺寸称为定位尺寸。如图 4.12 中注 $*$ 号的尺寸。

3.总体尺寸

表示组合体总长、总宽和总高的尺寸称为总体尺寸。在标注总体尺寸时,一般不用圆弧切线作尺寸界线,如图 4.12(a)、(b)、(c) 中注"×"的尺寸。它们的总长可通过中心距与半径尺寸相加获得,否则就出现了多余尺寸。图 4.12(d) 圆角情况除外,这里既标注圆孔中心距和圆角半径,同时又标注总体尺寸,这是因为通常圆角尺寸不参与计算。

4.2.2　尺寸基准

组合体具有长、宽、高三个方向的尺寸。因此,在标注尺寸时,长、宽、高方向都要选尺寸基准,当组合体较为复杂时,一个基准不够往往还要选择一个或几个辅助尺寸基准。尺寸基准的确定既与物体的形状有关,也与该物体的加工制造要求、工作位置等有关,详细内容将在第 8 章零件图中介绍,在此仅从形体分析角度进行介绍。对组合体尺寸标注,通常选用底平面、端面、对称面及较大回转体的轴线等作为尺寸基准。图 4.13 所示为确定组合体尺寸基准的一个例子。

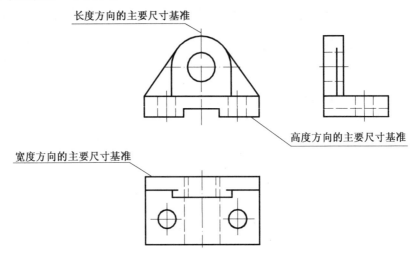

长度方向的主要尺寸基准

高度方向的主要尺寸基准

宽度方向的主要尺寸基准

图 4.13　组合体尺寸基准的选择

4.2.3　尺寸标注的综合举例

图 4.14(a) 所示组合体,由于该形体左右对称,故可将左右对称面定为长度方向的主要尺寸基准;Ⅰ、Ⅱ 两部分对齐的后端面为较大的平面,定为宽度方向的主要尺寸基准;底平面为高度方向的主要尺寸基准。图 4.14(b) 所示 32、10 分别是 Ⅱ、Ⅲ 的高度方向定位尺寸;11、26 分别是 Ⅲ 和底板孔的宽度方向定位尺寸;28 是底板孔的长度方向定位尺寸,Ⅱ、Ⅲ 左右对称面与长度方向基准重合,长度方向定位尺寸为 0 不注。另外,12 既是 Ⅲ 的定位尺寸,又是 Ⅲ 的定形尺寸,11 既是 Ⅲ 的定位尺寸,又是 Ⅱ 的定形尺寸。该组合体的其余尺寸标注过程如图 4.14(c)、(d)、(e) 所示。

4.2.4　尺寸标注的注意事项

(1) 标注尺寸必须在形体分析的基础上,按分解的各组成形体定形和定位来考虑,切忌片面地按视图中的线框或线条来标注尺寸,如图 4.15 所示。

(2) 尺寸应注在表示该形体特征最明显的视图上,如圆弧半径尺寸要标在反映圆弧实形的视图上,如图 4.14(c) 中 R8 不应标在主视图上。并尽量避免在虚线上标注尺寸,如图 4.14(c) 中 2×φ8 不应注在反映虚线的主视图上。同一形体的尺寸应尽量集中标注,便于看图。

(3) 形体上的对称尺寸,应以对称中心线为尺寸基准标注,如图 4.16 所示。

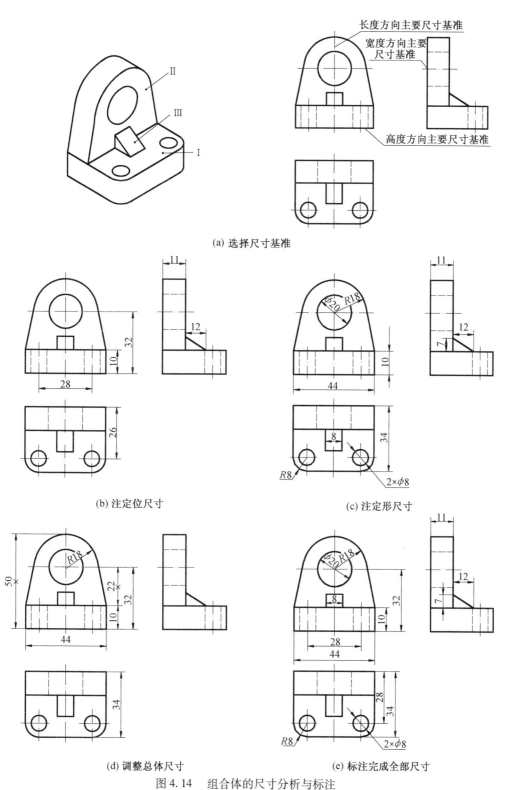

(a) 选择尺寸基准

(b) 注定位尺寸

(c) 注定形尺寸

(d) 调整总体尺寸

(e) 标注完成全部尺寸

图 4.14 组合体的尺寸分析与标注

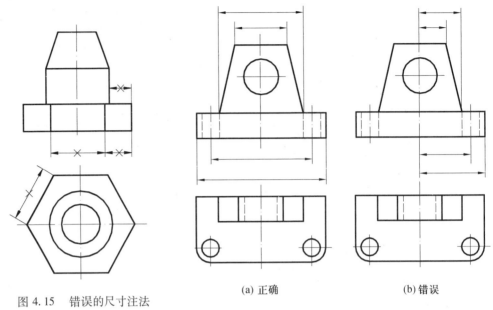

图 4.15　错误的尺寸注法

(a) 正确　　　　　　(b) 错误

图 4.16　对称性尺寸的注法

（4）不应直接在相贯线和截交线上注尺寸。形体与截平面的相对位置确定后,截交线形状大小已定。同样,两形体相交后,相贯线自然形成,因此,除了标注两形体各自的定形尺寸外,再注出确定截平面位置或确定两相贯体相对位置的尺寸。截交线和相贯线的投影根据投影作图规律作出,如图 4.17 所示。

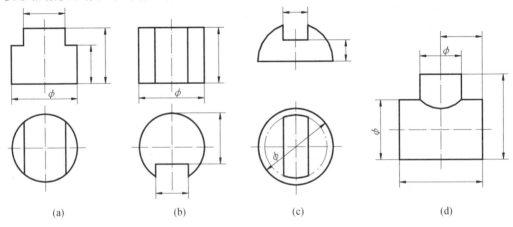

(a)　　　　　　(b)　　　　　　(c)　　　　　　(d)

图 4.17　切割体和相贯体的尺寸标注

（5）标注尺寸时,在同一方向上不能出现封闭尺寸链。必要时可对该方向尺寸进行调整,也就是去掉该方向上的某一个定形或定位尺寸,如图 4.14(d) 中的标 32、10、22,去掉22。圆角尺寸除外,因圆角尺寸不参与计算,如图 4.14(e) 中的44、28 和 R8 同时注出。

（6）当形体的端面为回转面时,该方向总体尺寸可通过回转面的轴线位置尺寸和回转面定形尺寸间接得出,这样标注便于回转面定位,如图 4.18 所示。

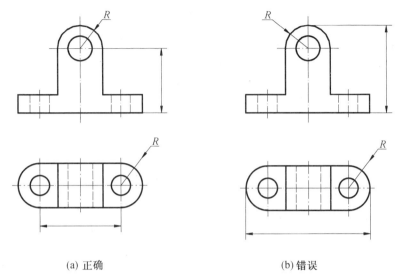

(a) 正确　　　　　　　　　　　　　(b) 错误

图 4.18　轮廓为曲面时的总体尺寸注法

4.3　读组合体三视图

读图是对给定的视图进行分析,想出形体的实际形状,读图是画图的逆过程。读图和画图相比难度较大,但只要掌握读图的基本方法并能灵活运用,在读图过程中注意到一些读图技巧,平时多加训练,读图水平将会很快提高。

4.3.1　读图的基本知识

1.几个视图联系起来看

一个视图一般是不能确定物体形状的,但有时两个视图也不能确定物体的形状。如图 4.19(a) 所示的两个形体,虽然它们的主视图是相同的,但由于俯视图、左视图不同,因此形状差别很大;图 4.19(b) 所示的形体,虽然主、左视图均相同,但由于俯视图不同,因此它们的形状同样也是各不相同的。

因此,在读图时应把几个视图联系起来看,才能想象出形体的正确形状。当一个形体由若干个简单形体组成时,还应根据投影关系准确地确定各部分在每个视图中的对应位置,然后将几个投影联系想象,才能得出与实际相符的形状,如图 4.20(a) 所示,否则结果将与真实形状大相径庭,如图 4.20(b) 所示。

2.弄清视图中图线和线框的含义

读图时正确理解已知视图中的图线和线框的空间含义,有助于加快读图速度。视图中的图线(实线或虚线,直线或曲线) 可以有三种含义(图 4.21):

1—— 表示物体上具有积聚性的平面或曲面;

2—— 表示物体上两个表面的交线;

3—— 表示曲面的转向轮廓线。

视图中的封闭线框可以有以下四种含义(图 4.22):

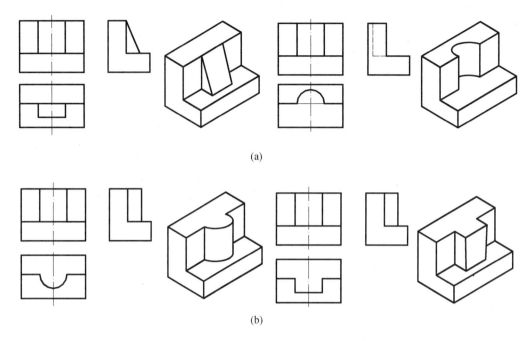

(a)

(b)

图 4.19　一个视图相同或两个视图相同的不同物体

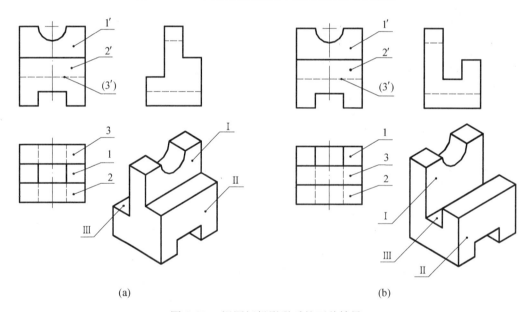

(a)　　　　　　　　　　　　(b)

图 4.20　视图间投影联系的两种结果

1——表示一个平面;

2——表示一个曲面;

3——表示平面与曲面相切的组合面;

4——表示一个空腔。

视图中相邻两个封闭线框必定是物体上相交的两个表面(图 4.21 中 A、B 为相交面)或同向错位的两个表面(图 4.22 中 A、B 为前后错位面) 的投影。

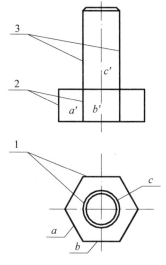
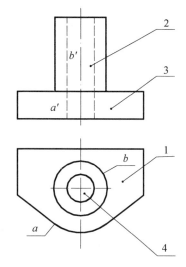

图 4.21 视图中线的含义　　　　　　　　图 4.22 视图中线框的含义

4.3.2 读图的方法

1.形体分析法

形体分析法是读图的一种基本方法。基本思路:根据已知视图,将图形分解成若干组成部分,然后按照投影规律和各视图间的联系,分析出各组成部分所代表的空间形状及所在位置,最终想象出整体形状。图形分解原则:从特征视图入手(一般为主视图),将图形进行分解,使分解出的图形在已给的另外视图中对应着完整的图形,这说明所分解的图形可以代表一个简单形体的投影。

例 4.1 读懂图 4.23 所示支座的视图,想出支座的形状。

①分解视图。从主视图着手,将图形按封闭线框分解成若干部分,如图 4.23 中的 Ⅰ、Ⅱ、Ⅲ 三个部分。

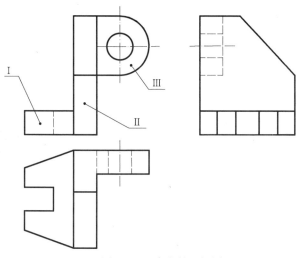

图 4.23 支座的三视图

扫一扫　看模型

② 投影联系。根据视图间投影规律，找出分解后各组成部分在各视图中的投影，如图 4.24 所示。

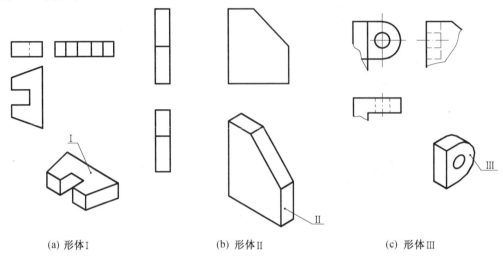

(a) 形体Ⅰ   (b) 形体Ⅱ   (c) 形体Ⅲ

图 4.24   分解后各组成部分的投影联系

③ 单个想象。根据分解后各组成部分的视图想象出各自的空间形状，如图 4.24 所示。

④ 综合想象。在弄清各组成部分形状和位置的基础上，分析它们之间的组成形式，最后综合想象出该视图所表示的支座的完整形状，如图 4.25 所示。

2.线面分析法

由于物体由许多不同形状的线面组成，因此根据线面投影特性，通过对各种图线和线框含义的分析，来帮助分析想象物体的形状和位置，就比较容易构思出物体的整体形状。

例4.2   读懂图 4.26 所示压块的视图，想出压块的形状。

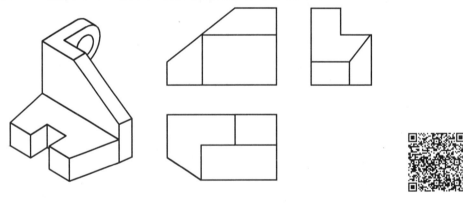

图 4.25   支座形状   图 4.26   线面分析法读图   扫一扫   看模型

分析   切割式组合体视图的特点是：在一个视图中的某个封闭线框，在另外的视图中找不到与其完全对应的封闭线框，如图 4.27(a) 中的 p 对应 p'。因此，不适合于形体分析法读图。根据形体被切割后仍保持原有形体投影特征的规律，由已知三个视图分析可知,该物体可以看成由一个长方体切割而成。主视图表示出长方体的左上方切去一个角,俯视图可看出左前方也切去一个角,而从左视图可看出物体的前上方切去一个长方体。切割后形体的三个视图为何成这样,这就需要进一步进行线、面分析。

先分析主视图的线框,如图 4.27(a) 所示线框 p' 在俯视图上对应一斜线 p,而在左视图上对应一类似形 p'',可知平面 P 是一铅垂面;又如图 4.27(b) 所示线框 r' 在俯视图上对应一水平方向的直线 r,在左视图上对应着一垂直方向的直线 r'',可知平面 R 为一正平面,同理可分析出 S 表示一正平面。

用同样的方法分析俯视图线框,如图 4.27(c) 所示,Q 为正垂面。

再如左视图中为什么有一斜线 $a''b''$? 分别找出它们的正面投影 $a'b'$ 和水平投影 ab,可知直线 AB 为一般位置直线,它是铅垂面 P 和正垂面 Q 的交线,如图 4.27(d) 所示。

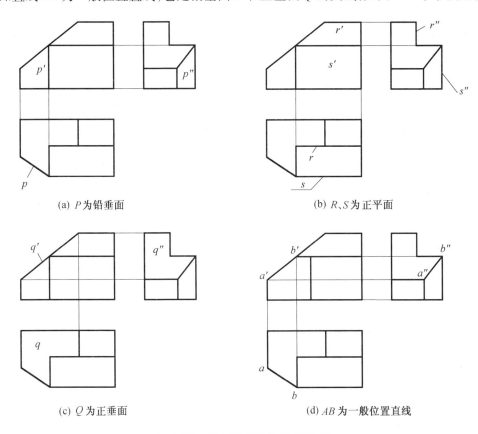

(a) P 为铅垂面　　　　　　　　　　(b) R、S 为正平面

(c) Q 为正垂面　　　　　　　　　(d) AB 为一般位置直线

图 4.27　读压块图时的线、面分析

通过上述线面分析,可以弄清视图中各线和线框的含义,也就有利于想象出由这些线、面围成的物体的真实形状,如图 4.28 所示。

工程上物体的形状是千变万化的,所以在读图时不能局限于某一种方法或步骤,而需要用两种方法综合分析,灵活使用,才能加快读图的速度。

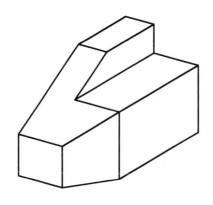

图 4.28 压块的形状

⚙ 思政元素

"差之毫厘,谬以千里"指的是开始时虽然相差很微小,但是结果会造成很大的错误。工程图样的视图用于描述表达对象的几何形状,而其大小则必须通过尺寸来确定,对于构件而言,尺寸是加工、生产的重要依据。工程上有诸多因为不细致或不正确标注而引起不良后果的案例,要引以为戒,树立正确的工程伦理观念和法制观念,时刻警醒自己,提高自身职业素养。

第 **5** 章

轴 测 图

⚙ 本章导读

图 5.1(a)是物体的正投影图,它不仅能够确定物体的形状和大小,而且画图简便。但由于这种图立体感不强,缺乏读图能力的人很难看懂,因此在工程中常用轴测图作为辅助图样来表达物体的结构形状。

图 5.1(b)是物体的轴测图,它能在一个投影面上同时反映出物体长、宽、高三个方向的尺度,比正投影图形象、直观,具有立体感。但由于它不易反映物体各个表面的实形,作图比正投影图复杂。因此在工程上常用轴测图作为辅助图样来表达物体的结构形状,以帮助人们看懂正投影图。

本章首先介绍轴测投影的基本知识,然后分别介绍正等轴测图和斜二轴测图的绘制方法。

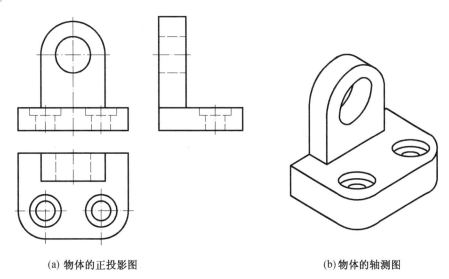

(a) 物体的正投影图   (b) 物体的轴测图

图 5.1 正投影图与轴测图比较

⚙ 素质目标

（1）树立将个人奋斗融入党和国家事业的人生理想。

（2）弘扬劳模精神、劳动精神、工匠精神。

（3）养成严谨细致、精益求精的工作态度。

⚙ 学习目标

（1）理解轴测图的形成。

（2）熟练绘制简单组合体的正等轴测图和斜二轴测图。

5.1 轴测投影的基本知识

5.1.1 轴测图的形成

在图 5.2 中，将长方体上彼此垂直的棱线分别与直角坐标系的三条坐标轴重合，该直角坐标系称为长方体的参考坐标系。在适当位置设置一个投影面 P，并选取不平行于任一坐标面的投射方向，在 P 面上作出长方体以及参考坐标系的平行投影，就得到一个能同时反映长方体长、宽、高三个方向尺度的投影图，该图称为轴测图。平面 P 称为轴测投影面。

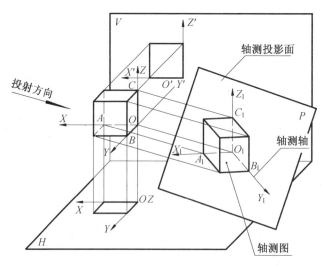

图 5.2 轴测投影的形成

由此可知：轴测图就是将物体连同其参考直角坐标系一起，沿不平行于任一坐标面的方向，用平行投影法将其平行投射在单一投影面上所得到的图形。

5.1.2　轴向伸缩系数和轴间角

在图 5.2 中，坐标轴 OX、OY、OZ 的轴测投影 O_1X_1、O_1Y_1、O_1Z_1 称为轴测轴。相邻两轴测轴的夹角 $\angle X_1O_1Y_1$、$\angle X_1O_1Z_1$、$\angle Y_1O_1Z_1$ 称为轴间角。

轴测轴上的线段长度与坐标轴上对应的线段长度之比，称为轴向伸缩系数。各轴的轴向伸缩系数是：

$p = \dfrac{O_1A_1}{OA}$，称为 OX 轴轴向伸缩系数；

$q = \dfrac{O_1B_1}{OB}$，称为 OY 轴轴向伸缩系数；

$r = \dfrac{O_1C_1}{OC}$，称为 OZ 轴轴向伸缩系数。

轴间角和轴向伸缩系数决定轴测图的形状和大小，是画轴测图的基本参数。

5.1.3　轴测图的分类

根据投射方向对轴测投影面的相对位置不同，轴测图可分为两大类：

① 正轴测图。投射方向垂直于轴测投影面的轴测投影（即由正投影法得到的轴测投影）。

② 斜轴测图。投射方向倾斜于轴测投影面的轴测投影（即由斜投影法得到的轴测投影）。

根据三根轴的轴向伸缩系数是否相同，两类轴测图又各分为三种：

① 正（或斜）等轴测图（$p = q = r$）。

② 正（或斜）二轴测图（p、q、r 中两个相等）。

③ 正（或斜）三轴测图（$p \neq q \neq r$）。

国家标准《机械制图》推荐使用正等轴测图、一种正二轴测图和一种斜二轴测图。这里只介绍工程上用得较多的正等轴测图和斜二轴测图的画法。

5.1.4　轴测图的基本性质

由于轴测图是用平行投影法得到的，因此它完全具备平行投影的特性。

（1）平行性。

物体上相互平行的线段，其轴测投影也相互平行；物体上的平行于坐标轴的直线段，在轴测图中仍平行于相应的轴测轴；这种轴测投影平行于轴测轴的线段，称为轴向线段。

（2）定比性。

轴测轴及其相对应的轴向线段有着相同的轴向伸缩系数。

5.2　正等轴测图

5.2.1　正等轴测图的形成

如图 5.3（a）所示，投射方向垂直于轴测投影面，而且参考坐标系的三条坐标轴对投影面的倾角都相等,在这种情况下画出的轴测图称为正等轴测图,简称正等测。

5.2.2 正等轴测图的画图参数

可以证明,正等轴测图的轴间角都相等,如图 5.3(b) 所示,即

$$\angle X_1 O_1 Y_1 = \angle X_1 O_1 Z_1 = \angle Y_1 O_1 Z_1 = 120°$$

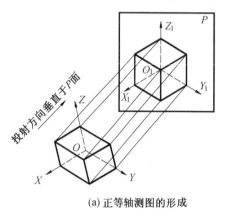 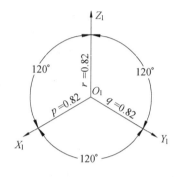

(a) 正等轴测图的形成　　　　　　　　　(b) 轴间角和轴向伸缩系数

图 5.3　正等轴测图的形成及参数

各轴向的伸缩系数都相等,即 $p = q = r \approx 0.82$。在实际作图中,为了作图简便,避免计算,常采用简化伸缩系数,即

$$p = q = r = 1$$

采用简化伸缩系数作图时,沿各轴向的所有尺寸都用实长量度,比较简便。用简化伸缩系数画出的图形比按真实轴向伸缩系数(0.82)画出的图形,沿各轴向的长度都放大了约 1.22 倍(1/0.82 ≈ 1.22)。

5.2.3 正等轴测图的画法

1. 平行于坐标面的圆的正等轴测图画法

图 5.4 为平行于各坐标面的圆的正等轴测图。因为三个坐标面或其平行面都不平行于轴测投影面,所以三个坐标面内或平行于坐标面的圆的正等轴测图均为椭圆。

(1) 椭圆长、短轴的方向及大小。

可以证明,在坐标面 XOY 上的圆或与坐标面 XOY 平行的圆,其轴测投影椭圆的长轴垂直于 $O_1 Z_1$ 轴;在坐标面 XOZ 上的圆或与坐标面 XOZ 平行的圆,其轴测投影椭圆的长轴垂直于 $O_1 Y_1$ 轴;在坐标面 YOZ 上的圆或与坐标面 YOZ 平行的圆,其轴测投影椭圆的长轴垂直于 $O_1 X_1$ 轴;而各椭圆的短轴均与其长轴垂直。用简化伸缩系数作图时,长轴约等于 $1.22d$ (d 为圆的直径),短轴约等于 $0.7d$。

(2) 椭圆的近似画法。

为了简化作图,通常采用四段圆弧组成的扁圆代替椭圆。图 5.5 为 $X_1 O_1 Y_1$ 面上椭圆的近似画法。而 $X_1 O_1 Z_1$ 和 $Y_1 O_1 Z_1$ 面上的椭圆,只是长、短轴的方向不同,其画法与 $X_1 O_1 Y_1$ 面上的椭圆相同。

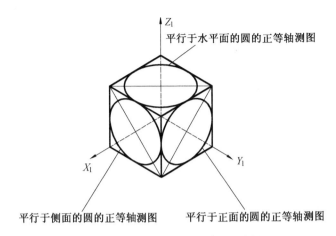

图5.4 平行于各坐标面的圆的正等轴测图

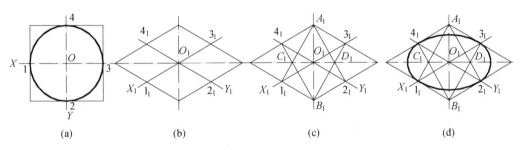

图5.5 四心圆法画椭圆

作图步骤如下：

① 过圆心 O 作坐标轴 OX、OY 和外切正方形,得切点 1、2、3、4,如图5.5(a)所示。

② 作轴测轴 O_1X_1、O_1Y_1 和切点的轴测投影 1_1、2_1、3_1、4_1,过这些点作外切正方形的轴测投影——菱形,并作对角线,如图5.5(b)所示。

③ 过 1_1、2_1、3_1、4_1 作各边的垂线,交得圆心 A_1、B_1、C_1、D_1,而 A_1、B_1 即为短对角线的端点,C_1、D_1 在长对角线上,如图5.5(c)所示。

④ 分别以 A_1、B_1 为圆心,以 $A_1 1_1$、$B_1 3_1$ 为半径作 $\overset{\frown}{1_1 2_1}$、$\overset{\frown}{3_1 4_1}$,以 C_1、D_1 为圆心,以 $C_1 1_1$、$D_1 3_1$ 为半径作 $\overset{\frown}{1_1 4_1}$、$\overset{\frown}{2_1 3_1}$,即得椭圆,如图5.5(d)所示。

2. 画图举例

因为采用简化伸缩系数作正等轴测图比较方便,所以常用正等轴测图来绘制物体的轴测图。特别是当物体上具有平行于两个或三个坐标面的圆时,由于平行于坐标面的圆的正等轴测椭圆的作图方法相同,而且比较简便,所以选用正等轴测图就更为合适。

例5.1 作出图5.6(a)所示的正六棱柱的正等轴测图。

解 作图步骤如下：

① 在视图上确定坐标轴。如图5.6(a)所示,因为正六棱柱顶面和底面都是处于水平位置的正六边形,取顶面六边形的中心为坐标原点 O,通过顶面中心 O 的轴线取为坐标轴 X、Y,高度方向的坐标轴取为 Z。

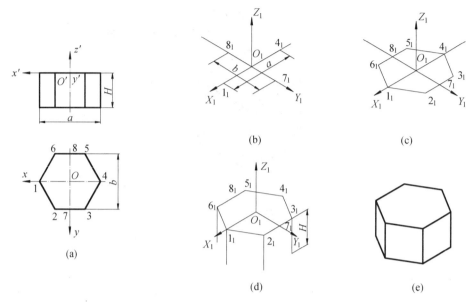

图 5.6 正六棱柱的正等轴测图的画法

② 作轴测轴，$O_1-X_1Y_1Z_1$，在 X_1 轴上沿原点 O_1 的两侧分别取 $a/2$ 得到 1_1 和 4_1 两点。在 Y_1 轴上沿原点 O_1 两侧分别取 $b/2$ 得到 7_1 和 8_1 两点，如图 5.6(b) 所示。

③ 过 7_1 和 8_1 作 X_1 轴的平行线，并在其上定出 2_1、3_1、5_1、6_1 各点，最后连成顶面六边形，如图 5.6(c) 所示。

④ 由 6_1、1_1、2_1、3_1 各点向下作 O_1Z_1 轴的平行线段，使其长度为 H，得正六棱柱底面可见的各顶点的轴测投影，如图 5.6(d) 所示。

⑤ 用直线连接各点并描深，完成正六棱柱的正等轴测图，如图 5.6(e) 所示。

例 5.2 作出图 5.7(a) 所示的圆柱的正等轴测图。

解 作图步骤如下(图 5.7)：

① 确定参考坐标系，如图 5.7(a) 所示。

② 作轴测轴，定出上、下端面中心的位置，如图 5.7(b) 所示。

③ 画上、下端面的近似椭圆，作两个椭圆的外公切线，即圆柱轴测投影的转向轮廓线，如图 5.7(c) 所示。

④ 整理并描深所有可见轮廓线，完成圆柱的正等轴测图，如图 5.7(d) 所示。

例 5.3 作出图 5.8(a) 所示的圆柱切割体的正等轴测图。

解 作图步骤如下：

① 按上题步骤作完整圆柱，如图 5.8(b) 所示。

② 根据尺寸 h_1 作出水平截平面所在的椭圆，如图 5.8(c) 所示。

③ 根据尺寸 L 作出侧平面，如图 5.8(d) 所示。

④ 整理并描深可见轮廓线，完成切割体的正等轴测图，如图 5.8(e) 所示。

例 5.4 作出图 5.9(a) 所示组合体的正等轴测图。

解 作图步骤如下：

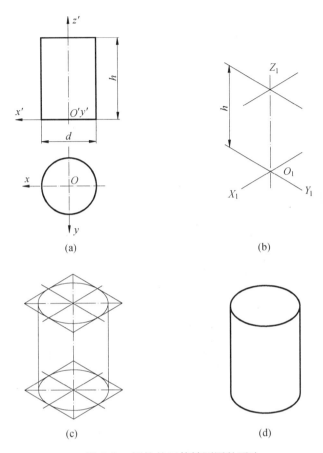

图 5.7　圆柱的正等轴测图的画法

（1）确定参考坐标系，如图 5.9（a）所示。

（2）作轴测图。

① 作正等轴测轴，根据底板长 36、宽 20、高 5，画底板的轮廓，根据中心高 22 和竖板厚 6 确定竖板后孔口的圆心 B_1，再确定前孔口的圆心 A_1，画竖板顶部圆柱面的正等轴测椭圆弧，如图 5.9（b）所示。

② 在底板上作出各点 1_1、2_1、3_1、4_1，再由各点作相应椭圆弧的切线；作二椭圆弧的公切线 $5_1 6_1$；作竖板上的圆柱孔的轴测图，完成竖板的正等轴测图，如图 5.9（b）、（c）所示。

③ 画底板上的圆角。

作法：先从底板顶面上前面的角顶处开始截取半径 8，得到切点 K_1、K_2、K_3、K_4，过切点作所在直线的垂线，得交点 C_1 和 D_1 为圆心，再分别在切点间作圆弧，得顶面圆角的正等轴测图。再将顶面圆角向下平移 5 得底面圆角的正等轴测图。最后作右边两圆弧的公切线，完成底板圆角的正等轴测图，如图 5.9（d）所示。

④ 根据底板圆孔中心距定圆心位置，用四心圆法画底板上的两个圆孔，检查并描深所有可见轮廓线，完成支架的正等轴测图，如图 5.9（e）所示。

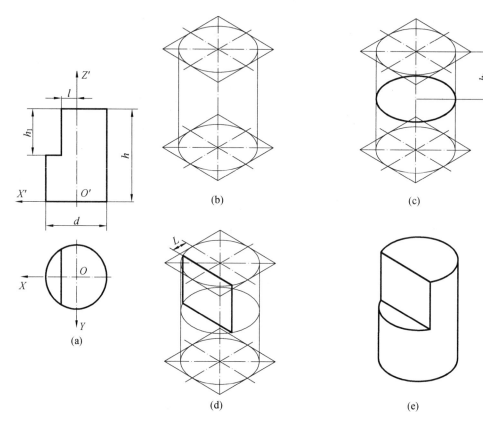

图 5.8　圆柱切割体的正等轴测图的画法

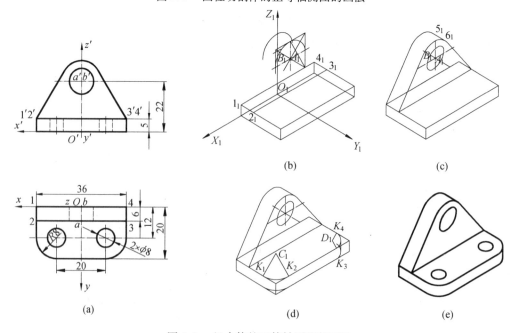

图 5.9　组合体的正等轴测图的画法

5.3　斜二轴测图

5.3.1　斜二轴测图与正等轴测图的区别

斜二轴测图简称斜二测,与正等测主要区别在于画图参数不同,即轴间角和轴向伸缩系数不同(图 5.10),而在画图方法上与正等测的画法没有什么区别。

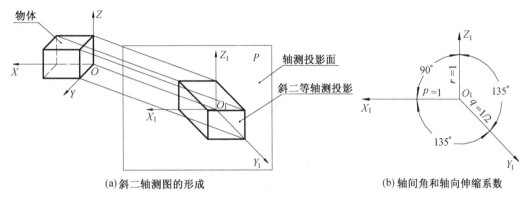

(a)斜二轴测图的形成　　　　　　　　(b)轴间角和轴向伸缩系数

图 5.10　斜二轴测图的形成及参数

5.3.2　斜二轴测图特点

在斜二轴测图的轴测坐标系中,轴间角 $\angle X_1 O_1 Z_1 = 90°$;轴向伸缩系数 $p = r = 1$,它与空间直角坐标系的形状完全相同。说明了空间直角坐标系中,坐标面 XOZ 或平行于该坐标面方向的图形,其斜二轴测图不变形。而另外两个方向,由于轴间角和轴向伸缩系数都变化,因此该方向的圆的斜二轴测图变成了椭圆(图 5.11)。并且该椭圆长短轴方向不是特殊角度(图 5.12),不便于作图。因此,通常情况下,只有当物体上一个方向有圆或曲线时,选用斜二测作图,两个以上方向有圆或曲线时选用正等测,以便制图。下面举例说明斜二轴测图的画法。

5.3.3　斜二轴测图的画法

例 5.5　作出图 5.13(a)所示空心圆锥台的斜二轴测图。

解　作图步骤如下:

(1)确定参考坐标系,如图 5.13(a)所示。

(2)作斜二轴测图。

① 作轴测轴,并在 $O_1 Y_1$ 轴上量取 $L/2$,定出前端面圆的圆心 A_1,如图 5.13(b)所示;

② 画出前、后两个端面圆的斜二轴测图,仍为反映实形的圆,如图 5.13(c)所示;

③ 作两端面圆的公切线及前、后孔口圆的可见部分,如图 5.13(d)所示;

④ 整理并描深可见轮廓,即得到该圆台的斜二轴测图,如图 5.13(e)所示。

例 5.6　作出图 5.14(a)所示组合体的斜二轴测图。

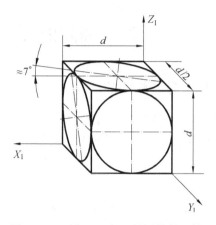

图 5.11　平行于坐标面的圆的斜二轴测图

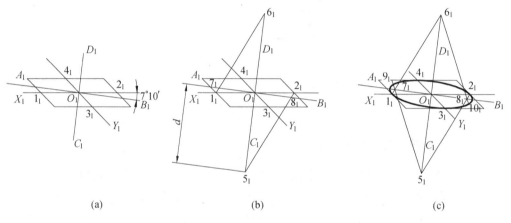

图 5.12　水平圆的斜二轴测图

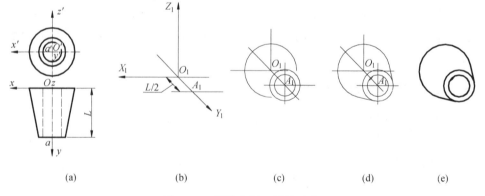

图 5.13　圆锥台斜二测的画法

解　作图步骤如下：

（1）确定参考坐标系，如图 5.14（a）所示；

（2）作斜二轴测图。

① 画轴测轴及圆锥台，如图 5.14（b）所示；

② 画竖板外形长方体,并画半圆柱孔(取孔深一半 9),如图 5.14(c) 所示;
③ 画竖板的圆角和小孔,如图 5.14(d) 所示;
④ 整理并加深可见轮廓线,完成组合体的斜二轴测图,如图 5.14(e) 所示。

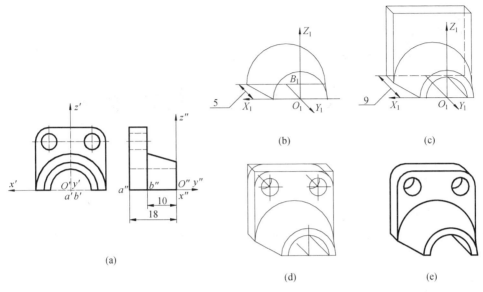

图 5.14　组合体斜二轴测图的画法

⚙ 思政元素

"横看成岭侧成峰,远近高低各不同。不识庐山真面目,只缘身在此山中。"这是宋代苏轼的题西林壁,诗中表达了游人所处位置不同,所看到的景物也不相同。借景说理,从而表达观察问题应从不同角度客观全面的分析。学习轴测图也要客观全面地分析三视图,轴测图因投射角度的不同分为很多种,改变轴间角就可以得到不一样的图形结果。但无论是哪一种轴测图,都要认真全面地分析三视图才能正确画出轴测图。

第 6 章

机件常用的表达方法

⚙ 本章导读

在工程实际中,机器零件(机件)的结构形状千变万化,仅用三个视图往往不能清楚、完整地表示机件的结构。为此,国家标准中规定了表达机件的各种方法。本章将介绍其中一些比较常用的表示方法——视图、剖视图、断面图和一些简化画法。

⚙ 素质目标

(1)树立爱党爱国的坚定信念,培养精益求精、追求卓越的工匠精神。

(2)关注行业发展,增强民族自豪感和科技自信心。

⚙ 学习目标

(1)熟悉基本视图的形成与配置,以及向视图、局部视图和斜视图的画法与标注。

(2)理解剖视图的形成,并掌握全剖视图、半剖视图和局部剖视图的画法与标注。

(3)掌握移出断面图和重合断面图的画法与标注。

(4)掌握局部放大图的画法与标注。

(5)掌握简化画法的几种常见情况。

6.1 视 图

6.1.1 基本视图

为了表达比较复杂的机件,要从更多方向观察和表达它,仅限于三个投影面就不够了。国家标准中规定了如图6.1(a)所示的正六面体的六个面为基本投影面。机件分别向六个投影面作正投影,得六个正投影。以正面保持不动,将其余五个投影面展开到正面所在的平面上,得出机件的六个视图,称为基本视图,即主视图、俯视图、左视图、右视图、仰视图和后视图。六个基本视图如果按实际展开位置摆放,不需要注出其视图名称(图6.1(b)),否则必须用箭头标明投影方向,用字母注出其名称。

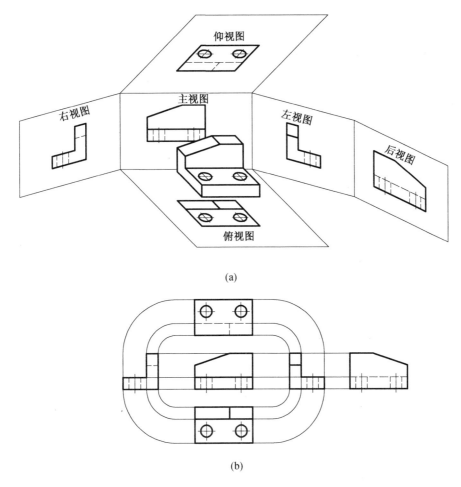

(a)

(b)

图 6.1　六个基本视图形成及展开

　　基本视图中各视图之间要保持相应的投影对应关系（或坐标关系）。基本视图选用的数量可根据机件的复杂程度确定,可同时选用也可选择其中的一个或几个。一般来讲,基本视图选用的次序是:首先选用主视图,其次选用俯视图或左视图、右视图中的某个,然后再考虑其他视图。如图 6.1 所示的机件,不需要用六个基本视图,而用主、俯、左视图就够了(图 6.2)。

6.1.2　向视图

　　向视图是可以自由配置的视图,为便于识读和查找自由配置后的向视图,应在向视图的上方标注视图的名称"×"("×"为大写拉丁字母);在相应视图附近用箭头指明投射方向,并标注相同字母"×",如图 6.3 中所示的 D、E、F 三个视图。

6.1.3　局部视图

　　将机件的某一部分向基本投影面投射所得的视图,称为局部视图。画局部视图时,一般在局部视图的上方用大写字母标注局部视图名称(如"×");同时在相应的视图附近用

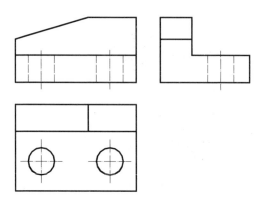

图 6.2　三视图

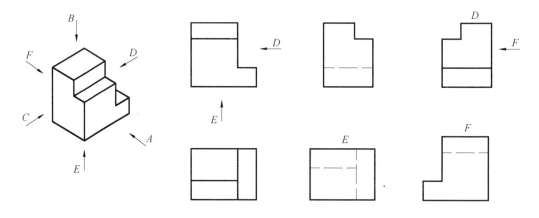

图 6.3　向视图

箭头指明投射方向,并注同样的大写字母。局部视图的断裂边界,以波浪线表示,如图 6.4(a)所示的"B"。当所表达的结构是完整的,且外轮廓又为封闭图形时,可不画波浪线,如图 6.4(a)所示的"A"。波浪线应画在机件的实体部分,不应超出机件的轮廓或画在中空处,如图 6.4(b)所示。

6.1.4　斜视图

机件向不平行于任何基本投影面的平面投射所得的视图,称为斜视图。

画斜视图时,必须在斜视图的上方用大写字母标注斜视图名称("×");同时在相应视图附近用箭头指明投射方向,并注同样的大写字母。斜视图一般按投影关系配置,为了简化也可以仅用局部斜视图的形式表达倾斜部分,用波浪线作为与整体的分隔轮廓线,如图 6.5(c)所示。按投影关系放置的斜视图画图不方便,必要时也可将其摆正放置,但必须在视图上方画出旋转符号"⌒",旋转符号为半径等于字高,线宽为 1/10 h 的半圆弧,表示斜视图名称的大写拉丁字母应靠近旋转符号的箭头端,箭头方向与该图的旋转方向一致,如图 6.5(d)中"⌒A"。必要时可写出旋转角度,角度数值应写在字母之后。

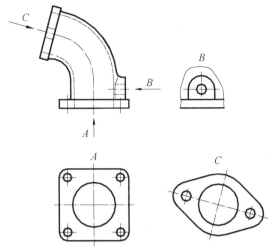
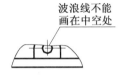

(a) 用主视图、斜视图和局部视图表达的机件　　(b) 局部视图波浪线的错误画法

图 6.4　局部视图

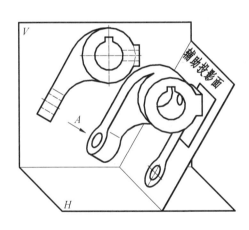
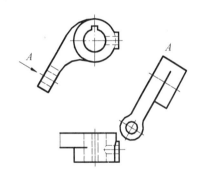

(a) 斜视图形成　　　　　　　　　　　　(b) 完整斜视图

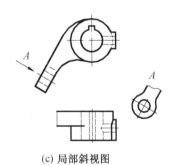
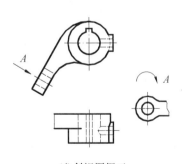

(c) 局部斜视图　　　　　　　　　　　　(d) 斜视图摆正

图 6.5　斜视图

6.2 剖 视 图

6.2.1 剖视图的概念

当机件内部结构比较复杂时,视图上会出现许多虚线,给看图和尺寸标注带来很多不便,这时可采取剖视图的表达方法。所谓剖视图,即用假想剖切平面把机件剖开,将观察者到剖切平面之间的部分移去,将剩余部分向投影面投射所得的图形,如图 6.6 所示。

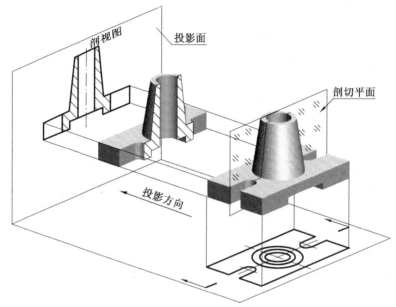

图 6.6　剖视图的概念及画法

6.2.2 剖视图的画法及标注

1. 剖视图的画法

画剖视图时,首先画出剖切面与机件接触部分(也称剖面)的轮廓,并在该区域内画上剖面符号。然后画出剖面后的所有可见轮廓线,对于不可见轮廓线,如果该结构在其他视图中已经表达清楚可省略不画,否则应画成细虚线。不同的材料一般采用不同的剖面符号(见表 6.1)。当不需要在剖面区域中表示材料的类别时,可采用通用剖面线来表示。通用剖面线应以与图形主要轮廓或剖面区域的对称线成适当角度(最好与主要轮廓或剖面区域的对称线成 45°),且间隔均匀相互平行的细实线绘制,左、右倾斜均可,如图 6.7 所示。剖面线之间的距离视剖面区域的大小而异,通常可取 2 ~ 4 mm。同一物体的各个剖面区域,其剖面线画法应一致。当图形主要轮廓与水平成 45°时,则将该图形中的剖面线画成与主要轮廓或剖面区域的对称线成 30°或 60°角的平行线,剖面线不画成 45°的图形中,剖面线的倾斜方向仍与其他图形中剖面线的倾斜方向相同(图 6.30 中方形断面)。

在同一张图样上,表示同一个物体的各个视图中的剖面线画法应一致(即剖面线方向和间隔应保持一致）。同一金属零件的零件图中,剖视图、断面图的剖面线应画成间隔相等、方向相同而且与水平成45°的平行线。

表6.1　剖面符号(摘自 GB/T 4457.5—2013)

金属材料 (已有规定符号者除外)		混凝土	
线圈绕组元件		钢筋混凝土	
转子、电枢、变压器和电抗器等的迭钢片		砖	
非金属材料 (已有规定符号者除外)		基础周围的泥土	
型砂、填砂、粉末冶金、砂轮、陶瓷刀片、硬质合金刀片等		格网(筛网、过滤网等)	
玻璃及供观察用的其他透明材料		液体	

图 6.7　通用剖面线的画法

2. 剖视图的标注

(1)剖视图的标注内容(图6.8、图6.9)。

①剖切线。指示剖切面位置的线,以细点划线表示(图 6.8(a));也可省略不画(图 6.8(b))。

②剖切符号。指示剖切面起、讫和转折位置(用粗短画表示)及投射方向(用箭头表示)的符号,即在表示剖切的起、讫和转折处的粗短画外侧端点,垂直地画出带箭头的细实线表示剖切后的投射方向,如图 6.9(b)所示。

③剖视图名称。在剖视图的上方用大写拉丁字母水平标出剖视图名称"×—×",并在剖切符号两侧标注同样的大写拉丁字母,如图 6.9(b)所示。在同一张图上,同时有几个剖视图,则其名称应按字母顺序排列,不得重复。

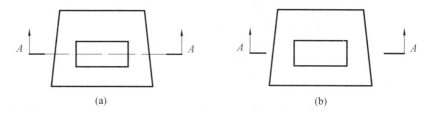

图 6.8　剖视图的标注

（2）标注的简化或省略。

①当剖视图按投影关系配置，中间没有其他图形隔开时，可省略箭头（如图 6.9（b）中箭头可省去）。

②当单一剖切平面通过机件的对称面或基本对称面，且剖视图按投射关系配置，中间又没有其他图形隔开时，则不必标注（如图 6.9（b）中可不必标注）。

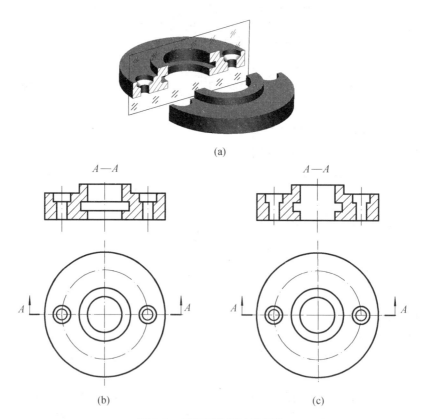

图 6.9　剖视图的画法及标注

6.2.3　画剖视图应注意的问题

（1）剖视图是假想把机件剖开后再投影的，而实际上机件是完整的，因此其他图形的画法应按完整机件考虑，如图 6.9（b）所示的主视图上作了剖视图，俯视图应按完整画出。

（2）画剖视图的目的在于清楚地、真实地表达机件的内部结构，因此，应使剖切平面平行于投影面且尽量通过较多的内部结构的轴线或对称面。

（3）剖切平面后面的可见轮廓线都应画出，不得遗漏，如图6.9（b）所示为正确画法，图6.9（c）所示为错误画法。

（4）一般情况下画剖视图时，剖切平面后面的不可见轮廓线可以省略不画，如图6.10（a）所示。只有尚未表达清楚的结构才画细虚线，如图6.10（b）所示。

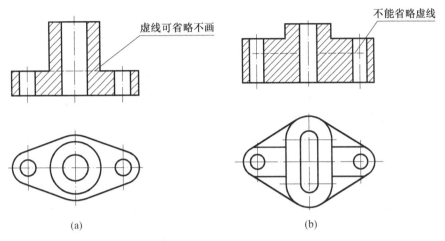

(a)   (b)

图 6.10　剖视图中的虚线问题

扫一扫　看模型

6.2.4　剖视图的种类

国家标准规定，剖视图可分为全剖视图、半剖视图和局部剖视图三种。

1. 全剖视图

用假想的剖切平面完全地剖开机件所得的剖视图，称为全剖视图。

全剖视图可由单一剖切平面或组合的剖切平面完全剖开机件得到。全剖视图主要用于表达机件内部结构，不能表达同一投射方向的外形，故一般用于内形复杂、外形简单的非对称机件或外形简单的回转体零件（图6.11）。

2. 半剖视图

当机件具有对称平面时，在垂直于对称平面的投影面上投影所得图形，可以对称线为分界线，一半画成剖视图表达内形，另一半画成视图以表达外形，这种剖视图称为半剖视图。

如图6.12所示，该机件具有左右对称平面和前后对称平面，为此可用半剖视图表达。半剖视图的标注规则与全剖视图相同。在图6.12中，因为主视图所取的剖切平面通过机件的前后对称平面，所以不必加标注；而俯视图的剖切平面没有通过机件的对称平面，则必须在主视图上表示该剖切平面的位置"A—A"，在半剖的俯视图上方相应注出"A—A"。

当机件的形状接近对称，且不对称部分已另有图形表达清楚时，也可画成半剖视图，

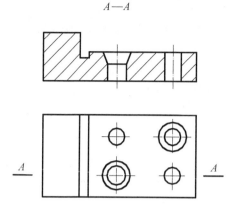

$A—A$

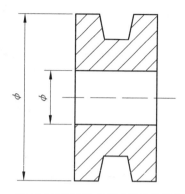

(a) 用全剖视图表达内形复杂的非对称件 　　　(b) 用全剖视图表达简单回转体零件

图 6.11　全剖视图

如图 6.13 所示。该机件两侧各有一块起加强连接作用的肋。国标规定:对机件的肋、轮辐及薄壁等,如按纵向剖切,这些结构通常按不剖绘制,即不画剖面符号,而用粗实线将它与相邻部分分开。图 6.13 中的肋就是按上述规定绘制的。

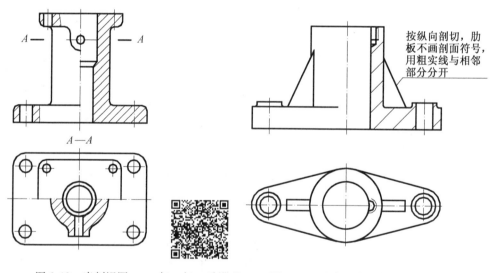

按纵向剖切,肋板不画剖面符号,用粗实线与相邻部分分开

图 6.12　半剖视图　　扫一扫　看模型　　图 6.13　基本对称机件的半剖视图

画半剖视图的注意事项如下:

①半剖视图中视图与剖视图的分界线是表示对称平面位置的细点划线,不能画成粗实线。

②由于物体对称,所以在半个剖视图上已表达清楚的内形,在表达外形的半个视图上细虚线不再画出。

③半剖视图中,剖视部分的位置一般按以下原则配置:主视图中位于对称线右侧;在俯视图和左视图中位于物体的前半部分。

3.局部剖视图

用剖切平面局部地剖开机件所得的剖视图,称为局部剖视图。

局部剖视图是一种比较灵活的表达方法,一般适用于以下两种情况:

①当机件的局部内形需要表达,而又不必或不适合采用全剖视图或半剖视图的情况。如图6.14(a)所表示的物体,中间有孔,左右两侧均为实体且外表面有螺纹结构。在主视图中采用了局部剖视图即表达清楚了中间孔内形,同时左、右两侧螺纹结构及与中间部分的连接关系也表达清楚。如图6.14(b)所示主视图采用局部剖视图,既表达了中间空腔部分形状,同时又能表达出左上方小凸台的位置。

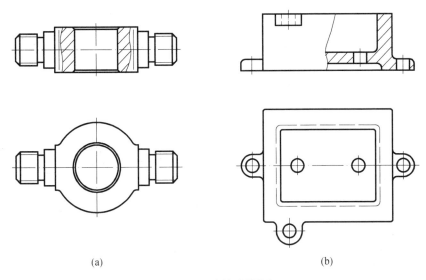

(a)　　　　　　　　　　(b)

图6.14　局部剖视图

扫一扫　看模型

②当对称机件的轮廓线与对称线重合,不适合采用半剖视图的情况(图6.15)。

局部剖视图的范围用波浪线作为与视图的分界线,剖切范围的大小由设计者任意选定。当剖切位置较明显时,可不加标注。

局部剖视图中波浪线不应和图样上其他图线重合,如图6.16所示。如果被剖切的结构是回转体,也可将该结构的对称中心线作为局部剖视图与视图的分界线,如图6.17所示。

6.2.5　剖切面的种类

根据物体的特点,国家标准GB/T 17452—1998中规定可选择以下三种剖切面剖开物体以获得上述三种剖视图:单一剖切面、几个互相平行剖切面和几个相交的剖切面。

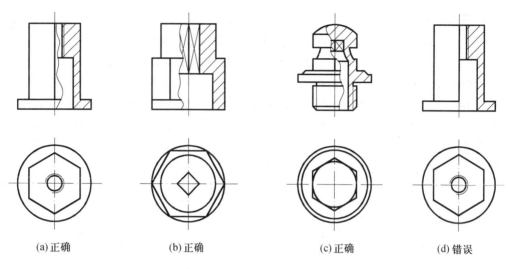

(a)正确　　　　　(b)正确　　　　　(c)正确　　　　　(d)错误

图 6.15　对称机构的局部剖视图

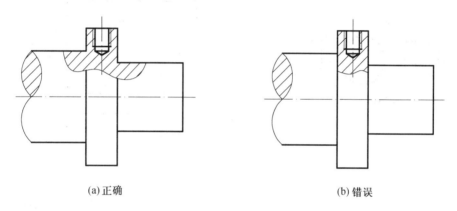

(a)正确　　　　　　　　　　　　　(b)错误

图 6.16　局部剖视图正误对比

1.单一剖切面

单一剖切面有三种情况:

①剖切平面是平行于某一基本投影面（即投影面平行面）的平面,如图 6.9 ~ 6.11 等都属于这种情况。

②剖切平面是垂直于某一基本投影面（即投影面垂直面）的平面,如图 6.18 所示"A—A"就是用这种剖切平面剖切所得的全剖视图,习惯称为斜剖视图。斜剖视图标注不能省略,最好按投射关系配置,也可平移或旋转配置在其他位置,当所得的斜剖视图旋转时,在相应的剖视图上方标注的视图名称中加注旋转符号,旋转符号的方向与图形的

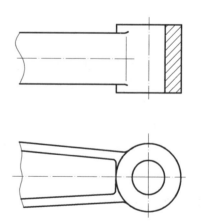

图 6.17　局部剖视图的特殊表达方法

转向要一致,字母注写在箭头一端(图 6.18)。

③剖切面是单一柱面,如图 6.19 表示用单一柱面剖切所得的全剖视图,主要用于表示呈圆周分布的内部结构。通常采用展开画法,并注明"×—×展开"(×为某一大写的拉丁字母),柱面剖切不能省略。

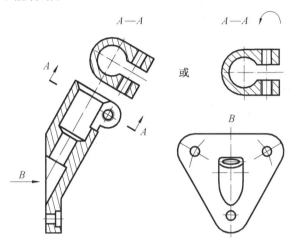

图 6.18　单一面剖切—投影面垂直面剖切

扫一扫　看模型

2. 几个相交的剖切面

几个相交剖切面剖切时,必须保证相交平面交线垂直于某一基本投影面,采用这种剖切面剖切,画剖视图时先按剖切位置剖开机件,如果被剖切的剖面不平行于投影面,则将该剖面旋转到与选定的基本投影面平行,再进行投射得一剖视图,该旋转后的剖视图与另一平行于基本投影面的剖视图组合而成一个全剖视图,如图 6.20 所示。这种用两相交的剖切平面剖切所得的剖视图,习惯称为旋转剖。几个相交剖切面可以是平面也可以是柱面(图 6.21)。

(1)采用几个相交的剖切面剖切应注意的几个问题。

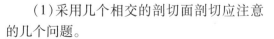

A—A 展开

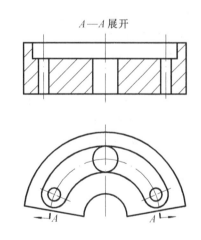

图 6.19　单一剖切柱面剖切得到的全剖视图

①先假想按剖切位置剖开物体,然后将与所选投影面不平行的剖切面剖开的结构有关部分,旋转到与选定的投影面平行再进行投射。用这种"先剖切、后旋转、再投射"的方法绘制的剖视图,往往有些部分图形会伸长,如图 6.20 所示。

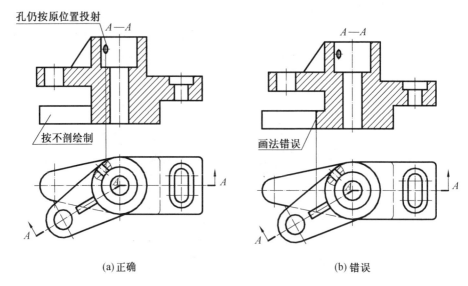

(a) 正确　　　　　　　　　　　　　(b) 错误

图 6.20　用相交剖切平面剖切

扫一扫　看模型

② 在剖切平面后的其他结构一般仍按原来的位置投射,如图 6.20 所示。

这里所指的其他结构,是指位于剖切平面后面与所剖切的结构关系不甚密切的结构或一起旋转容易引起误解的结构,如图 6.20 所示小孔。

③采用几个相交的剖切面剖开物体时,往往难以避免出现不完整的要素。当剖切后产生不完整的要素时,此部分按不剖绘制(图 6.20)。

(2)采用几个相交剖切面剖切时,必须加以标注。

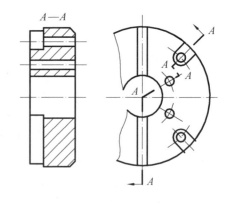

图 6.21　用几个相交的平面和柱面剖切

在剖切平面的起止和转折处用剖切符号表示剖切位置,并在剖切符号附近注写相同字母(图 6.21),用箭头表明投射方向,当图形拥挤时,转折处可省略字母。当剖视图的配置符合投影关系,中间又无其他图形隔开时,可省略箭头(如图 6.20 可不标注箭头)。

3. 几个互相平行剖切面

当物体的内孔、凹槽等结构分布在几个相互平行的平面内时,用单一剖切平面不能将物体的各内部结构都剖切到,这时可以采用几个平行的剖切平面剖切,各剖切平面的转折处必须是直角(图 6.22(a))。这种用几个互相平行的剖切平面剖开机件所得到的剖视图,习惯称为阶梯剖。

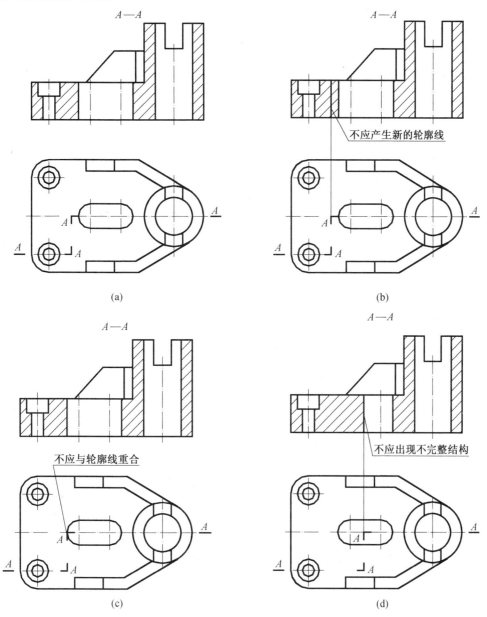

图 6.22　几个平行平面剖切得到的全剖视图

扫一扫　看模型

(1)采用几个互相平行剖切平面剖切应注意的几个问题。

①由于剖切是假想的,因此在采用几个平行的剖切平面剖切所获得的剖视图上,不应

画出各剖切平面转折面的投影,即在剖切平面的转折处不应产生新的轮廓线,如图6.22(b)所示。

②要正确选择剖切平面的位置,剖切平面的转折处不应与视图中的粗实线或细虚线重合(图6.22(c)),在图形内不应出现不完整的要素(图6.22(d))。

③当物体上的两个要素具有公共对称面或公共轴线时,剖切平面可以在公共对称面或公共轴线处转折(图6.23)。

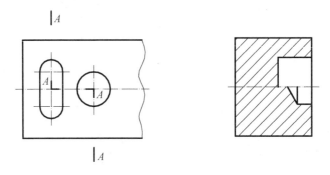

图6.23 几个平行的剖切平面剖切的特殊表示法

(2)采用几个平行的剖切平面剖切时,必须加以标注。

在剖切平面的起止和转折处用剖切符号表示剖切位置,并在剖切符号附近注写相同字母,当转折处图形拥挤时,可省略字母,同时用箭头表明投射方向。当剖视图的配置符合投影关系,中间又无其他图形隔开时,可以省略箭头(如图6.22(a)中箭头可以省略)。

上述剖切面是绘制剖视图时可供选择的几种剖切面,既可单独应用,也可综合运用。它们是解决如何剖切以得到所需要的充分表达内形的剖视图的方法。三种剖切面剖切均可得到全剖视图、半剖视图和局部剖视图。图6.24所示是用几个相交平面剖切所得到的全剖视图。

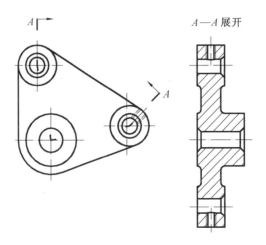

图6.24 几个相交剖切面剖切

6.3　断　面　图

6.3.1　基本概念

假想用剖切面将物体某处切断,仅画出剖切面与物体接触部分的图形,称为断面图。

剖视图与断面图的区别是:剖视图不仅画出切断面的图形,还要将剖切平面后面部分向投影面投射所得图形画出(图 6.25)。

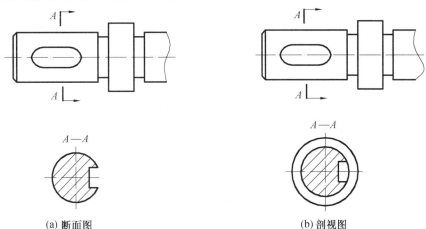

图 6.25　断面图与剖视图的区别

6.3.2　断面图的分类

断面图可分为移出断面图和重合断面图。

1. 移出断面图

移出断面图是指外轮廓用粗实线绘制,画在视图之外的断面图。

(1)移出断面图的配置与画法。

①剖切平面的概念与功能完全适用于断面图。

②移出断面图一般配置在剖切符号或剖切线的延长线上,如图 6.26(a)、(b)所示。由两个或多个相交的剖切平面剖切得到的移出断面图,中间一般应断开,如图 6.26(b)所示。

③若断面图的图形对称,也可画在视图的中断处,如图 6.27 所示。

④移出断面图还可配置在其他适当位置,如图 6.28 所示。不致引起误解时,也允许将斜放的断面图旋转放正,如图 6.29 中的 A—A 就是经旋转而放正的。

(2)移出断面图画法的特殊规定。

①当剖切平面通过回转体形成的孔或凹坑的轴线时,这些结构的断面图应按剖视图的规则绘制,如图 6.30 所示。

②因剖切面通过非圆孔,使断面图变成完全分离的两个图形时,该结构也按剖视图处

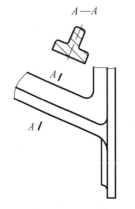
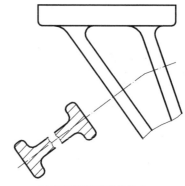

(a)画在剖切符号延长线上　　　　　　(b)画在剖切线延长线上

图 6.26　移出断面表示举例

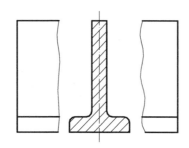

图 6.27　对称断面图画在中断处

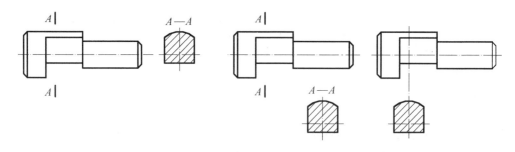

(a)配置在基本视图位置　　　　(b)配置在任意位置　　　　(c)配置在剖切位置的延长线上

图 6.28　移出断面图配置

理,如图 6.31 所示。

(3)移出断面图的标注。

①完整标注。在相应视图上画剖切符号表明剖切位置和投射方向,用大写拉丁字母在断面图的上方注出断面图名称,并在剖切符号附近水平填写相同字母。剖切符号间的剖切线可省略(图 6.32(c))。

②部分省略标注。省略箭头:对称移出断面图省略箭头(图 6.28);非对称移出断面图按投影关系配置省略箭头(图 6.32(a))。省略名称:配置在剖切符号或剖切线延长线上,可省略名称,如图 6.32(b)所示。完全省略:配置在剖切符号或剖切线延长线上的对

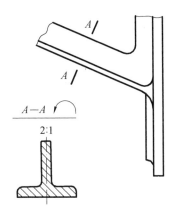

图 6.29　断面图放大与旋转配置

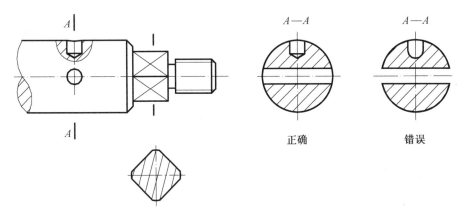

图 6.30　移出断面图画法的特殊规定

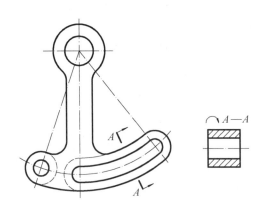

图 6.31　移出断面图画法的特殊规定

称移出断面图不必标注(图 6.30)。

2. 重合断面图

　　重合断面图是指外轮廓用细实线绘制,画在被剖切视图内的断面图,如图 6.33 所示。

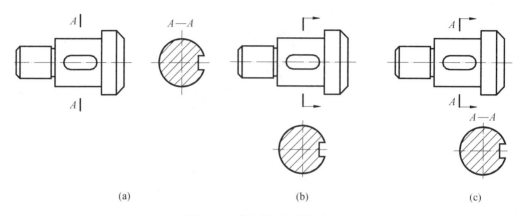

图 6.32　移出断面图的标注

（1）重合断面图画法。

当视图中的可见轮廓线与重合断面图的图形重叠时,视图中的线仍应继续画出,不可间断。如图 6.33（b）中的可见轮廓线与断面图重叠。一般在不影响图形清晰的条件下,可采用重合断面图。

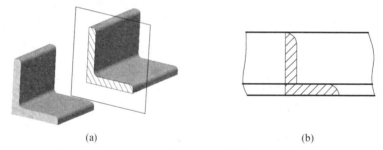

图 6.33　重合断面图

（2）重合断面图的标注。

对称的重合断面不必标注,如图 6.34 所示。不对称的重合断面可省略标注,如图 6.33（b）所示。

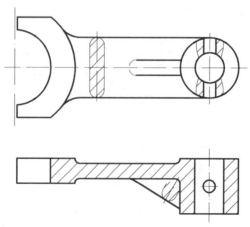

图 6.34　重合断面图的标注

6.4　其他表达方法

6.4.1　简化画法

绘图时,在不影响对机件完整表达的前提下,要考虑如何使看图方便及绘图简便,因此国家标准做了一些简化画法的规定:

(1)对机件的肋、轮辐及薄壁等,如按纵向对称面剖切,这些结构都不画剖面符号,而用粗实线将其与相邻部分分开。当机件回转体上均匀分布的肋、轮辐、孔等结构不处于剖切平面上时,可将这些结构旋转到剖切平面上画出,如图6.35所示。

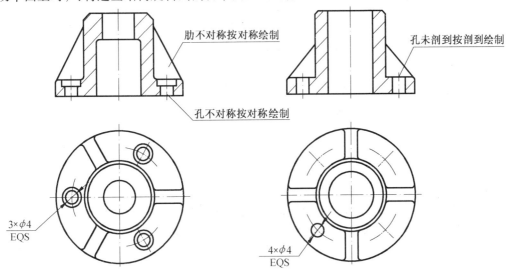

图 6.35　机件上肋和孔的画法

(2)当机件具有若干相同结构(齿、槽等)并按一定规律分布时,只需要画出一个或几个完整结构,其余用细实线连接,但必须注明该结构的总数,如图6.36所示。

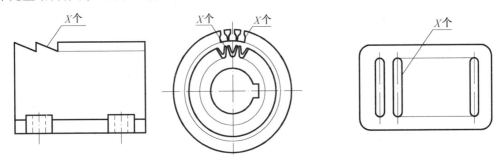

图 6.36　机件上相同结构的画法

(3)若干直径相同且成规律分布的孔(圆孔、螺孔和沉孔等),可以仅画出一个或几个,其余只需用细点划线表示其中心位置,但应注明孔的总数,如图6.37、图6.38所示。

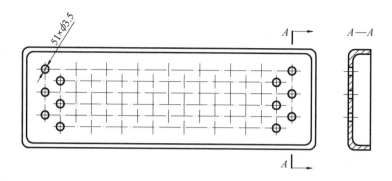

图 6.37　规律分布孔的画法

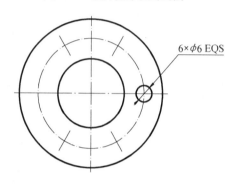

图 6.38　圆周均布孔

（4）网状物、编织物或机件上的滚花部分，可在轮廓线附近用细实线示意画出，并在零件图或技术要求中注明这些结构的具体要求，如图 6.39 所示。

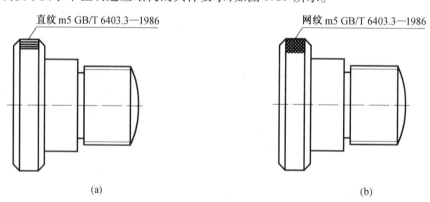

（a）　　　　　　　　　　　　　（b）

图 6.39　滚花的画法

（5）当图形不能充分表达平面时，可用平面符号（相交的细实线）表示，如图 6.40 所示。

（6）图形中的过渡线、相贯线在不致引起误解时，允许用圆弧、直线代替非圆曲线，如图 6.41 所示。

（7）类似图 6.42 所示机件上的较小结构，如在一个图形中已表示清楚，则在其他图形中可以简化或省略。

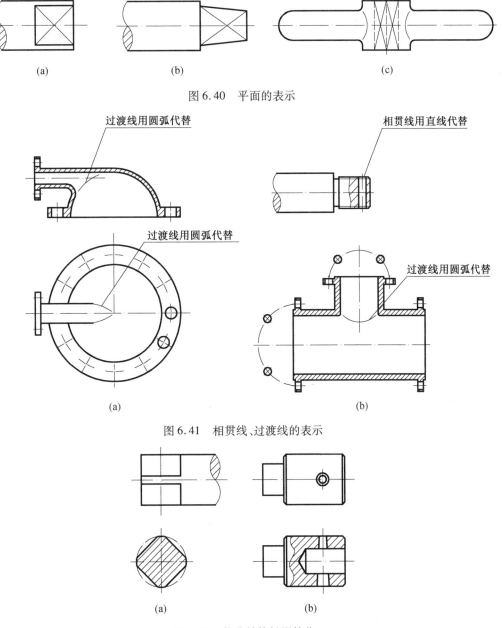

图 6.40　平面的表示

图 6.41　相贯线、过渡线的表示

图 6.42　较小结构投影简化

（8）在不致引起误解时,对于对称机件的视图可只画一半或四分之一,并在对称中心线的两端画出两条与其垂直的平行细实线,如图 6.43 所示。

（9）较长的机件(轴、杆、型材、连杆等)沿长度方向的形状一致或按一定规律变化时,可断开后缩短绘制,如图 6.44 所示。

（10）与投影面倾斜小于或等于30°的圆或圆弧,其投影可用圆或圆弧代替,如图 6.45所示。

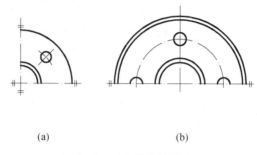

(a)　　　　　　　　　(b)

图 6.43　对称机件的画法

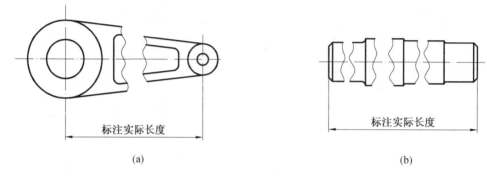

(a)　　　　　　　　　(b)

图 6.44　断开画法

（11）圆柱形法兰和类似零件上均匀分布的孔可按图 6.41（b）所示的方法表示（由机件外向该法兰端面方向投射）。

（12）机件上斜度不大的结构，如果在一个图形中已表达清楚，其他图形可按小端画出，如图 6.46 所示。

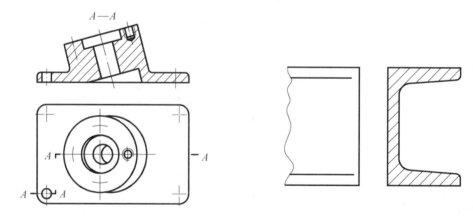

图 6.45　倾角小于 30°圆弧的简化表示　　　　图 6.46　小斜度简化画法

（13）在不致引起误解时，零件图中的小圆角、锐边的小倒圆或 45°小倒角允许省略不画，但必须注明尺寸或在技术要求中加以说明，如图 6.47 所示。

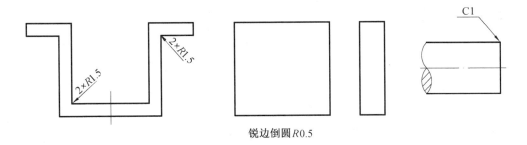

锐边倒圆 *R*0.5

图 6.47　小圆角、小倒圆、小倒角的简化画法

（14）在剖视图中可再作一次局部剖视图，采用这种表达方法时，两个剖面的剖面线应同方向、同间隔，但要互相错开，并用引出线标注其名称，如图 6.48 所示，当剖切位置明显时，也可省略标注。

（15）在需要表示位于剖切平面前的结构时，这些结构按假想投影的轮廓线，即细双点划线绘制，如图 6.49 所示。

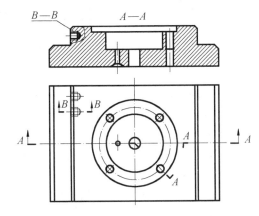

图 6.48　剖视图中的局部剖视图画法

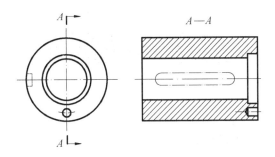

图 6.49　剖切平面前的构造表示法

6.4.2 局部放大图

机件上的某些细小结构,在视图上常由于图形过小而表达不清楚,并使标注尺寸产生困难。所以画图时,可将这些细小结构用大于原图所采用的比例画出,这样所得到的图形称为局部放大图,如图 6.50 Ⅰ、Ⅱ 处所示。局部放大图可以画成视图、剖视图和断面图,它与被放大部位的表达方法无关。

在绘制局部放大图时,一般都应用细实线圈出被放大部位,如图 6.50 中的细实线圆圈。若同一机件上有几处需要放大的部分时,必须用罗马数字依次标明被放大的部位,并在局部放大图的上方标出相应的罗马数字和所采用的比例, 如图 6.50 Ⅰ、Ⅱ 处所示。

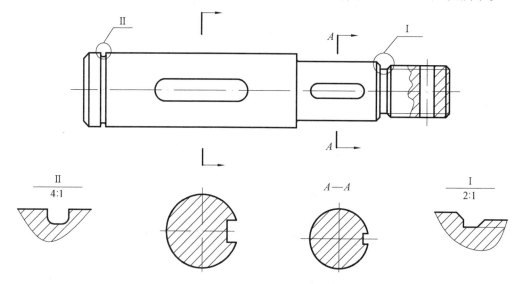

图 6.50 局部放大图

当机件上被放大的部分仅有一处时,在局部放大图的上方只须注明所采用的比例,如图 6.51 所示。

同一机件上不同部位的局部放大图,当图形相同或对称时,只需画出一个,如图 6.52 所示。

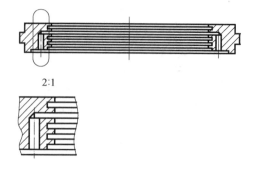

图 6.51 仅一处局部放大图

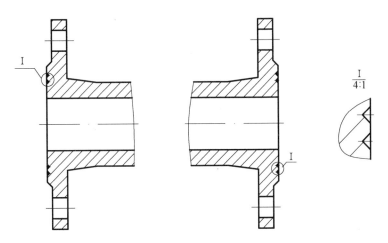

图 6.52　相同或对称的局部放大图

必要时可用几个图形表达同一个被放大部分,如图 6.53 所示。

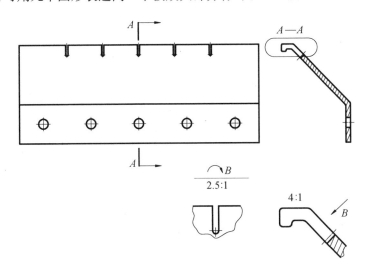

图 6.53　几个图表示同一个被放大部分

6.5　机件表达方法综合举例

　　例 6.1　图 6.54(b)用四个图形表达了图 6.54(a)所示的机件。为了表达机件的外部结构形状、上部圆柱上的通孔以及下部斜板上的四个小通孔,主视图采用了局部剖视图。它既表达了肋、圆柱和斜板的外部结构形状,又表达了内部结构孔的形状。

　　为了表达清楚上部圆柱与十字肋的相对位置关系,采用了一个局部剖视图;为了表达十字肋的形状,采用了一个移出断面图;为了表达斜板的实形及其与十字肋的相对位置,采用了一个斜视图。

　　例 6.2　图 6.55(b)用三个基本视图、四个局部视图和一个重合断面图,共七个图形表达了图 6.55(a)所示的机件。请指出为什么要采用这七个视图?

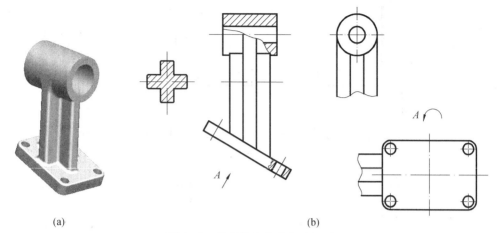

(a)

(b)

图 6.54　机件综合表达方法（一）

扫一扫　看模型

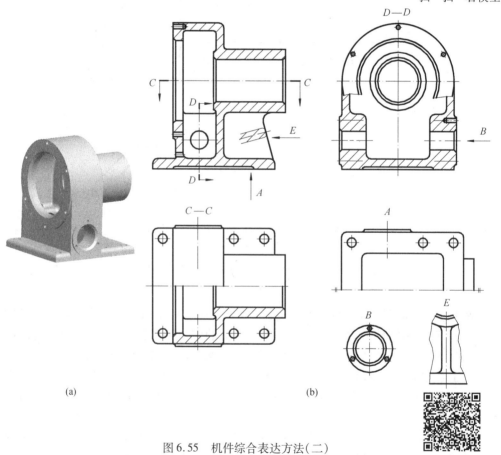

(a)

(b)

图 6.55　机件综合表达方法（二）

扫一扫　看模型

6.6 第三角投影法简介

根据我国国家标准规定,技术图样用正投影法绘制,并优先采用第一角画法。必要时(例如按外商合同规定等),才允许使用第三角画法。有些国家,如美国、加拿大、澳大利亚等,都采用第三角画法。为了便于国际的技术合作与交流,本节对第三角画法简介如下。

6.6.1 第三角画法的概念

相互垂直的 V、H、W 三个投影面将空间分为八个部分(图 6.56),成为八个分角。把物体放在第一分角中,按"观察者—物体—投影面"的相对位置关系作正投影,这种方法称为第一角画法。把物体放在第三分角中,按"观察者—投影面—物体"的相对位置关系作正投影,这种方法称为第三角画法(图 6.57(a))。

按箭头所指的方向展开,在三个投影面上便得到三个视图:主视图、俯视图、右视图。

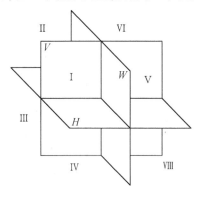

图 6.56 八个分角

6.6.2 第三角画法与第一角画法的比较

两者都是采用正投影法,都具有正投影的基本特征,具有视图之间的"长对正、高平齐、宽相等"的三等对应关系。但在以下几方面有区别:

①投影时观察者、物体、投影面的相互关系不同。第一角画法中为"人—物—面"的关系;第三角画法中为"人—面—物"关系。

②各视图的位置关系和对应关系有所不同(图 6.57)。

③在投影图中反映空间方位不同。第一角画法中,靠近主视图的一方是物体的后方;第三角画法中,靠近主视图的一方则是物体的前方。

④两种画法的识别符号不同。国际标准 ISO128 规定第一角画法与第三角画法等效使用。为了便于识别,特别规定了识别符号(图 6.58)。采用第三角画法时,必须在图样中画出第三角画法的识别符号,而在国内采用第一角画法时,通常省略识别符号。

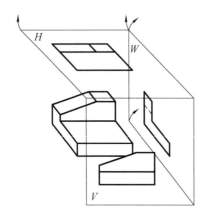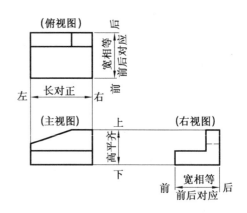

(a) 第三角画法

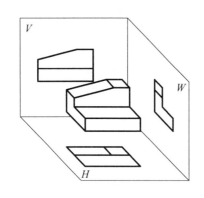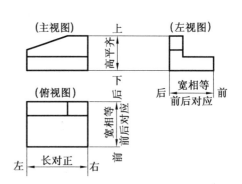

(b) 第一角画法

图 6.57　第三角画法与第一角画法比较

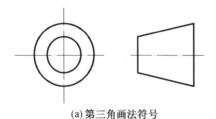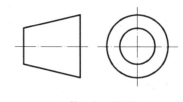

(a) 第三角画法符号　　　　　　　　(b) 第一角画法符号

图 6.58　第三角画法与第一角画法的识别符号

⚙ 思政元素

在医学中,医生可以利用内窥镜等手段来做微创手术,为患者避免了开胸剖腹之痛;在大自然中,可以通过伐断树木的断面观察树木的年轮,从而判断出树木生长的年龄、气候等重要信息;在机械零件中,有许多存在内部结构的零件,为了能看清楚这些零件的内部结构,往往会采用剖开机械零件的方式来进行表达。在日常学习和生活中,要采用具体问题具体分析的思维方式,根据问题的不同特点,采取恰当的分析方法解决问题。当需要解决复杂问题时,可以化繁为简,逐个分析,一些事物不能只看表面,要深入剖析内部,才能对事物本身有深刻的认识。

第 *7* 章

标准件和常用件

⚙ 本章导读

一台机器由若干个零件和部件组成,由于机器的功能不同,所包含的零件和部件的数量、种类和各零件的形状有很大差异。其中有的零件或部件的结构形状、尺寸、画法和标记已全部标准化,称为标准件,如螺钉、螺栓、螺母、垫圈、键、销、轴承等;有的零件只有部分标准化,习惯称这些零件为常用件,如齿轮、蜗轮、蜗杆等。

由于标准件和常用件的用量大,故需成批或大量生产。为了提高劳动生产率,降低生产成本,确保优良的产品质量,国家有关部门批准并发布了各种标准件的标准、常用件的部分参数的标准,这样便可使用标准的切削刀具或专用机床加工这些零件;同时在机器的装配和维修时,也能按规格选用或更换标准件、常用件。

标准件和常用件都是机械设备的常用零件,本章将介绍螺纹、螺纹紧固件、键、销、滚动轴承、齿轮及弹簧的画法、参数、代号和标记,为绘制和阅读机械图样打下基础。

⚙ 素质目标

(1)树立爱党爱国的坚定信念,激发投身国家建设的使命担当。

(2)领略科技前沿,增强民族自豪感和科技自信心。

(3)培养精益求精、科学严谨、追求卓越的工匠精神。

⚙ 学习目标

(1)理解螺纹的基础知识,掌握螺纹的规定画法、种类和标注方法。

(2)熟悉常用螺纹紧固件的种类、标注方法及连接画法。

(3)熟悉直齿圆柱齿轮和直齿圆锥齿轮各部分名称与参数,并掌握其规定画法。

(4)熟悉键与销的种类与标记方法,熟悉键连接与销连接的规定画法。

(5)了解常用滚动轴承的结构与分类,熟悉其代号与画法。

(6)掌握圆柱螺旋压缩弹簧各部分名称、尺寸关系及规定画法。

7.1　螺　纹

7.1.1　螺纹的形成、主要参数和结构

1. 螺纹的形成

一个平面图形(如三角形、梯形、锯齿形等)在圆柱或圆锥表面上沿着螺旋线运动所形成的、具有相同轴向断面的连续凸起和沟槽,称为螺纹。凸起的顶端称为螺纹的牙顶,沟槽的底部称为螺纹的牙底。在圆柱(或圆锥)外表面上所形成的螺纹称外螺纹;在圆柱(或圆锥)内表面上所形成的螺纹称内螺纹;两者旋合组成螺纹副或螺旋副,起连接或传动作用。

螺纹的加工方法很多,图 7.1 表示在车床上车削外螺纹的情况。内螺纹也可以在车床上车削。对于加工直径较小的螺孔,如图 7.2 所示,先用钻头钻出光孔,再用丝锥攻螺纹。

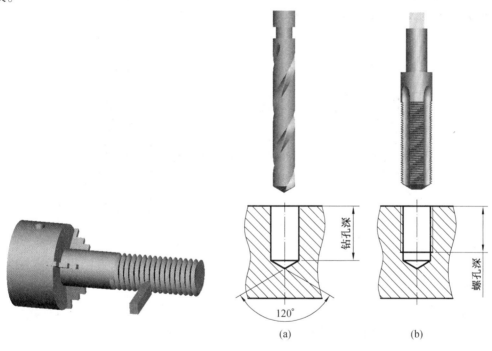

图 7.1　车削外螺纹　　　　图 7.2　加工内螺纹

2. 螺纹的要素

螺纹由牙型、公称直径、线数、螺距和导程、旋向五个要素组成。

(1)牙型。

在通过螺纹轴线的断面上,螺纹的轮廓形状称为螺纹牙型。它有三角形、梯形和锯齿形等。不同牙型的螺纹有不同的用途,并有相对应的名称及特征代号,如图 7.3 所示。

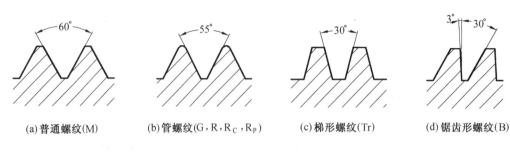

(a) 普通螺纹(M)   (b) 管螺纹(G,R,R_C,R_P)   (c) 梯形螺纹(Tr)   (d) 锯齿形螺纹(B)

图7.3　螺纹牙型

（2）公称直径。

螺纹的直径分为基本大径（d、D）、基本中径（d_2、D_2）和基本小径（d_1、D_1）（图7.4），其中最大的直径就是基本大径（本书简称大径）；最小的直径就是基本小径（本书简称小径）；而螺纹的基本中径（本书简称中径）近似或等于螺纹的平均直径。外螺纹的大径和内螺纹的小径（即螺纹体上用手摸得着的直径）称为顶径。在表示螺纹时采用的是公称直径，公称直径就是代表螺纹尺寸的直径，一般指螺纹的大径（管螺纹的公称直径用管子的通径命名，用尺寸代号表示，单位为英寸，符号为in,1 in=2.54 cm）。

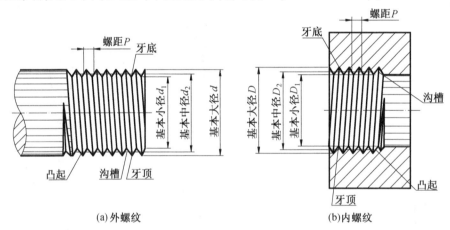

(a) 外螺纹   (b) 内螺纹

图7.4　螺纹的牙型、大径、小径和中径

（3）线数 n。

如图7.5所示，螺纹有单线和多线之分：沿一条螺旋线形成的螺纹为单线螺纹；沿轴向等距分布的两条或两条以上的螺旋线所形成的螺纹为多线螺纹。

（4）螺距 P 和导程 P_h。

螺纹相邻两牙在基本中径线上对应两点间的轴向距离，称为螺距，用 P 表示；同一条螺旋线上的相邻两牙在基本中径线上对应两点间的轴向距离，称为导程，用 P_h 表示。单线螺纹的导程等于螺距，即 $P_h=P$，如图7.5(a)所示；多线螺纹的导程等于线数乘螺距，即导程 P_h=线数 $n×$螺距 P，图7.5(b)为双线螺纹，其导程等于螺距的两倍，即 $P_h=2P$。

（5）旋向。

螺纹的旋向分右旋和左旋两种，如图7.6所示。顺时针旋转时旋入的螺纹，称为右旋螺纹；逆时针旋转时旋入的螺纹，称为左旋螺纹。工程上常用右旋螺纹。

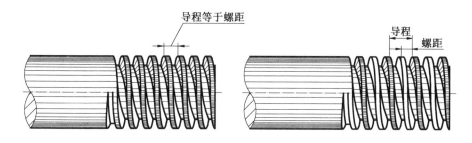

(a) 单线螺纹　　　　　　　　　(b) 双线螺纹

图 7.5　螺纹的线数、螺距与导程

　　内外螺纹连接时,螺纹的上述五项要素必须一致。改变其中的任何一项,就会得到不同规格和不同尺寸的螺纹。为了便于设计计算和加工制造,国家标准对有些螺纹(如普通螺纹、梯形螺纹等)的牙型、直径和螺距,都做了规定。凡是这三项都符合标准的,称为标准螺纹。而牙型符合标准,直径或螺距不符合标准的,称为特殊螺纹。牙型不符合标准的,如方牙螺纹,称为非标准螺纹。

(a)右旋螺纹　　　　　　(b)左旋螺纹

图 7.6　螺纹的旋向

3. 螺纹的结构

　　图 7.7 画出了螺纹的末端、螺尾和退刀槽的结构。有关这些结构的参数,可查阅附表27。

　　(1)螺纹的末端。

　　为了便于装配和防止螺纹起始圈损坏,常将螺纹的起始处加工成一定的形式,如倒角、倒圆等,如图 7.7(a)所示。

　　(2)螺尾和退刀槽。

　　车削螺纹时,刀具接近螺纹末尾处要逐渐离开被加工面,因此,螺纹收尾部分的牙型是不完整的,螺纹的这一段牙型不完整的收尾部分称为螺尾,如图 7.7(b)所示。为了避免产生螺尾,可以预先在螺纹收尾处加工出退刀槽,然后再车削螺纹,如图 7.7(c)所示。

7.1.2　螺纹的规定画法

　　国家标准《机械制图　螺纹及螺纹紧固件表示法》(GB/T 4459.1—1995)规定了在机械图样中螺纹和螺纹紧固件的画法。

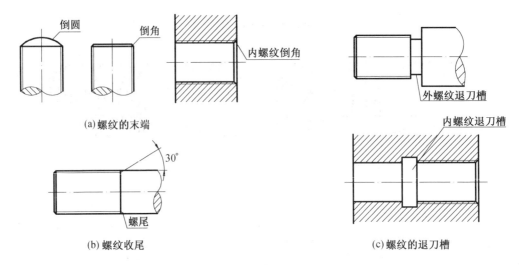

(a)螺纹的末端

(b)螺纹收尾

(c)螺纹的退刀槽

图 7.7　螺纹的结构示例

1.内、外螺纹画法的规定

（1）外螺纹。

在平行于螺纹轴线的视图或剖视图上,螺纹牙顶圆(即螺纹大径)的投影用粗实线表示,螺纹牙底的投影用细实线表示,螺杆的倒角或倒圆部分也应画出。有效螺纹的终止界线(简称螺纹终止线)用粗实线表示,如图 7.8 所示。小径通常画成大径的 0.85 倍(但大径较大或画细牙螺纹时,小径数值可查阅有关标准),如图 7.8 的主视图所示。螺尾部分可以省略不画,当需要表示螺纹收尾时,螺尾部分的牙底用与轴线成 30°的细实线绘制(见图 7.8 主视图)。在垂直于螺纹轴线的投影面上的视图中,表示牙底的圆用细实线绘制,只画大约 3/4 圈(空出 1/4 圈的位置不做规定),圆弧端点不能与中心线重合,螺杆上的倒角投影不应画出,如图 7.8(a)的左视图所示。实心轴上的外螺纹不必剖切,管道上的外螺纹沿轴线剖切后的画法如图 7.8(b)所示。

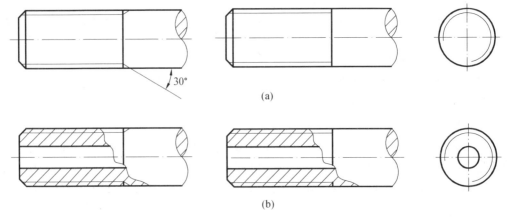

(a)

(b)

图 7.8　外螺纹的画法

（2）内螺纹。

在剖视图中,螺纹牙顶圆(即螺纹小径)的投影用粗实线表示,螺纹牙底圆(即螺纹大径)的投影用细实线表示,螺纹终止线画成粗实线,如图 7.9 的主视图所示。螺尾部分可以省略不画,当需要表示螺纹收尾时,螺尾部分的牙底用与轴线成 30° 的细实线绘制;对于不穿通的螺孔,钻孔深度应比螺孔深 0.5D。由于钻头的刃锥角约等于 120°,因此,钻孔底部以下的圆锥坑的锥角应画成 120°,不要画成 90° 或其他角度,如图 7.9 所示。在垂直于螺纹轴线的投影面上的视图中,表示牙底的细实线圆画约 3/4 圈,倒角投影省略不画。对不可见的螺纹,所有图线均按虚线绘制,如图 7.10(a) 所示。

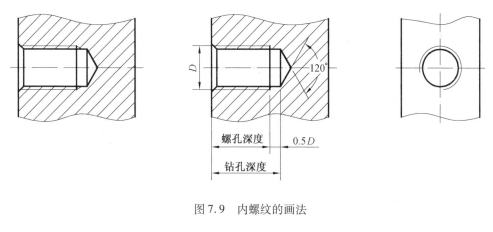

图 7.9　内螺纹的画法

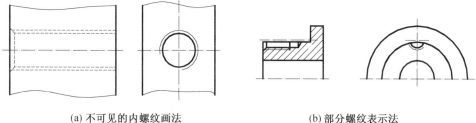

(a) 不可见的内螺纹画法　　　　　　　　(b) 部分螺纹表示法

图 7.10　不可见及部分螺纹画法

在垂直于螺纹轴线的投影面的视图中,需要表示部分螺纹时,表示牙底的细实线圆弧也应适当空出一段,如图 7.10(b) 的左视图所示。

无论是外螺纹还是内螺纹,在剖视图或断面图中的剖面线都必须画到粗实线。

2. 螺纹副的画法

当用剖视图表示内、外螺纹连接时,其旋合部分应按外螺纹绘制,其余部分仍按各自的画法表示。应该注意的是:表示大径、小径的粗实线和细实线应分别对齐,而与倒角的大小无关,如图 7.11 所示。

3. 螺纹牙型的表示法

当需要表示螺纹的牙型时,可按图 7.12(a) 所示的局部剖视图或按图 7.12(b) 的局部放大图的形式绘制,对非标准螺纹,除画出牙型外,还需要注出所需要的尺寸及有关要求。

7.1.3　常见螺纹的种类和标注

螺纹按用途可分为两大类:连接螺纹和传动螺纹。前者起连接作用,后者用于传递动

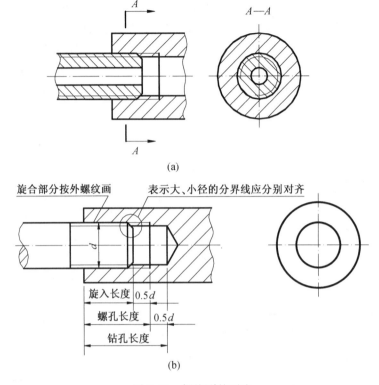

(a)

旋合部分按外螺纹画　　表示大、小径的分界线应分别对齐

旋入长度　0.5d

螺孔长度　0.5d

钻孔长度

(b)

图 7.11　螺纹副的画法

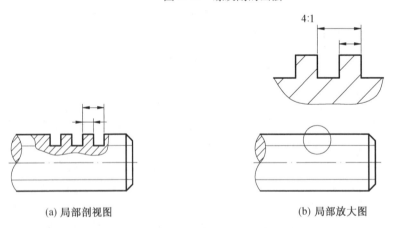

4:1

(a) 局部剖视图　　　　　　　　　　(b) 局部放大图

图 7.12　螺纹牙型的表示法

力和运动。

螺纹按照国家标准中的画法规定画出后,图上并未表明牙型、公称直径、螺距、线数和旋向等要素,故需用标记来说明。

1.螺纹的特征代号

各种常用标准螺纹的特征代号如表7.1所示。

表 7.1　常用标准螺纹特征代号

螺纹类型		牙型图	特征代号
连接螺纹	普通螺纹 粗牙	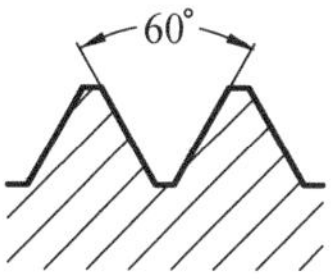 60°	M
	普通螺纹 细牙		M
	非螺纹密封的管螺纹	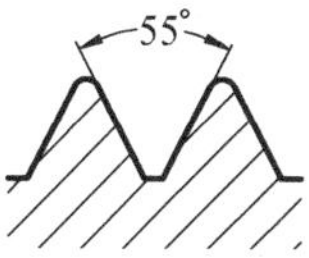 55°	G
	用螺纹密封的管螺纹 圆锥外螺纹	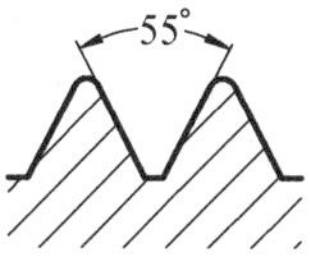 55°	R
	用螺纹密封的管螺纹 圆锥内螺纹		R_C
	用螺纹密封的管螺纹 圆柱管螺纹		R_P
传动螺纹	梯形螺纹	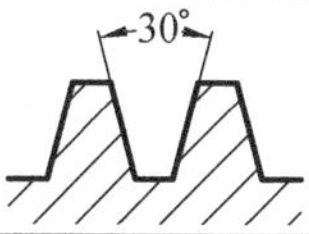 30°	Tr
	锯齿形螺纹	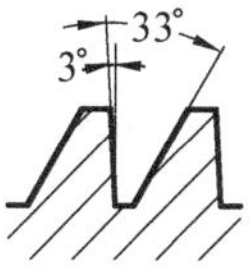 3° 33°	B

2. 标记的内容及格式

（1）普通螺纹。

普通螺纹标记内容及格式：

| 特征代号 | 尺寸代号 | — | 公差带代号 | — | 旋合长度代号 | — | 旋向 |

尺寸代号：单线时　公称直径×螺距

多线时　公称直径×螺距 P 导程 P_h

| 公差带代号 | = | 中径公差带代号 | 顶径公差带代号 |

说明：

①粗牙普通螺纹公称直径与螺距一一对应，不注螺距。

②中径公差带代号和顶径公差带代号相同时，只标注一个代号。

③最常用的中等公差精度螺纹（公称直径≤1.4 mm 的 5H、6h 和公称直径≥1.6 mm 的 6H 和 6g）不标注公差带代号。

④当螺纹为左旋时，加注"LH"，右旋不标注。

⑤旋合长度分为短、中、长三组，其代号为 S、N、L。中等旋合长度最常用，"N"可省略。

例如：公称直径为 24 mm，单线右旋的粗牙普通螺纹，中径公差带代号和顶径公差带代号均为 6H，中等旋合长度，其标记为"M24"；如为左旋的细牙普通螺纹，螺距为 2 mm，则标记为"M24×2−LH"。当特殊需要时也可注明旋合长度的数值，如：M24×2−40−LH（40

为旋合长度值)。

普通螺纹的上述简化标记规定同样适合内外螺纹配合(即螺旋副)的标记。例如:公称直径为 20 mm 粗牙普通螺纹,中等旋合长度,内螺纹公差带 6H,外螺纹公差带 6g,则其螺纹副标记可简化为 M20;当内外螺纹公差带并非同为中等公差精度时,则应同时注出公差带代号,如:M20-6H/5g6g。

(2)管螺纹。

管螺纹是英制的,标记内容及格式:

| 特征代号 尺寸代号 旋向 | − | 公差等级代号 |

说明:

非螺纹密封的内管螺纹公差等级只有一种,因此不标注。而外管螺纹公差等级有 A、B 两种,所以需标注。当螺纹为左旋时,加注"LH"。管螺纹尺寸代号表示管子孔通径并非螺纹大径,单位为英寸,管螺纹的直径和螺距可由尺寸代号从标准中查得。

例如:"G $\frac{1}{2}$ LH−A"表示非螺纹密封的左旋圆柱外管螺纹,尺寸代号为 $\frac{1}{2}$,公差等级代号为 A。

(3)梯形螺纹和锯齿形螺纹。

传动螺纹包括梯形螺纹和锯齿形螺纹,标记内容及格式:

| 特征代号 公称直径×导程(螺距 P)旋向 | − | 中径公差带代号 | − | 旋合长度代号 |

说明:多线螺纹用"公称直径×导程(螺距 P)"表示,单线时导程不注。当螺纹为左旋时加注"LH",右旋不标记。梯形螺纹和锯齿形螺纹的公差带代号只标注中径公差带。梯形螺纹和锯齿形螺纹旋合长度分为中等旋合长度(N)和长旋合长度(L)两种。N 省略不注。

例如:"Tr 40×7-7H"表示公称直径为 40 mm,螺距为 7 mm 的单线右旋梯形内螺纹,中径公差为 7H,中等旋合长度;"Tr 40×14(P7)LH-8e-L"表示公称直径为 40 mm,导程为 14 mm,螺距为 7 mm 的双线左旋梯形外螺纹,中径公差为 8e,长旋合长度。

3. 常见螺纹的标注示例

各种常用螺纹的标注示例如表 7.2 所示。

表 7.2 常用螺纹的标注示例

螺纹类型			标注的内容和方式	图 例	说 明
连接螺纹	普通螺纹	粗牙	M16×Ph6P2-5g6g-L M8-7H-L-LH	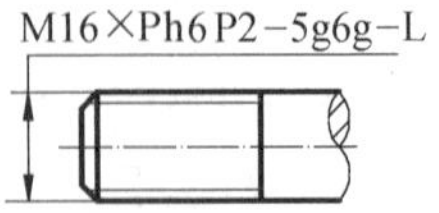 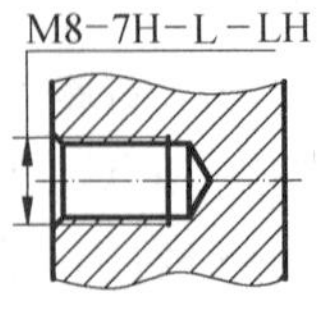 M16×Ph6 P2-5g6g-L M8-7H-L-LH	粗牙不注螺距,左旋时尾部加"LH";中等公差精度(如 6H,6g)不注公差带代号;中等旋合长度不注 N(下同);多线时同时注出导程 P_h 和螺距 P,其标记应直接注在大径的尺寸线上或其引出线上
		细牙			

续表 7.2

螺纹类型			标注的内容和方式	图　例	说　明
连接螺纹	非螺纹密封的管螺纹		G1/2A G1/2LH	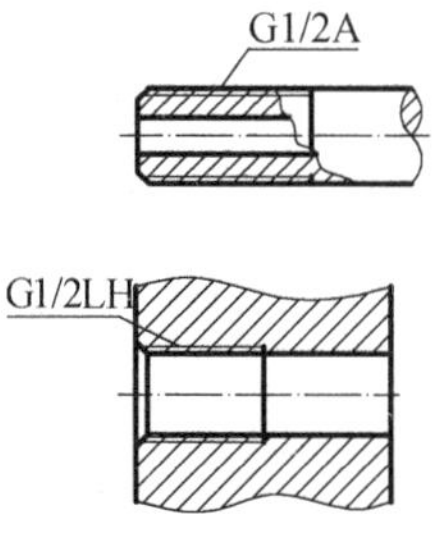	外螺纹公差等级分 A 级和 B 级两种,A 级为精密级,B 级为粗糙级;内螺纹公差等级只有一种,所以省略标注。表示螺纹副时,仅需标注外螺纹的标记。管螺纹标记一律注在引出线上,引出线应由大径处引出(或对称中心处引出)
	用螺纹密封的管螺纹	圆锥外螺纹	R1/2	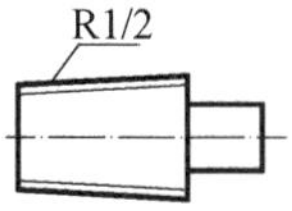	(1)内外螺纹均只有一种公差带,故省略不注。表示螺纹副时,尺寸代号只注写一次 (2)标记一律注在引出线上,引出线应由大径引出(或由对称中心线引出)
		圆锥内螺纹	R$_c$ 1/4LH	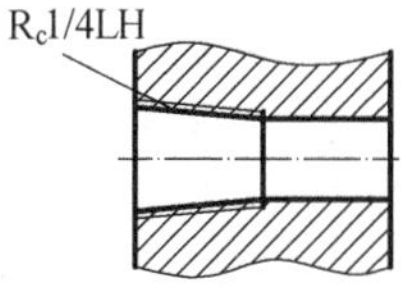	
		圆柱内螺纹	R$_p$ 3/4	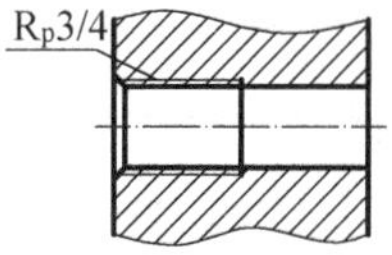	
传动螺纹	梯形螺纹		Tr40×14(P7)LH-7e	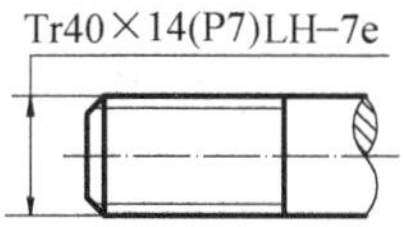	梯形外螺纹,公称直径 ϕ40 双线,导距 14,螺距 7,左旋,中等旋合长度;中径公差带代号 7e。标注位置同普通螺纹
	锯齿形螺纹		B40×7LH-7s	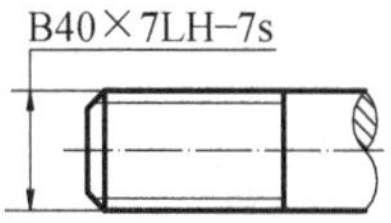	锯齿形外螺纹,公称直径 ϕ40,单线,左旋;螺距 7,中径公差带代号 7s;中等旋合长度。标注位置同普通螺纹

7.2　螺纹紧固件

　　常用的螺纹紧固件有螺钉、螺栓、双头螺柱、螺母和垫圈等,如图 7.13 所示。螺纹紧固件均已标准化,由专业工厂大量生产。根据螺纹紧固件的规定标记,即可在相应的标准中查出有关的尺寸。因此,对符合标准的螺纹紧固件,不需再详细画出它们的零件图。

　　表 7.3 是常用螺纹紧固件的视图、主要尺寸及规定标记示例。

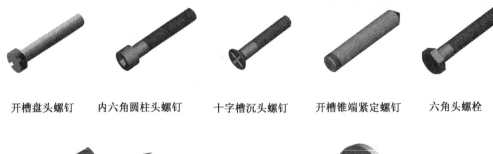

| 开槽盘头螺钉 | 内六角圆柱头螺钉 | 十字槽沉头螺钉 | 开槽锥端紧定螺钉 | 六角头螺栓 |

| 双头螺柱 | I型六角螺母 | I型六角开槽螺母 | 平垫圈 | 弹簧垫圈 |

图 7.13　常用的螺纹紧固件

表 7.3　常用螺纹紧固件的标记示例

名　称	简　图	规定标记及说明
开槽沉头螺钉	M12　45	螺钉 GB/T 68 M12×45
开槽锥端紧钉螺钉	M12　40	螺钉 GB/T 71 M12×40
六角头螺栓	M16　55	螺栓 GB/T 5782 M16×55
双头螺柱	b_m　45　M16	螺柱 GB/T 900 M16×45
1 型六角螺母	M16	螺母 GB/T 6170 M16

续表7.3

名　称	简　图	规定标记及说明
平垫圈		垫圈 GB/T 97.1 16
弹簧垫圈		垫圈 GB/T 93 16

说明:①采用现行标准规定的各紧固件时,国标中的年号可以省略,如表中的双头螺柱标记;
　　　②在国标号后,螺纹代号前,要空一格。

7.2.1　螺钉连接

螺钉按用途分为连接螺钉和紧定螺钉两类,前者用来连接零件,后者主要用来固定零件。

1.连接螺钉

连接螺钉用于连接不经常拆卸,并且受力不大的零件。如图 7.14 所示的左端盖、垫片和泵体,都画成局部的形状。图 7.14(a)表示连接前的情况,左端盖的通孔带有圆柱形沉孔,以便螺钉的头部放入。通孔的直径应比螺钉的直径 d 稍大(孔径 $\approx 1.1d$),以便装配。设计时,沉孔和通孔的尺寸可查附表 28 选用。泵体上有螺孔,以便与螺钉连接。图 7.14(b)表示连接后的装配画法,按规定将螺钉作为不剖画出。对于垫片这样的零件,当图中的宽度为 ≤2 mm 的狭小面积的剖面时,宜以涂黑的方式代替剖面符号。从图中还可以看出,凡不接触表面(如螺钉头与沉孔之间、螺钉大径和通孔之间)都画成两条线。

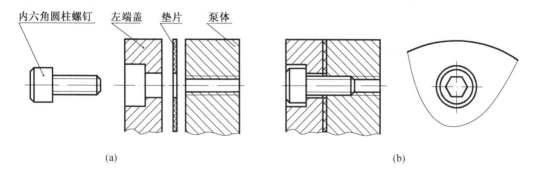

(a)　　　　　　　　　　　　　　　　　　　　(b)

图 7.14　螺钉连接的画法

2.紧定螺钉

紧定螺钉用来固定两个零件的相对位置,使它们不产生相对运动。如图 7.15 中的轴和齿轮,用一个开槽锥端螺钉旋入轮毂的螺孔,使螺钉端部的 90°锥顶角与轴上的 90°锥坑压紧,从而固定了轴和齿轮的相对位置。

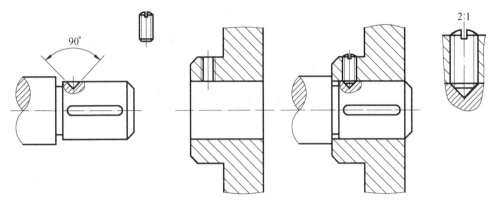

图 7.15　紧定螺钉连接的画法

在螺钉连接的装配图中,螺孔部分有的是通孔,如图 7.16(a)所示;有的是盲孔,如图 7.16(b)所示。后者要注意 120°的锥角,可以画成图 7.11 的形式,也可以省略光孔部分画成图 7.16(b)的简化形式。为了使螺钉头能压紧被连接零件,螺钉的螺纹终止线应高出螺纹孔的端面(图 7.16(b))或在螺杆的全长上都制成螺纹(图 7.16(a))。螺钉头部的一字槽在俯视图中画成与中心线成 45°角。具体作图时,其头部按公称直径的比例用近似画法画出。如图 7.17(a)中的开槽圆柱头及开槽盘头螺钉头部的近似画法,图 7.17(b)为开槽沉头螺钉头部的近似画法。

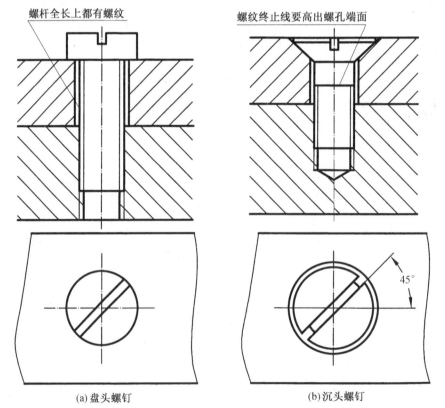

(a) 盘头螺钉　　　　　　　　(b)沉头螺钉

图 7.16　螺钉头部一字槽画法

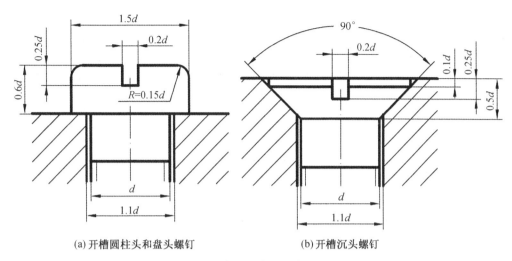

(a) 开槽圆柱头和盘头螺钉　　　　　(b) 开槽沉头螺钉

图 7.17　螺钉头部的近似画法

3. 螺钉的规定标记

螺钉的规定标记类似于螺纹,例如,图 7.14 所示的螺钉,其规定标记是:

$$螺钉\quad GB/T\ 70.1\quad Md \times l$$

它表示粗牙普通螺纹,大径为 d,公称长度为 l。GB/T 70.1 是内六角圆柱头螺钉的国家标准代号。又如图 7.15 所示的螺钉,其规定标记是:

$$螺钉\quad GB/T\ 71\quad Md \times l$$

GB/T 71 是开槽锥端紧定螺钉的国家标准代号。螺钉的种类很多,各种螺钉的形式、尺寸及其规定标记,可查阅附表中的有关标准。

7.2.2　螺栓连接

螺栓连接由螺栓、螺母、垫圈组成,用于两被连接件厚度不大、可钻出通孔的情况,如图 7.18 所示。

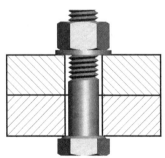

图 7.18　螺栓连接的示意图

1. 螺栓连接的画法

装配时先在被连接的两个零件上钻出比螺栓直径 d 稍大的通孔(约为 1.1d),然后使螺栓穿过通孔,并在螺栓上套上垫圈,再用螺母拧紧,如图 7.19(a)所示。图7.19(b)表示出了用螺栓连接两块板的装配的画法。也可采用图 7.19(c)的简化画法。

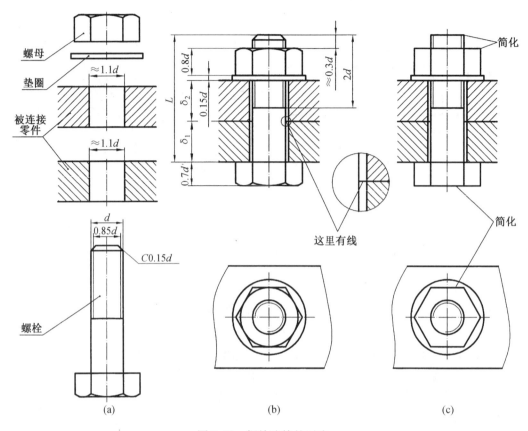

图 7.19　螺栓连接的画法

2. 螺栓、螺母和垫圈的近似画法

绘制螺栓连接的装配图时,可按螺栓、螺母、垫圈的规定标记,从附表中查得绘图所需的尺寸。但在绘图时,为简便起见,通常按螺栓的螺纹规格、螺母的螺纹规格 D、垫圈的公称尺寸进行比例折算,得出各部分尺寸后按近似画法画出,如图 7.20 所示。螺栓的公称长度 l,应先查阅垫圈、螺母的表格得出 h、m_{max},再加上被连接件的厚度等,经计算后选定。

螺栓公称长度计算公式为

$$l \geqslant \delta_1 + \delta_2 + h + m_{max} + a$$

其中,a 是螺栓伸出螺母的长度,一般取约 $0.3d$,上式计算得出数值后,再从相应的螺栓标准所规定的长度系列中,修正为标准值 l。

3. 螺栓、螺母、垫圈的规定标记

图 7.20 中螺栓、螺母、垫圈的规定标记是

螺栓　GB/T 5782　M$d \times l$

表示螺纹规格为 d mm,公称长度 l mm,GB/T 5782 是六角头螺栓的国家标准代号。

螺母　GB/T 6170　MD

表示螺纹规格为 D mm,GB/T 6170 是 Ⅰ 型六角螺母的国家标准代号。

垫圈　GB/T 97.1　d

表示公称尺寸为 d mm(即与螺纹规格为 d mm 的螺栓配用)的平垫圈,GB/T 97.1 是平垫

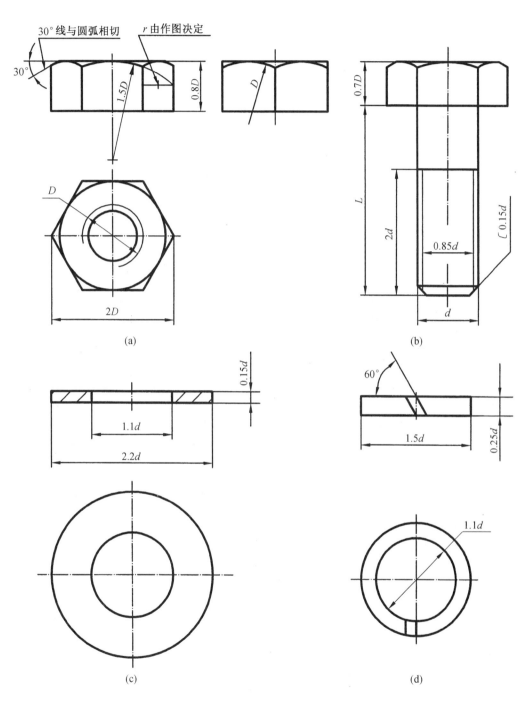

30°线与圆弧相切
r 由作图决定

图 7.20　单个紧固件的近似画法

圈的国家标准代号。

7.2.3 双头螺柱连接

双头螺柱的两端都制有螺纹,一端旋入较厚零件的螺孔中,称旋入端;另一端穿过较薄的零件上的通孔,套上垫圈,再用螺母拧紧,称为紧固端,故其常用在两被连接件之一较厚或不宜用螺栓连接的场合。从图 7.21 可看出,双头螺柱连接的上半部与螺栓连接相似,而下半部则与螺钉连接相似。

图 7.22 是螺柱及连接件的画法。按双头螺柱的螺纹规格 d 进行比例折算,双头螺柱紧固端的螺纹长度为 $2d$,倒角为 $0.15d \times 45°$,旋入端的螺纹长度为 b_m。b_m 根据国标规定有四种长度,可根据螺孔的材料选用:通常当被旋入件的材料为钢和青铜时,取 $b_m = d$(GB/T 897—1988);为铸铁时,取 $b_m = 1.25d$(GB/T 898—1988)或 $1.5d$(GB/T 899—1988);为铝时,取 $b_m = 2d$(GB/T 900—1988)。螺孔的长度为 $b_m + 0.5d$,光孔长度为 $0.5d$。

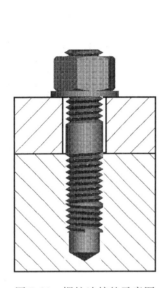

图 7.21　螺柱连接的示意图

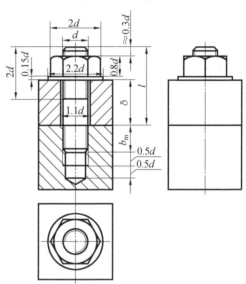

图 7.22　螺柱连接的画法

双头螺柱的型式、尺寸和规定标记,可查阅附表 7。

螺柱的公称长度 l,可参见图 7.22,经过计算选定:

$$l = \delta + h + m_{max} + a$$

其中各数值与螺栓连接相似,计算出 l 值后,再从相应的双头螺柱标准所规定的长度系列中,修正为标准值 l。

在装配图中,当剖切平面通过螺杆的轴线时,对于螺柱、螺栓、螺钉、螺母及垫圈等,均按未剖绘制。螺纹紧固件的工艺结构,如倒角、退刀槽、凸肩等均省略不画。

不穿通的螺纹孔可不画出钻孔深度,仅按有效螺纹深度(不包括螺尾)画出,如图 7.16(b)所示。

7.3 齿 轮

齿轮是机械传动中广泛应用的零件,因其参数中只有模数、压力角已经标准化,故其属于常用件。根据两齿轮传动情况,如图 7.23 所示,齿轮可分为三类:圆柱齿轮(用于平行两轴间的传动)、圆锥齿轮(用于相交两轴间的传动)、蜗杆蜗轮(用于相错两轴间的传动)。

(a) 圆柱齿轮   (b) 锥齿轮   (c) 蜗杆与蜗轮

图 7.23 常见的齿轮传动

7.3.1 圆柱齿轮

圆柱齿轮的轮齿有直齿、斜齿和人字齿等。本节着重介绍直齿圆柱齿轮的几何要素和画法。

1. 直齿圆柱齿轮各几何要素的名称、代号和尺寸计算

(1)名称及代号。

图 7.24 是两个啮合齿轮的示意图,从图中可看出圆柱齿轮各几何要素。

①齿顶圆 d_a 和齿根圆 d_f。通过轮齿顶部的圆称为齿顶圆,其直径用 d_a 表示。通过轮齿根部的圆称为齿根圆,其直径用 d_f 表示。

②节圆 d'。O_1、O_2 分别为两啮合齿轮的中心,两齿轮的一对齿廓的啮合点是在连心线上的 P 点(称节点)。分别以 O_1O_2 为圆心,O_1P、O_2P 为半径作圆,称为两齿轮的节圆,其直径用 d' 表示。齿轮的传动可假想为这两个圆做无滑动的纯滚动。

③分度圆 d。分度圆是设计、制造齿轮时进行各部分尺寸计算的基准圆,也是分齿的圆,故称分度圆。它是一个假想圆,在该圆上,齿厚与齿槽宽相等。对于标准齿轮传动,节圆和分度圆重合。

④分度圆齿距 p。分度圆上相邻两齿廓对应点之间的弧长,称为分度圆齿距。两啮合齿轮的齿距相等。

⑤分度圆齿厚 s。每个齿廓在分度圆上的弧长,称为分度圆齿厚。对于标准齿轮,齿厚为齿距的一半,即 $s=p/2$。

⑥齿间 e。在分度圆上,齿槽宽度的一段弧长,称为齿间,也称齿槽宽。

⑦中心距 a。两圆柱齿轮轴线间的最短距离,称为中心距。

⑧齿高 h。齿顶圆与齿根圆之间的径向距离,称为齿高。

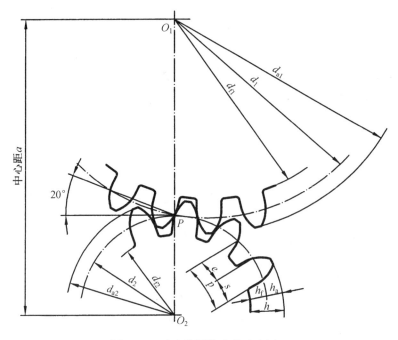

图 7.24　啮合的圆柱齿轮示意图

⑨齿顶高 h_a 和齿根高 h_f。齿顶圆与分度圆之间的径向距离,称为齿顶高;齿根圆与分度圆之间的径向距离,称为齿根高。

（2）直齿圆柱齿轮的基本参数。

①齿数 z。齿轮上轮齿的个数。

②模数 m。设 z 为齿轮的齿数,则有 $\pi d = zp$,也就是 $d = zp/\pi$。令 $m = p/\pi$,则 $d = mz$。m 即为齿轮的模数,单位为 mm。因两啮合齿轮的齿距 p 相等,所以它们的模数 m 也必相等。

齿轮的模数越大,其轮齿就越大,齿轮的承载能力也就越强。不同模数的齿轮,要用不同模数的刀具来加工制造。为了便于设计和加工,减少齿轮加工刀具数量,便于管理,模数的数值已经标准化,其数值如表 7.4 所示。

表 7.4　标准齿轮模数系列（GB 1357—1987）

第一系列	…1　1.25　1.5　2　2.5　3　4　5　6　8　10　12　16　20　25　32　40　50		
第二系列	…1.75　2.25　2.75　(3.25)　3.5　(3.75)　4.5　5.5　(6.5)　7　9　(11)　14　18　22　28　36　45		

注:优选第一系列,其次是第二系列,括号内的模数尽量不用。

③齿形角、啮合角、压力角。渐开线圆柱齿轮基准齿形角为 20°,它等于两齿轮啮合时齿廓在节点 P 处的公法线(即齿廓的受力方向)与两节圆的内公切线(即节点 P 处的瞬时运动方向)所夹的锐角,称为啮合角或压力角。加工齿轮的原始基本齿条的法向压力角称齿形角,用 α 表示。两标准直齿圆柱齿轮啮合时,齿合角=压力角=齿形角=α。

（3）几何要素的尺寸计算。

前面介绍的齿轮各几何要素均与齿轮的模数和齿数有关,其计算公式如表 7.5 所示。

表 7.5　标准直齿圆柱齿轮各部分尺寸计算公式

基本参数:模数 m、齿数 z、压力角 20°

名　称	代　号	计算公式
齿　顶　高	h_a	$h_a = m$
齿　根　高	h_f	$h_f = 1.25m$
齿　　　高	h	$h = 2.25m$
分 度 圆 直 径	d	$d = mz$
齿 顶 圆 直 径	d_a	$d_a = m(z+2)$
齿 根 圆 直 径	d_f	$d_f = m(z-2.5)$
齿　　　距	p	$p = \pi m$
齿　　　厚	s	$s = \pi m/2$
中　心　距	a	$a = m(z_1+z_2)/2$

2. 圆柱齿轮的画法

(1)单个圆柱齿轮的画法。

根据 GB/T 4459.2—2003 规定的齿轮画法,齿顶圆和齿顶线用粗实线绘制,分度圆和分度线用细点划线绘制,齿根圆和齿根线用细实线绘制(也可省略不画),如图 7.25(a)所示;在剖视图中,当剖切平面通过齿轮的轴线时,轮齿一律按不剖处理,齿根线用粗实线绘制,如图 7.25(b)所示。当需要表明斜齿或人字齿的形状时,可用三条与轮齿方向一致的细实线表示,即三条细实线与圆柱齿轮轴线夹角为斜齿轮的螺旋角 β(轮齿在分度圆柱面上与分度圆柱轴线的倾角),如图 7.25(c)、(d)所示。直齿则不需表示。

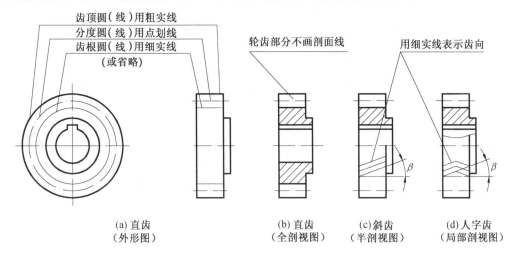

图 7.25　单个圆柱齿轮的画法

(2)圆柱齿轮啮合画法。

在投影为圆的视图上,啮合区内齿顶圆均用粗实线绘制,如图 7.26(a)所示的左视图;或按省略画法,如图 7.26(b)所示。在剖视图中,当剖切平面通过两啮合齿轮的轴线时,在啮合区内,将一个齿轮的轮齿用粗实线绘制,另一个齿轮的轮齿被遮挡的部分用虚

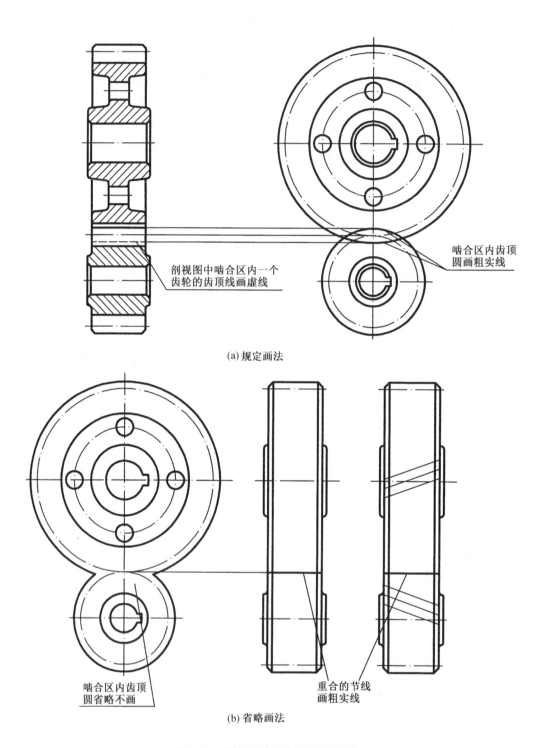

(a) 规定画法

剖视图中啮合区内一个齿轮的齿顶线画虚线

啮合区内齿顶圆画粗实线

啮合区内齿顶圆省略不画

重合的节线画粗实线

(b) 省略画法

图 7.26　圆柱齿轮啮合画法(外啮合)

线绘制(图 7.26(a)中的主视图)或虚线省略不画。在平行于圆柱齿轮轴线的投影面的外形视图中,啮合区内齿顶线不需画出。节线用粗实线绘制,其他处的节线仍用细点划线绘制,如图 7.26(b)中的左视图。

在齿轮啮合的剖视图中,由于齿根高与齿顶高相差 $0.25m$,因此,一个齿轮的齿顶线与另一个齿轮的齿根线之间,应有 $0.25m$ 的间隙,如图 7.27 所示。

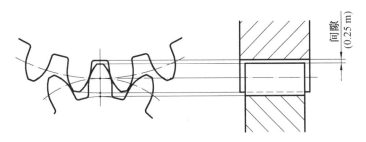

图 7.27　啮合齿轮的间隙

3. 齿轮与齿条啮合的画法

当齿轮直径无限大时,其齿顶圆、齿根圆、分度圆和齿廓曲线都变成直线,此时齿轮变为齿条。齿轮与齿条啮合时,齿轮旋转,齿条做直线运动。齿轮与齿条啮合的画法基本与两圆柱齿轮啮合的画法相同,只是注意齿轮的节圆应与齿条的节线相切,如图 7.28 所示。

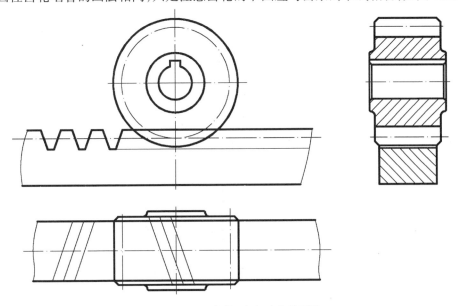

图 7.28　齿轮、齿条啮合的画法

4. 圆柱齿轮的零件图

如图 7.29 所示,一张圆柱齿轮的零件图包括:一组视图,如图中为全剖视的主视图和轮孔的局部视图;一组完整的尺寸;必需的技术要求,如尺寸公差、表面粗糙度、形位公差、热处理和制造齿轮所必需的基本参数。

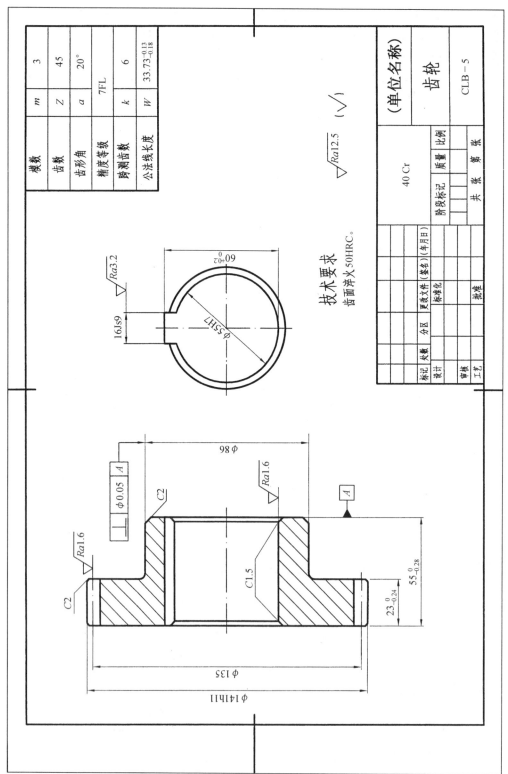

模数	m	3
齿数	Z	45
齿形角	a	20°
精度等级	7FL	
跨测齿数	k	6
公法线长度	W	$33.73_{-0.18}^{-0.13}$

$\sqrt{Ra12.5}$ $(\sqrt{})$

技术要求
齿面淬火50HRC。

(单位名称)			
			齿 轮
40 Cr	阶段标记	质量	比例
			CLB-5
		共 张	第 张

标记	处数	分区	更改文件 (签名)(年月日)			
设计			标准化			
审核						
工艺			批准			

$\sqrt{Ra3.2}$

$60_0^{+0.2}$

$\phi 55H7$

16Js9

$\phi 141h11$

$\phi 135$

$\phi 86$

$\phi 98$

$55_{-0.28}^{0}$

$23_{-0.24}^{0}$

$\sqrt{Ra1.6}$

C2

C1.5

C2

A

$\perp$ $\phi 0.05$ A

图7.29 圆柱齿轮零件示例

7.3.2　锥齿轮简介

锥齿轮通常用于传递两垂直相交轴的回转运动。

锥齿轮的轮齿位于圆锥面上,故其轮齿一端大一端小,齿厚也由大端到小端逐渐变小。模数和节圆也随齿厚而变化。为了设计和制造方便,规定以大端的模数为准,用它决定轮齿的有关尺寸。一对锥齿轮啮合也必须有相同的模数。

锥齿轮各部分几何要素的名称及代号如图 7.30 所示。锥齿轮各部分几何要素的尺寸也都与模数 m、齿数 z 及分度圆锥角 δ 有关。两锥齿轮啮合时,其轴线垂直相交的直齿锥齿轮各部分尺寸的计算公式如表 7.6 所示。

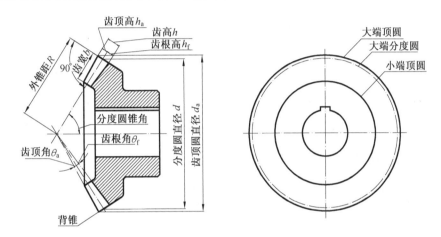

图 7.30　锥齿轮各部分几何要素的名称及代号

表 7.6　标准直齿锥齿轮各部分尺寸计算公式

项目	代号	计算公式
分度圆直径	d	$d = mz$
分度圆锥角	δ	$\tan \delta_1 = z_1/z_2$; $\delta_2 = 90° - \delta_1$
齿顶高	h_a	$h_a = m$
齿根高	h_f	$h_f = 1.2m$
齿高	h	$h = 2.2m$
齿顶圆直径	d_a	$d_a = m(z + 2\cos \delta)$
齿根圆直径	d_f	$d_f = m(z - 2.4\cos \delta)$
齿顶角	θ_a	$\tan \theta_a = 2\sin \delta/z$
齿根角	θ_f	$\tan \theta_f = 2.4\sin \delta/z$
顶锥角	δ_a	$\delta_a = \delta + \theta_a$
根锥角	δ_f	$\delta_f = \delta - \theta_f$
外锥距	R	$R = mz/(2\sin \delta)$
齿宽	b	$b = (0.2 \sim 0.35)R$

锥齿轮的规定画法与圆柱齿轮基本相同。单个锥齿轮的画法如图 7.30 所示。一般用主、左两视图表示,主视图画成剖视图,在投影为圆的左视图中,用粗实线表示大端和小端的齿顶圆,用点划线表示大端的分度圆,不画齿根圆。

锥齿轮的啮合画法,如图 7.31 所示。主视图画成剖视图,由于两齿轮的节锥面相切,因此,其节线重合,画成点划线;在啮合区内,应将其中一个齿轮的齿顶线画成粗实线,而将另一个齿轮的齿顶线画成虚线或省略不画。左视图画成外形视图。对于标准齿轮,节圆锥面和分度圆锥面,节圆和分度圆是一致的。

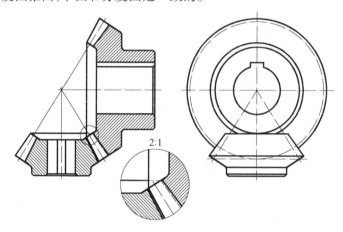

2:1

图 7.31　锥齿轮的啮合画法

7.3.3　蜗杆、蜗轮简介

蜗杆和蜗轮用于垂直交错两轴之间的传动,通常蜗杆主动,蜗轮从动。蜗杆和蜗轮的画法与圆柱齿轮基本相同,请参阅有关规定,这里不再赘述。

7.4　键 和 销

键和销都是标准件,它们的结构、型式和尺寸,国家标准都有规定,使用时可查阅有关标准。

7.4.1　键

1. 常用键

键通常用来联结轴和轴上的传动件(如齿轮、带轮等),起传递扭矩的作用。

常用的键有普通平键、半圆键、钩头楔键等,如图 7.32 所示。

(a) 普通平键　　　　　　　(b) 半圆键　　　　　　　(c)钩头楔键

图 7.32　常用的键

普通平键的型式有 A、B、C 三种,其形状和尺寸如图 7.33 所示。在标记时,A 型平键省略 A 字,而 B 型或 C 型应写出 B 或 C 字。

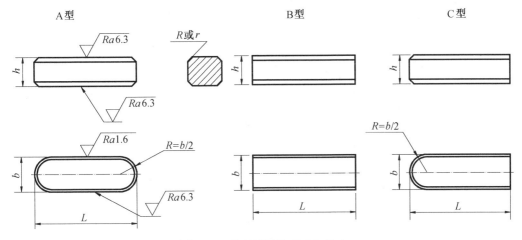

图 7.33　普通平键的型式和尺寸

键的标记由标准编号、名称、型式与尺寸部分组成,例如:$b = 16$ mm、$h = 10$ mm、$L = 100$ mm A 型普通平键,标记为

$$\text{GB/T 1096}\qquad\text{键 } 16 \times 10 \times 100$$

又如:$b = 18$ mm、$h = 11$ mm、$L = 100$ mm B 型普通平键,标记为

$$\text{GB/T 1096}\qquad\text{键 B} 18 \times 11 \times 100$$

图 7.34(a)表示轴和齿轮的键槽及其尺寸注法。轴的键槽用轴的主视图(局部剖视)和在键槽处的移出断面表示。尺寸则要注键槽长度 L、键槽宽度 b 和键槽深度 $d - t$(图 7.34(a))。齿轮的键槽采用全剖视和局部视图表示,尺寸则应注键槽宽度 b 和齿轮轮毂的键槽深度 $d + t_1$(图 7.34(b))。b 与 t、t_1 都可按轴径 d 查附表 19 确定;L 则应由长度系列值及轮毂长查附表 19 选定。

图 7.34(b)表示轴和齿轮用键连接的装配图画法。剖切平面通过轴和键的轴线或对称面,轴和键均按不剖形式画出。为了表示轴上的键槽,采用了局部剖视。键的顶面和轮毂键槽的底面有间隙,应画两条线。

2. 花键

花键是在轴或孔的表面上等距分布的相同键齿,一般用于需沿轴线滑动(或固定)的连接,传递转矩或运动。花键的齿形有矩形和渐开线形等,其中矩形花键应用较广。花键的结构形式和尺寸的大小、公差均已标准化。

在外圆柱(或外圆锥)表面上的花键称为外花键,在内圆柱(或内圆锥)表面上的花键称为内花键,如图 7.35 所示。下面介绍矩形花键的规定画法及尺寸标注。

(1)外、内花键的画法与尺寸标注。

①外花键的画法。图 7.36 所示是外花键的画法。在平行于花键轴线的投影面的视图中,外花键的大径用粗实线、小径用细实线绘制。外花键的终止端和尾部长度的末端均用细实线绘制,并与轴线垂直;尾部则画成与轴线成 30° 的斜线,必要时可按实际情况画

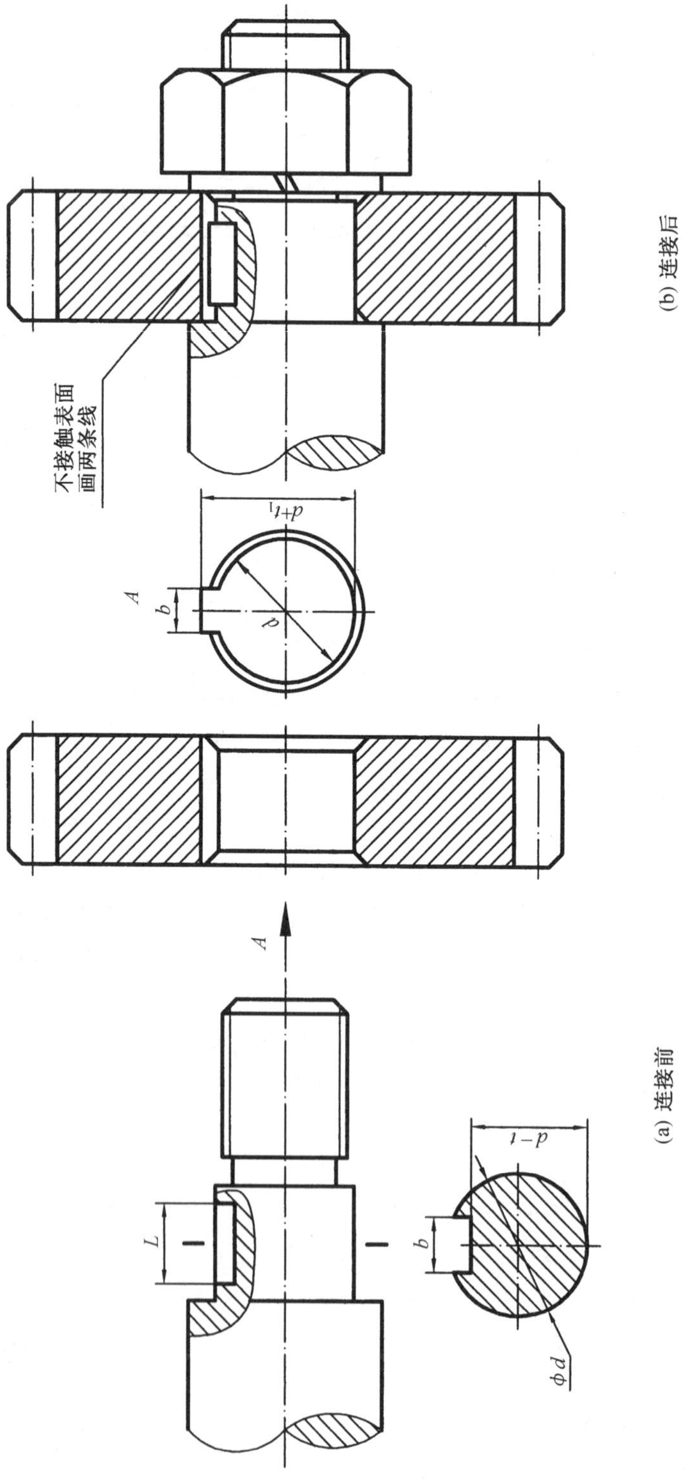

图7.34 轴和齿轮孔的连接画法

(a) 连接前

(b) 连接后

不接触表面
画两条线

图 7.35 花键件

出。在左视图中,花键大径用粗实线、小径用细实线画完整的圆,倒角圆规定不画。

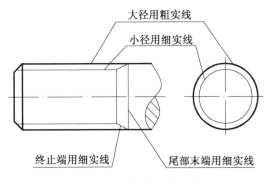

图 7.36 外花键的画法

外花键的一般注法如图 7.37(a)所示,当外花键在平行于花键轴线的投影面的视图中需用局部剖视图表示时,键齿按不剖绘制,其画法如图 7.37(b)所示。当外花键需用断面图表示时,应在断面图上画出一部分齿形,并注明齿数或画出全部齿形,如图 7.37(b)所示。

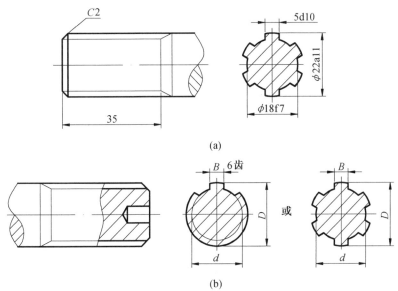

图 7.37 外花键剖视图、断面图画法及尺寸的一般注法

②内花键的画法。图 7.38 所示是内花键的画法。在平行于花键轴线的投影面的剖视图中,大径及小径均用粗实线绘制。在垂直于花键轴线的投影面的视图中,花键在视图中应画出一部分齿形,并注明齿数或画出全部齿形,倒角圆规定不画。

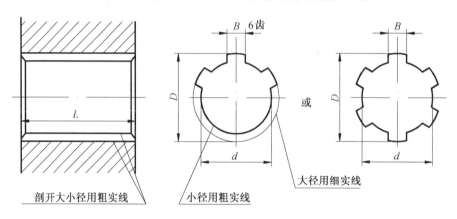

图 7.38　内花键的画法

（2）外、内花键的尺寸注法。

花键在零件图中的尺寸标注有两种方法,一种是在图中采用一般标注法,注出花键的大径 D、小径 d、键宽 B 和工作长度 L 等各部分的尺寸及齿数 Z,如图 7.37 和图 7.38 所示。另一种是在图中注出表明花键类型的图形符号、花键的标记和工作长度 L,如图 7.39 所示。

图 7.39 中矩形花键的标记按图形符号键数 N×小径 d×大径 D×键宽的格式注写,注写时将它们的基本尺寸和公差带代号、标准编号写在指引线的基准线上。指引线应从花键的大径引出。

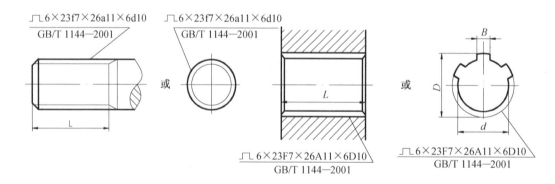

图 7.39　内、外花键标记标注法

（3）花键连接的画法及尺寸标注。

在装配图中,花键连接用剖视图或断面图表示时,其连接部分按外花键绘制,如图 7.40所示,花键连接的尺寸标注如图 7.41 所示。

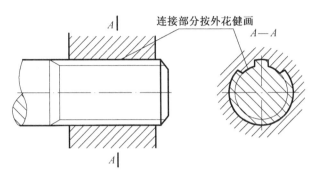

图 7.40　花键连接的画法

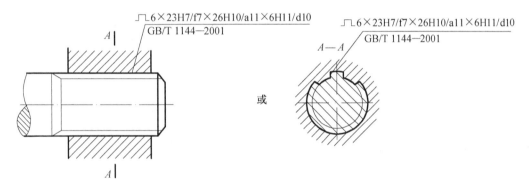

图 7.41　花键连接的尺寸标注

7.4.2　销

销是标准件,常用的销有圆柱销、圆锥销和开口销等,如图 7.42 所示。

(a) 圆柱销　　　　　　　　　(b) 圆锥销　　　　　　　　　(c) 开口销

图 7.42　常用的销

圆柱销和圆锥销通常用于零件间的连接或定位,开口销用来防止连接螺母松动或固定其他零件。表 7.7 为以上三种销的型式与标记。

例如:圆柱销的公称直径 d=6 mm,公称长度 l=30 mm,公差为 m6,材料为钢,不经淬火,不经表面处理。

规定标记为:销 GB/T119.1 6m6×30。

各种销的型式、尺寸和标记,可根据连接零件的大小及受力情况查附表或有关标准确定。

表7.7　销的画法及标记

名称及标准	图　例	标　记
圆柱销 GB/T 119.1—2000		销 GB/T 119.1　$d \times l$
圆锥销 GB/T 117—2000		销 GB/T 117　$d \times l$
开口销 GB/T 91—2000		销 GB/T 91　$d \times l$

图 7.43 为上述三种销的连接画法。

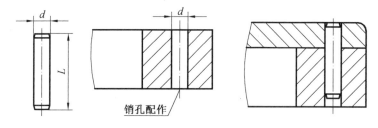

(a) 圆柱销连接

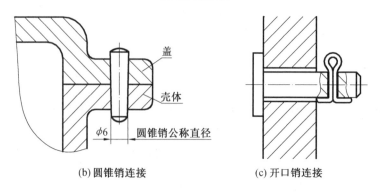

(b) 圆锥销连接　　　　(c) 开口销连接

图 7.43　各种销的连接画法

　　如图 7.43 所示,当剖切平面通过销的对称轴线时,销作为不剖处理。圆柱销和圆锥销的装配要求较高,其销孔一般要在被连接零件装配时加工,并在零件图上说明(图 7.43(a))。

7.5　滚动轴承

　　滚动轴承是支撑轴的部件,它摩擦阻力小,结构紧凑,是生产中广泛应用的一种标准部件。

7.5.1　滚动轴承的结构、分类

　　滚动轴承的结构,一般由外圈、内圈、滚动体和保持架四种零件组成,如图 7.44 所示。在一般情况下,外圈装在机座的孔内,固定不动;而内圈紧套在轴上,随轴转动。滚动体的形式有圆球、圆柱、圆锥等,排列在内、外圈之间;保持架将滚动体隔离开。

　　常用的滚动轴承有三种,通常按照所能承受的外载荷不同可概括地分为(图 7.44):

　　①向心轴承,主要承受径向力。

　　②推力轴承,只承受轴向力。

　　③向心推力轴承,可同时承受径向和轴向力。

图 7.44　滚动轴承的结构

7.5.2　滚动轴承的代号(GB/T 272—1993)

　　滚动轴承的代号由前置代号、基本代号和后置代号三部分组成,各部分的排列如下:

前置代号　基本代号　后置代号

　　前置代号和后置代号是当轴承零件材料、结构、设计、技术条件改变时,才需要给出的补充代号。

　　基本代号是必需的,滚动轴承的基本代号表示轴承的基本类型、结构和尺寸,是滚动轴承代号的基础。滚动轴承基本代号是由轴承类型代号、尺寸系列代号、内径代号三部分组成,表 7.8 列出了部分滚动轴承类型代号和尺寸系列代号。类型代号由数字或字母表示;尺寸系列代号由轴承宽(高)度系列代号和直径系列代号组成,用两位数字表示,其中左边一位数字为宽(高)度系列代号(凡括号中的数值,在注写时省略),右边一位数表示直径系列代号;内径代号的意义及注写示例如表 7.9 所示。

表 7.8　滚动轴承的类型代号和尺寸系列代号

轴承类型名称	类型代号	尺寸系列代号	标准编号
双列角接触球轴承	0	32 33	GB/T 296
调心球轴承	1	(0)2 (1)3	GB/T 281

续表7.8

轴承类型名称	类型代号	尺寸系列代号	标准编号
调心滚子轴承 推力调心滚子轴承	2	13 92	GB/T 288 GB/T 5859
圆锥滚子轴承	3	02 03	GB/T 297
双列深沟球轴承	4	(2)2	GB/T 276
推力球轴承 双向推力球轴承	5	11 22	GB/T 301
深沟球轴承	6	18 (0)2	GB/T 276
角接触球轴承	7	(0)2	GB/T 292
推力圆柱滚子轴承	8	11	GB/T 4663
外圈无挡圈圆柱滚子轴承 双列圆柱滚子轴承	N N N	10 30	GB/T 283 GB/T 285
圆锥孔外球面球轴承	UK	2	GB/T 3882
四点接触球轴承	QJ	(0)2	GB/T 294

表7.9 轴承内径代号

轴承公称内径/mm		内径代号	注写示例及说明
0.6~10		用公称内径(mm)直接表示,在其与尺寸系列代号之间用"/"分开	618/2.5—深沟球轴承,类型代号6,尺寸系列代号18,内径 $d=2.5$ mm
1~9(整数)		用公称内径(mm)直接表示,对深沟及角接触球轴承用7、8、9直径系列,内径与尺寸系列代号之间用"/"分开	618/5—深沟球轴承;类型代号6,尺寸系列代号18,内径 $d=5$ mm 72/5—角接触球轴承,类型代号7,尺寸系列代号(0)2,内径 $d=5$ mm
10~17	10	00	6201—深沟球轴承,类型代号6,尺寸系列代号(0)2,内径 $d=12$mm
	12	01	
	15	02	
	17	03	

续表7.9

轴承公称内径/mm	内径代号	注写示例及说明
20 ~ 480 (22、28、32)除外	公称内径除以 5 的商数,商数只有一位数时,需在商数前加"0"	23208—调心滚子轴承,类型代号 2,尺寸系列代号 32,内径代号 08,则内径 $d = 5 \times 8 = 40 (\text{mm})$
>500 以及 22、28、32	用公称内径(mm)直接表示,在其与尺寸系列代号之间用"/ 分开"	230/500—调心滚子轴承,类型代号 2,尺寸系列代号 30,内径 $d = 500$ mm

例如:滚动轴承 6308。

规定标记为:滚动轴承 6308 GB/T 276

6——轴承类型代号,表示深沟球轴承;03——尺寸系列代号,其中宽度系列代号为 0,省略不注,直径系列代号 3;08——内径代号,表示内径为 $5 \times 8 = 40(\text{mm})$。

7.5.3　滚动轴承的画法(GB/T 4459.7—1998)

滚动轴承为标准部件,一般不需要画零件图。国家标准规定在装配图中可采用简化画法和规定画法表示。其中简化画法又分通用和特征画法两种。在装配图中若不必确切地表示滚动轴承的外形轮廓、载荷特征和结构特征,可采用通用画法来表示;在轴的两侧用矩形线框(为粗实线)及位于线框中央正立的十字形符号(为粗实线)表示,十字形符号不应与线框接触(图 7.45)。在装配图的剖视图中,若要较形象地表示滚动轴承的结构特征,可采用特征画法:在轴的两侧矩形线框内,用粗实线画出表示滚动轴承结构特征和载荷特性的要素符号组合,关于各种滚动轴承特征画法中的要素符号的组合(图 7.46),这里不再详述。

在装配图中,要较详细地表达滚动轴承的主要结构形状,可采用规定画法表示。在画图时,先根据轴承代号从国家标准中查出几个主要数据,然后按要求的画法画出。常用滚动轴承的规定画法及特征画法如表 7.10 所示。

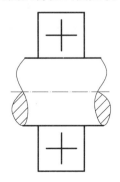

图 7.45　轴承在装配图中的通用画法

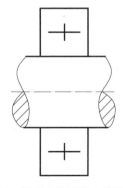

图 7.46　轴承在装配图中的特征画法

表 7.10 常用滚动轴承的画法

轴承名称及代号	深沟球轴承 60000 型 （绘图时需查 D,d,B）	圆锥滚子轴承 30000 型 （绘图时需查 D,d,T,C,B）	平底推力球轴承 50000 型 （绘图时需查 D,d,T）
结构形式	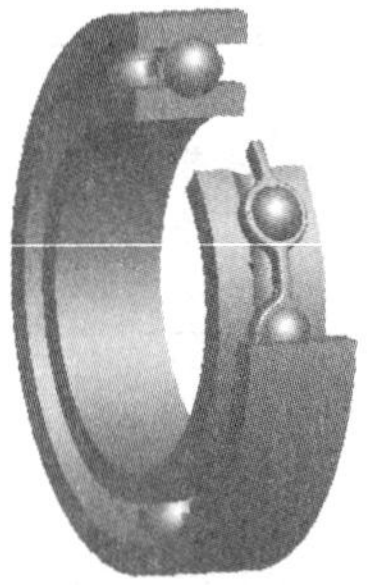		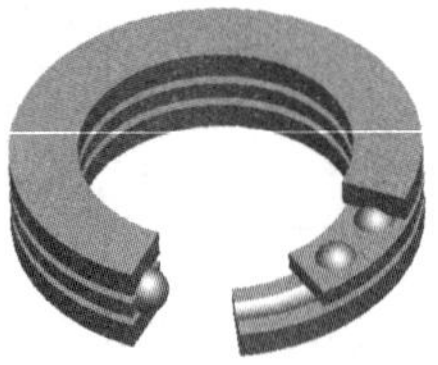
规定画法	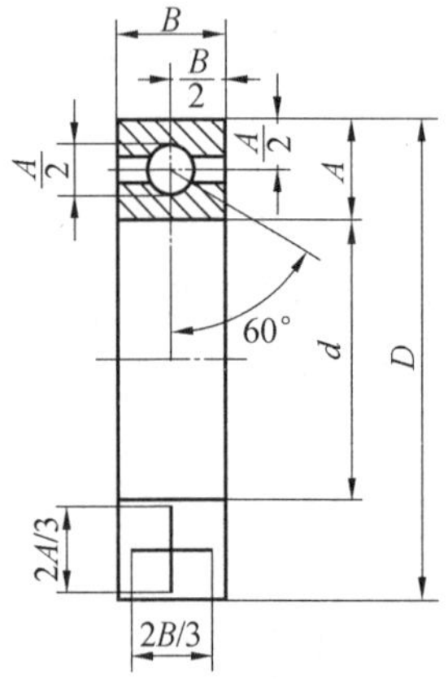	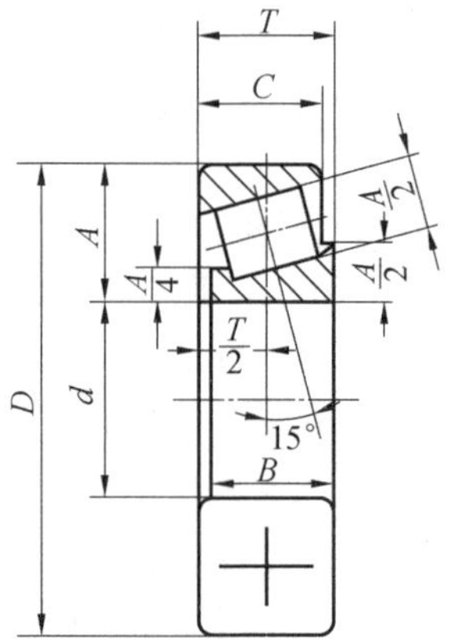	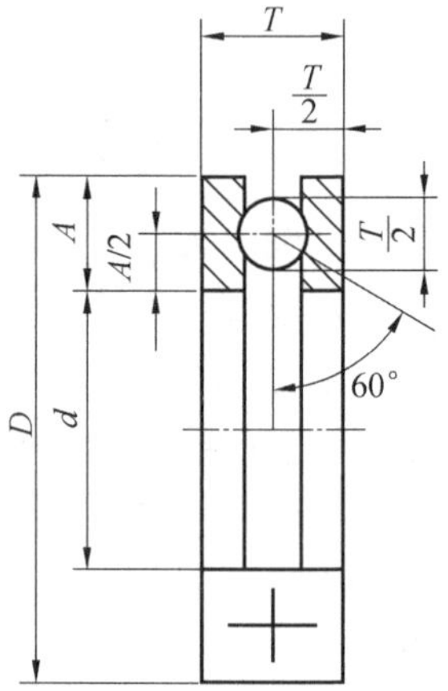
特征画法	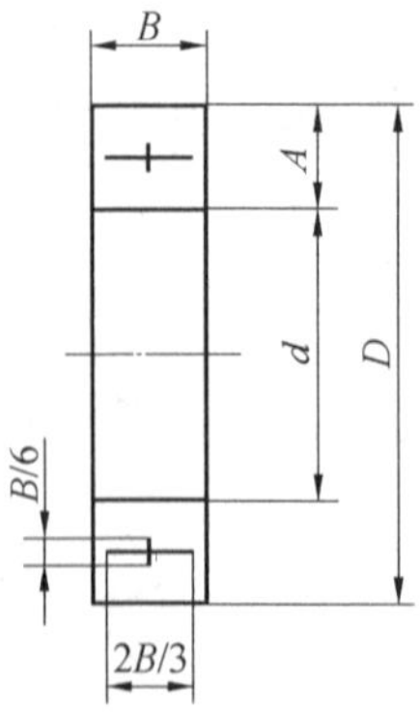	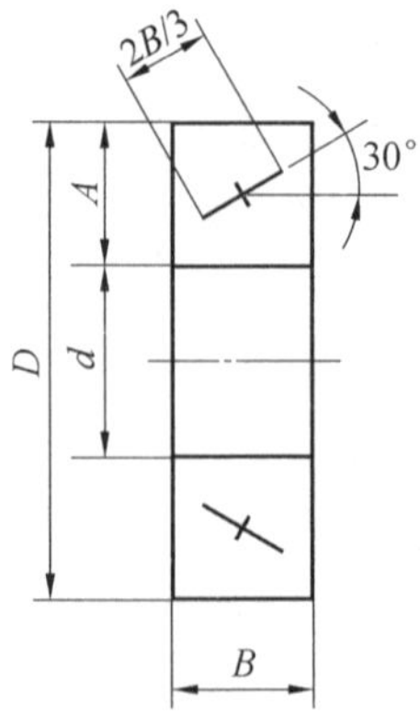	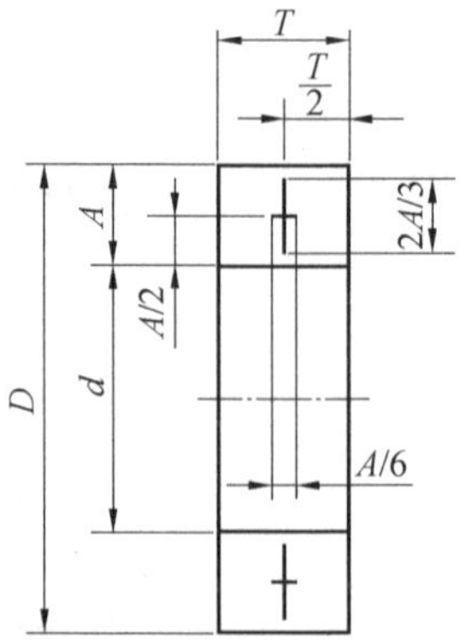
应用	主要承受径向力	可同时承受径向力和轴向力	承受单方向的轴向力

7.6　弹　簧

弹簧的作用主要是减震、复位、测力、储能和夹紧等。弹簧的种类很多,常见的有螺旋弹簧、平面蜗卷弹簧、板弹簧等,如图7.47 所示。

(a) 压缩弹簧　　　　　　(b) 扭转弹簧　　　　　(c) 平面蜗卷弹簧　　　　(d) 板弹簧

图 7.47　常用弹簧的种类

本节只介绍圆柱螺旋压缩弹簧的画法和尺寸计算。圆柱螺旋压缩弹簧的尺寸及参数按 GB/T 2089—1994 的规定,画法按《机械制图　弹簧表示法》(GB/T 4459.4—2003)的规定。

7.6.1　圆柱螺旋压缩弹簧的参数及其尺寸计算

(1)弹簧丝直径 d:弹簧钢丝的直径。

(2)弹簧外径 D_2:弹簧的最大直径。

弹簧内径 D_1:弹簧的最小直径,$D_1 = D_2 - 2d$。

弹簧中径 D:弹簧内径和外径的平均值,$D = (D_2 + D_1)/2 = D_1 + d = D_2 - d$。

(3)支撑圈数 n_2、有效圈数 n 和总圈数 n_1:为了使圆柱螺旋压缩弹簧工作时受力均匀,增加弹簧的稳定性,弹簧的两端需并紧、磨平。并紧、磨平的各圈仅起支撑作用,称为支撑圈。保持相等节距的圈数,称为有效圈数。有效圈数与支撑圈数之和,称为总圈数,即 $n_1 = n + n_2$。

(4)节距 t:除支撑圈外,相邻两圈间的轴向距离。

(5)自由高度 H_0:弹簧在不受外力作用时的高度(或长度),$H_0 = nt + (n_2 - 0.5)d$。

(6)弹簧展开长度 L:弹簧展开后的长度,$L \approx n_1 \sqrt{(\pi D)^2 + t^2}$。

7.6.2　圆柱螺旋压缩弹簧的画法(图 7.48)

弹簧在平行于轴线的投影面的视图中,各圈的投影转向轮廓线画成直线,如图7.48 所示。

(1)有效圈数在四圈以上的弹簧,中间各圈可省略不画。当中间各圈省略后,可适当缩短图形的长度。

(2)右旋弹簧应画成右旋。左旋弹簧允许画成右旋,但左旋弹簧无论是画成左旋还是右旋,一律要加注"左"字。

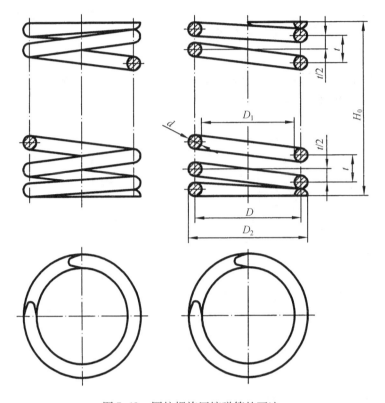

图 7.48　圆柱螺旋压缩弹簧的画法

（3）弹簧两端的支撑圈，不论圈数多少，均可按图 7.48 的形式绘制。

（4）装配图中，弹簧被挡住的结构一般不画出，可见部分应从弹簧的外轮廓线或从弹簧钢丝剖面的中心线画起，如图 7.49（a）所示；当弹簧被剖切时，若簧丝直径等于或小于 2 mm，剖面可涂黑表示，也可用示意画法，如图 7.49（b）、（c）所示。

7.6.3　圆柱螺旋压缩弹簧的作图步骤

已知圆柱螺旋压缩弹簧的簧丝直径 $d = 5$ mm，弹簧外径 $D_2 = 45$ mm，节距为 $t = 10$ mm，有效圈数 $n = 8$，支撑圈数 $n_2 = 2.5$，右旋，试画出这个弹簧。

画图之前先进行计算，算出弹簧平均直径及自由高度，然后再作图。弹簧中径 $D = D_2 - d = 40$ mm，自由高度 $H_0 = nt + (n_2 - 0.5)d = 8 \times 10 + (2.5 - 0.5) \times 5 = 90$ mm。作图步骤如下：

（1）根据 H_0 及 D 画出矩形 $ABCD$（图 7.50（a））；

（2）按簧丝直径画出支撑圈的簧丝断面圆和半圆；

（3）根据节距 t 画出有效圈簧丝断面（按图中数字顺序作图）；

（4）按右旋方向作簧丝断面的切线。校核、加深、作剖面线。

7.6.4　圆柱螺旋压缩弹簧的标记

按 GB/T 2089—1994 的规定，圆柱螺旋压缩弹簧的标记为：

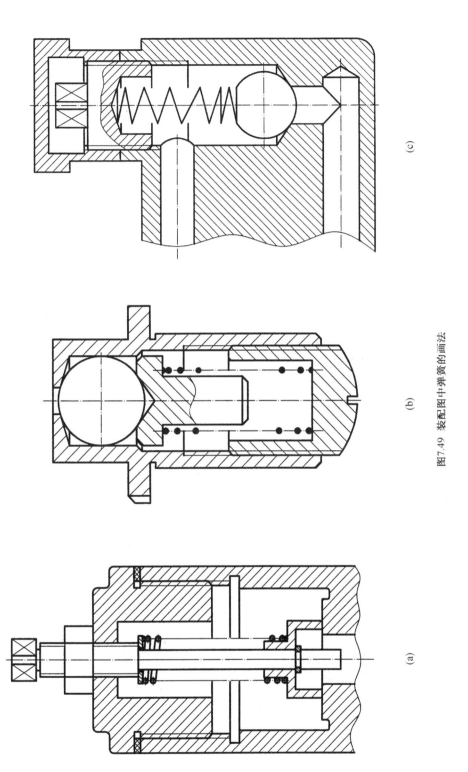

图7.49　装配图中弹簧的画法

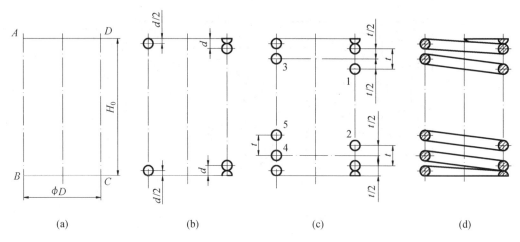

图 7.50　螺旋压缩弹簧的作图步骤

名称代号 型式代号 尺寸及精度代号 旋向代号 国标号 材料牌号 表面处理

几点说明：

（1）型式代号有 A、B 两种,标注"A"或" B",A 是两端并紧磨平,B 是两端并紧锻平。

（2）尺寸：$d×D×H_0$。

（3）精度代号：制造精度有 2 级和 3 级,2 级精度应注明,3 级精度不注。

（4）旋向：左旋应注"LH",右旋不标注。

（5）材料牌号：$d≤10$ mm 时,一般使用 GB/T 4357—1989 中的 C 级碳素弹簧钢,冷卷；$d>10$ mm 时,一般使用 GB/T 1222—1984 中的 60Si2MA,热卷;使用上述材料时不标注。否则,应注明材料牌号。

（6）表面处理：一般不标注,如要求镀锌、镀镉、磷化等金属镀层及化学处理,应标记注明,标记方法按 GB/T 1238—2008 中的规定。

例如：弹簧丝直径 30 mm,弹簧中径 150 mm,自由高度 320 mm,制造精度 2 级,材料 B 级碳素弹簧钢丝,两端并紧锻平,表面镀锌的左旋圆柱螺旋压缩弹簧,其标记应为：

YB 30×150×320 2 LH GB/T 2089—1994 B 级−D−Zn

7.6.5　圆柱螺旋压缩弹簧零件图示例

圆柱螺旋压缩弹簧零件图的内容与普通零件的零件图内容要求基本相同,所不同的是：一般采用图解方式表示弹簧的机械性能要求,即弹簧的机械性能曲线,都简化成直线画在主视图上方。机械性能曲线可以反映弹簧工作负荷与工作高度的相应关系或者反映弹簧工作负荷与变形量的相应关系,两种形式按需要选择如图 7.51 所示。

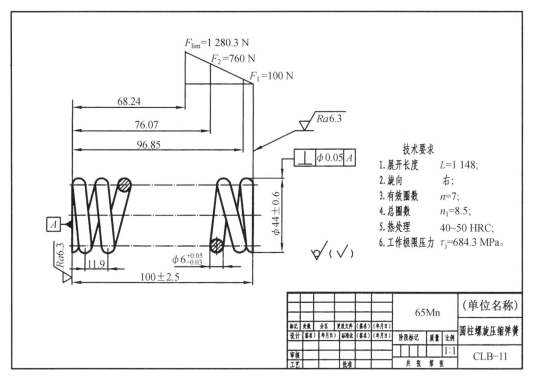

图 7.51　螺旋压缩弹簧的零件图

⚙ 思政元素

一颗小小的螺丝钉,虽然小却保证了整个机械的平稳运行。小人物也有大作用、大作为,在今后的学习和工作中,要做好自身的本职工作,坚守好自己所在的岗位,为国家的建设和社会的发展,贡献出自身的不可替代的力量。

第 8 章

零件图

⚙ 本章导读

表达单个零件的结构形状、尺寸大小及技术要求等内容的图样,称为零件图。它是设计部门提交给生产部门的重要技术文件。它要反映出设计者的意图,表达出机器(或部件)对零件的要求,同时要考虑到结构和制造的可能性与合理性,是制造和检验零件的依据。如图8.1所示的齿轮油泵,主要由泵体、泵盖、齿轮、泵轴、螺钉、垫片、压盖螺母和销等零件组成。这些零件中,如螺钉、销和螺母属于标准件,由于它们的结构、尺寸都已标准化,可查阅相关国家标准来确定,故通常不画其零件图。齿轮属于常用件,其部分结构标准化,并有规定的画法,但有些要素尚未完全标准化,所以也要画出其零件图。其余零件的结构尺寸都是专门为该机器设计的,这样的零件通常被称为一般零件。一般零件必须画出零件图以供制造、维护等。

本章将介绍零件图的内容、绘制及识读零件图。

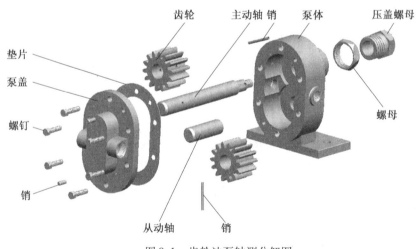

图8.1 齿轮油泵轴测分解图

⚙ 素质目标

(1)树立爱党爱国的坚定信念,培养社会责任感和使命感。

(2)关注行业发展,增强民族自豪感和科技自信心。

(3)培养精益求精、科学严谨、追求卓越的工匠精神。

⚙ 学习目标

(1)了解零件图的作用和内容,掌握零件图的视图选择和尺寸标注。

(2)了解零件图中的技术要求和常见工艺结构。

(3)熟悉零件图的绘制步骤,掌握典型零件分析及零件图识读的方法。

8.1 零件图的内容

要制造机器或部件,就必须先按照要求生产出零件。生产和检验零件所依据的零件图,其主要内容包括以下四类,如图 8.2 所示。

1.一组视图

用机件的各种表达方法(包括视图、剖视图、断面图、局部放大图等)正确、完整、清晰、合理地表达零件的内、外结构形状。

2.全部尺寸

表达零件在生产、检验时所需的全部尺寸,尺寸的标注要做到正确、完整、清晰、合理。

3.技术要求

用一些规定的符号、数字、字母和文字注解,简明、准确地给出零件在使用、制造和检验时应达到的一些技术要求(包括表面粗糙度、尺寸公差、几何公差、表面处理和材料热处理的要求等)。

4.标题栏

标题栏中应填写零件的名称、代号、材料、数量、比例、单位名称、设计、制图和审核人员的签名和日期等。

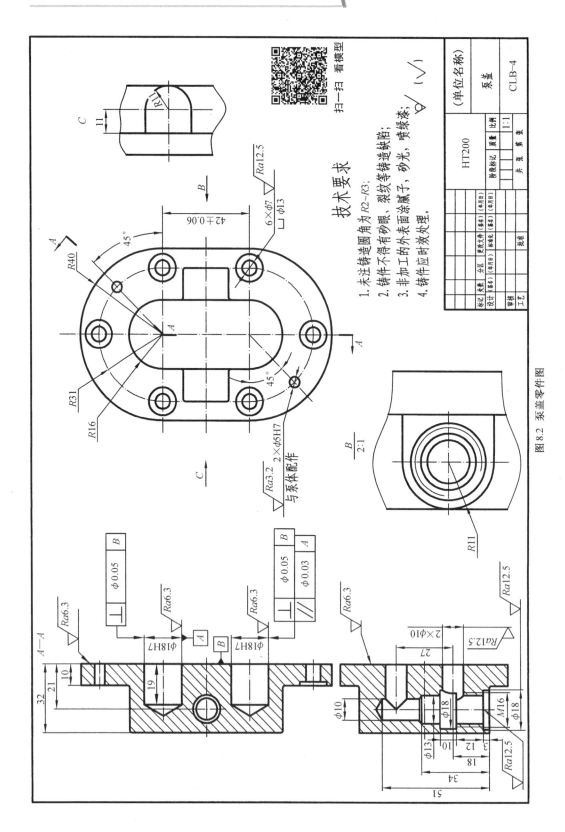

图 8.2 泵盖零件图

8.2　零件图的视图选择和尺寸标注

零件图中选用的一组视图,应能完整、清晰地表达零件的内、外结构形状,并要考虑画图、读图方便。要达到上述要求,就必须对零件的结构特点进行分析,恰当地选取一组视图。包括主视图和其他视图的配备。

8.2.1　零件图的视图选择

1. 主视图的选择

主视图是表达零件最主要的视图,应尽可能多地表达出零件的主要结构形状特征,并应符合设计和工艺要求。主视图选择应考虑以下两点:

(1)主视图的投射方向。

把反映零件结构形状及其相对位置关系明显的方向,即形体特征最多的方向作为主视图的投射方向,这个原则被称为形体特征原则。如图 8.3(a)所示,选 B 向(图 8.3(b))作主视图比 A 向(图 8.3(c))好。

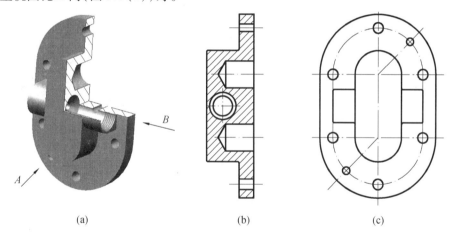

(a)	(b)	(c)

图 8.3　泵盖的主视图选择

(2)零件的安放位置。

在选主视图时,应尽可能符合它的设计(工作)位置和工艺(加工)位置。如图 8.3(b)所示的方向就符合了泵体的工作位置和主要加工位置。

当不能同时满足上述两点要求时,根据零件的具体情况可灵活地重视其一。

2. 其他视图的选择

主视图确定后,其他视图应视零件的结构特征灵活选择。第 6 章中的机件常用表达方法都可以应用到任何一个视图之中。

选择其他视图的原则是:在表达清晰的前提下,应使所选视图数量最少;各视图表达的内容重点突出;简明易懂。同时,对在标注尺寸后已表达清楚的结构,尽量不再用视图重复表达。

8.2.2 零件图的尺寸标注

1. 正确选择尺寸基准

在零件图中,除了应用一组视图表达清楚零件结构形状外,还必须标注全部尺寸,以确定各部分结构的大小及其相对位置。标注尺寸除了满足第 1 章中的要求(正确、完整、清晰)之外,重点应考虑设计和工艺要求,尽可能合理地标注尺寸。为此,必须正确选择标注尺寸的起点,即尺寸基准。根据作用不同,基准分以下两类:

(1)设计基准。

设计基准是在设计零件时,保证功能、确定结构形状和相对位置时所选的基准。用来作为设计基准的,大多是工作时确定零件在机器或机构中位置的点、线、面。如图 8.4(a)所示,Ⅰ、Ⅱ、Ⅲ 表面的设计基准是轴线。

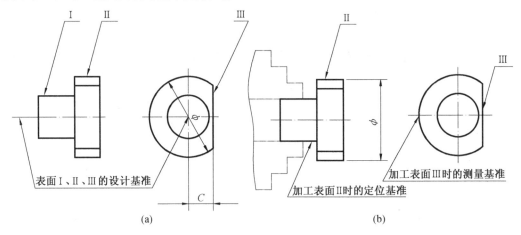

图 8.4　基准的分类

(2)工艺基准。

工艺基准指加工零件时,为保证加工精度和方便加工与测量而选用的基准。用来作为工艺基准的,大多是加工时用作零件定位的和对刀起点及测量起点的点、线、面。它又可细分为定位基准和测量基准,如图 8.4(b)所示,表面 Ⅰ 是加工表面 Ⅱ 时的定位基准,表面 Ⅱ 的转向轮廓线是加工表面 Ⅲ 时的测量基准。

从设计基准出发标注尺寸,其优点是标注的尺寸反映了设计要求,保证了零件的使用功能。从工艺基准出发标注尺寸,其优点是标注的尺寸反映了工艺要求,便于制造、加工和测量。实际标注时最好把设计基准和工艺基准统一起来,如果不能统一,首先应考虑保证设计要求。

2. 尺寸标注的形式

根据零件的结构特点及其在机器中的不同作用,零件图中的尺寸标注通常采用以下三种形式。

(1)链状法。

链状法指零件图上同一方向的尺寸首尾相接,前者的终端为后一尺寸的基准,如

图 8.5(a)所示。这种形式适应于同一零件上系列孔的中心距要求较严时的尺寸标注。

（2）坐标法。

坐标法指零件图上同一方向的尺寸从同一基准出发(图 8.5(b))。当需要按选定的基准决定一组精确尺寸时,常采用这种形式。

（3）综合法。

综合法指前两种形式的综合应用(图 8.5(c))。这种标注形式兼有上述两种标注形式的优点,得到广泛应用。

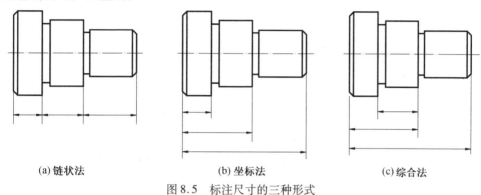

(a)链状法　　　　　　(b) 坐标法　　　　　　(c)综合法

图 8.5　标注尺寸的三种形式

3. 重要尺寸和一般尺寸

（1）重要尺寸。

影响到机器或部件的工作性能、工作精度,以及确定零件位置和有配合关系的尺寸,均是重要尺寸。如图 8.6 中的 $\phi6_{-0.012}^{-0.005}$、$\phi10_{-0.01}^{0}$、$\phi8_{-0.02}^{-0.01}$、12 ± 0.12。

（2）一般尺寸。

不影响机器或部件的工作性能和工作精度或结构上无配合和定位要求的尺寸,均属一般尺寸。如图 8.6 中的 $\phi14$、25、6、$C2$、1×0.5 均属一般尺寸。

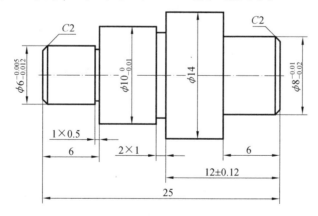

图 8.6　重要尺寸和一般尺寸

4. 标注尺寸的基本原则

(1)考虑设计要求。

①合理选择基准。如图 8.7(a)所示,其轴向设计基准为左轴肩(因工作时以其定

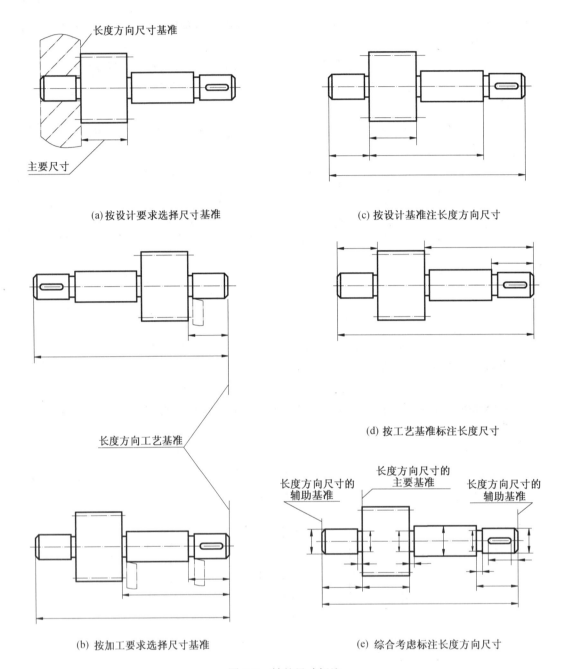

图 8.7 轴的尺寸标注

位)。但如果轴向尺寸都以其为起点标注尺寸,对加工、测量都不方便。因此,可把设计基准作为主要基准,把紧连着的小轴端面作为辅助基准(工艺基准),以此为基准便于加工、测量。值得注意的是,主要和辅助基准间必须通过一个尺寸联系在一起。其他尺寸都可以从该基准出发进行标注,辅助基准可选择一个或几个,如图 8.7(b)所示轴的两个端面都可以作为辅助基准。

②重要尺寸必须从基准直接注出。零件上的重要尺寸通常是指有装配要求、配合要求、精度要求、性能或形状要求等尺寸,由于存在加工误差,为使重要尺寸不受其他尺寸的影响,应在零件图中把重要的尺寸直接注出,如图 8.7(a)所示齿轮的长度尺寸。

③ 不要注成封闭尺寸链,要留开口环。封闭尺寸链是由首尾相接,绕成一整圈的一组尺寸。每个尺寸是尺寸链的一环(图 8.8(a))。这样标注尺寸加工时难以保证设计要求,因此,在实际标注时一般在尺寸链中选择一个不重要的环不注尺寸,这个环称作开口环(图 8.8(b))。开口环的误差是其他各环的误差之和,对设计要求没影响。有时为了作为设计时参考,也可注成封闭尺寸链,把开口环的尺寸用圆括号括起来,作为参考尺寸(图 8.8(c))。

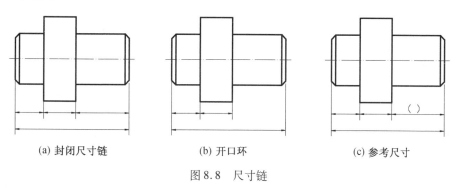

(a) 封闭尺寸链   (b) 开口环   (c) 参考尺寸

图 8.8 尺寸链

(2) 考虑工艺要求。

①尽量符合加工顺序。按加工顺序标注尺寸,符合加工过程,便于加工和测量(图 8.7(d))。标注尺寸时,一般把重要尺寸(功能尺寸)按设计要求直接注出,一般尺寸都按加工顺序标注,如图 8.7(e)所示。

②应考虑测量方便。标注尺寸时,有些尺寸的标注对设计要求影响不大时,应考虑测量方便。如图 8.9、图 8.10 所示。

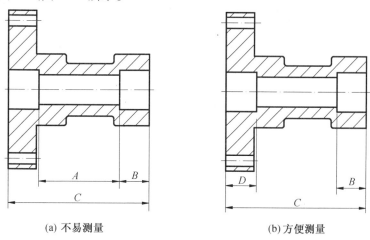

(a) 不易测量   (b) 方便测量

图 8.9 考虑测量方便(一)

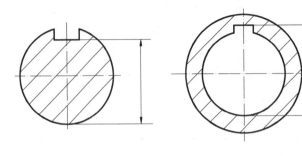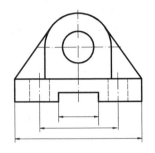

(a) 方便测量

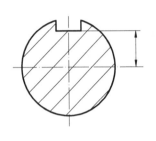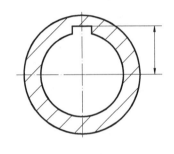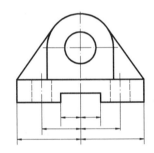

(b) 不易测量

图 8.10　考虑测量方便(二)

8.3　零件图中的技术要求

技术要求是指零件在加工制造及检验时应达到的一些技术指标。

8.3.1　技术要求的内容

(1)表面结构；

(2)尺寸公差；

(3)几何公差；

(4)材料及其热处理和表面处理。

8.3.2　表面结构的表示法

1.表面粗糙度的概念

表面结构参数分为三类，即三种轮廓(R、W、P)，R 轮廓采用的是粗糙度参数；W 轮廓采用的是波纹度参数；P 轮廓采用的是原始轮廓参数。评定零件表面质量最常用的是 R 轮廓，用粗糙度参数表示。不论采用何种加工方法所获得的零件表面，都不是绝对平整和光滑的，放在放大镜下面观察，都可以看到峰谷高低不平的情况，如图 8.11 所示。因此，把加工表面上具有较小间距和峰谷所组成的微观几何形状特征，称为表面粗糙度。它与加工方法和其他因素有关,对零件的使用性能产生影响,是评定零件表面质量的一项重要指标。

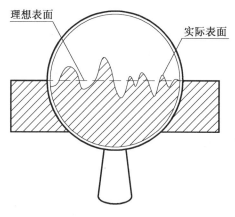

图 8.11　表面粗糙度

2. 评定表面粗糙度的参数

通常用以评定零件表面粗糙度的参数有:轮廓算术平均偏差 Ra 和轮廓最大高度 Rz。但最常用的是 Ra,Ra 是指在取样长度范围内,被测轮廓上各点至基准线距离的算术平均值(图 8.12),可用下式表示:

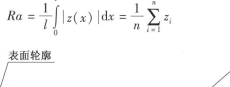

$$Ra = \frac{1}{l}\int_0^l |z(x)|\,\mathrm{d}x = \frac{1}{n}\sum_{i=1}^n z_i$$

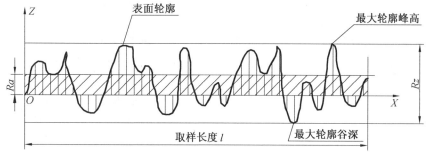

图 8.12　轮廓算术平均偏差 Ra 和轮廓最大高度 Rz

一般来说,Ra 要求越高,寿命越长,但加工成本也高。所以选用时要注意在保证使用功能的前提下,考虑经济性,合理确定 Ra 值,表 8.1 为 Ra 优先选用的系列值。

选用时可以参照类似的零件图,用类比法确定。值得注意的是:有相对运动的表面比没相对运动的表面要求高,即 Ra 值小;工作面比非工作面要求高。表 8.2 是 Ra 值选取的应用举例,可供参考。

表 8.1   轮廓算术平均偏差 Ra 值系列

第一系列	第二系列	第一系列	第二系列	第一系列	第二系列	第一系列	第二系列
	0.008						
	0.010		0.125				
0.012			0.160		1.25		16.0
	0.016					12.5	20
0.025	0.020		0.25	1.60	2.0		
		0.20	0.32		2.5	25	32
0.050	0.032			3.2	5.0	50	40
	0.040	0.40	0.63				
0.100			1.00	6.3	8.0	100	63
	0.063	0.80			10.0		80
	0.080						

注:优先选用第一系列值。

表 8.2   表面粗糙度 Ra 值应用举例

$Ra/\mu m$	表 面 特 征	主 要 加 工 方 法	应 用 举 例
40 ~ 80	明显可见刀痕	粗车、粗铣、粗刨、钻、粗纹锉刀和粗砂轮加工	粗糙度最低的加工面,一般很少应用
20 ~ 40	可见刀痕		
10 ~ 20	微见刀痕	精车、刨、立铣、平铣、钻等	不接触表面、不重要的接触面,如螺钉孔、倒角、机座底面等
5 ~ 10	可见加工痕迹	粗车、精铣、精刨、绞、镗、精磨等	没有相对运动的零件接触面,如箱、盖、套筒要求紧贴的表面、键和键槽工作表面;相对运动速度不高的接触面,如支架孔、衬套、带轮轴孔的工作表面等
2.5 ~ 5	微见加工痕迹		
1.25 ~ 2.5	看不见加工痕迹		
0.63 ~ 1.25	可辨加工痕迹方向	精车、精铰、精拉、精镗、精磨等	要求很好配合的接触面,如与滚动轴承配合的表面、销孔等;相对运动速度较高的接触面,如滑动轴承的配合表面、齿轮的工作表面等
0.32 ~ 0.63	微辨加工痕迹方向		
0.16 ~ 0.32	不可辨加工痕迹方向		
0.08 ~ 0.16	暗光泽面	研磨、抛光、超级精细研磨等	精密量具的表面、极重要零件的摩擦面,如汽缸的内表面、精密机床的主轴颈、坐标镗床的主轴颈等
0.04 ~ 0.08	亮光泽面		
0.02 ~ 0.04	镜状光泽面		
0.01 ~ 0.02	雾状光泽面		
≤0.01	镜面		

3. 表面结构符号的表示

表 8.3 列出了表面结构的基本图形符号和完整图形符号。

表 8.3 表面结构符号

符号画法	符号	意义及说明
		基本图形符号,未指定工艺方法的表面,当通过一个注释解释时可单独使用
		扩展图形符号,用去除材料方法获得的表面,仅当其含义是"被加工表面"可单独使用
		扩展图形符号,不去除材料的表面,也可用于表示保持上道工序形成的表面,不管这种状况是通过去除材料或不去除材料形成的
		完整图形符号,在以上各种符号的长边上加一横线,以便注写对表面结构的各种要求

符号的各部分尺寸与字体大小有关,并有多种规格,如表 8.4 所示。

表 8.4 图形符号和附加标注的尺寸   mm

数字和字母高度 h (见 GB/T 14690—1993)	2.5	3.5	5	7	10	14	20
符号的线宽 d'	0.25	0.35	0.5	0.7	1	1.4	2
字母线宽 d	0.25	0.35	0.5	0.7	1	1.4	2
高度 H_1	3.5	5	7	10	14	20	28
高度 H_2	7.5	10.5	15	21	30	42	60

在完整符号中,对表面结构的单一要求和补充要求,应注写在图 8.13 所示的指定位置。

位置 a 和 b——注写符号所指表面的表面结构评定要求;

位置 c——注写符号所指表面的加工方法,如车、磨、镀等;

位置 d——注写符号所指表面的表面纹理和纹理方向的要求,如"="""x""M";

位置 e——注写位置符号所指表面的加工余量,以 mm 为单位给出数值。

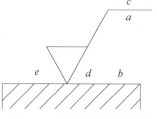

图 8.13 补充要求注写位置

表 8.5 列出了几种表面结构代号和符号及说明。

4. 表面结构要求在图样中的标注

表面结构在图样中标注的基本原则如下:

(1)表面结构要求对每一表面一般只标注一次,并尽可能注在相应的尺寸及其公差的同一视图上,除非另有说明。所标注的表面结构要求是对完工零件表面的要求。

(2)表面结构的注写和读取方向与尺寸的注写和读取方向一致。表面结构要求,可标注在轮廓线上,其符号应从材料外指向零件表面并与之接触。见表 8.6 图例 1,必要时,表面结构符号也可用带箭头或黑点的指引线引出标注,见表 8.6 图例 2。

(3)在不致引起误解时,表面结构要求可以标注在给定的尺寸上,见表 8.6 图例 3。

(4)表面结构要求可标注在几何公差框格的上方,见表 8.6 图例 4。

表 8.5　Ra 值在代号中的标注　　　　　　　　　　　　　　　　　　　　　　μm

序号	符　号	意　义　及　说　明
1	$\sqrt{Ra\,1.6}$	表示去除材料,单向上限值,默认传输带,R 轮廓,算数平均偏差 1.6 μm,评定长度为 5 个取样长度(默认),"16% 规则"(默认)
2	$\sqrt{Rz\,\max 3.2}$	表示去除材料,单向上限值,默认传输带,R 轮廓,粗糙度最大高度的最大值 3.2 μm,评定长度为 5 个取样长度(默认),"最大规则"
3	$\sqrt{\dfrac{URa\,\max 3.2}{LRa\,0.8}}$	表示不允许去除材料,双向极限值,两极限值均使用默认传输带,R 轮廓,上限值;算数平均偏差 3.2 μm,评定长度为 5 个取样长度(默认),"最大规则";下限值;算术平均偏差 0.8 μm,评定长度为 5 个取样长度(默认),"16% 规则"(默认)
4	$\sqrt{0.8{-}25/Wz3\;10}$	表示去除材料,单向上限值,传输带 0.8 ~ 25 mm,W 轮廓,波纹度最大高度 10 μm,评定长度包含 3 个取样长度,"16% 规则"(默认)

（5）表面结构要求可标注在圆柱特征视图的延长线上,见表 8.6 图例 5、6。

（6）表面结构要求的简化注法,见表 8.6 图例 7、8。

（7）两种或多种工艺获得的同一表面的注法,见表 8.6 图例 9。

表 8.6　表面结构要求在图样中的标注示例

序号	图　　　例	说　　明
1		①表面结构要求可标注在轮廓线上,其符号应从材料外指向并接触表面 ②表面结构的注写和读取方向与尺寸的注写和读取方向一致
2		表面结构符号也可用带箭头或黑点的指引线引出标注
3		在不致引起误解时,表面结构要求可以标注在给定的尺寸线上

续表 8.6

序号	图　　　例	说　　　明
4	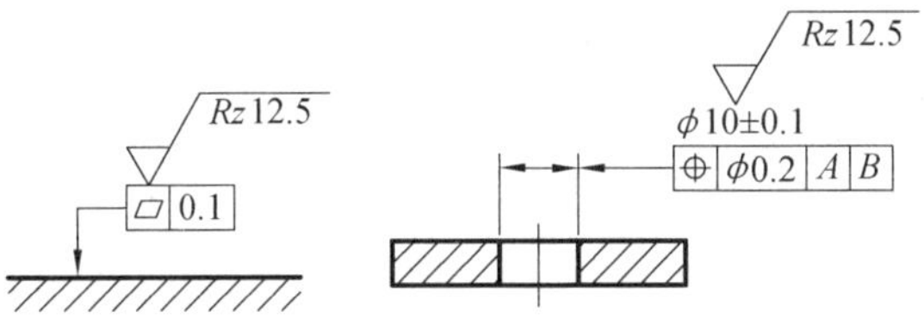	表面结构要求,可以标注在几何公差框格的上方
5	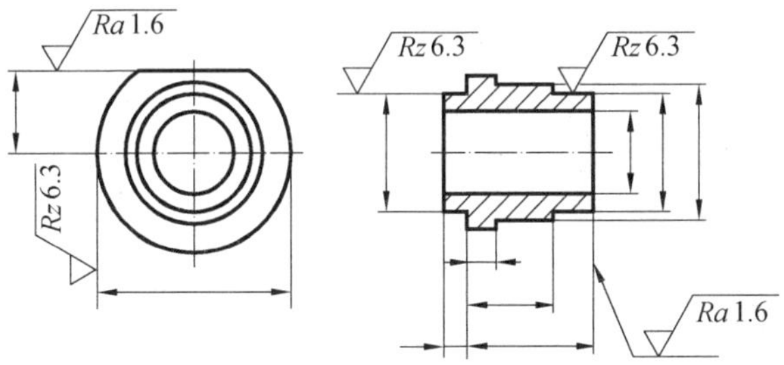	表面结构要求标注在圆柱特征的延长线上
6	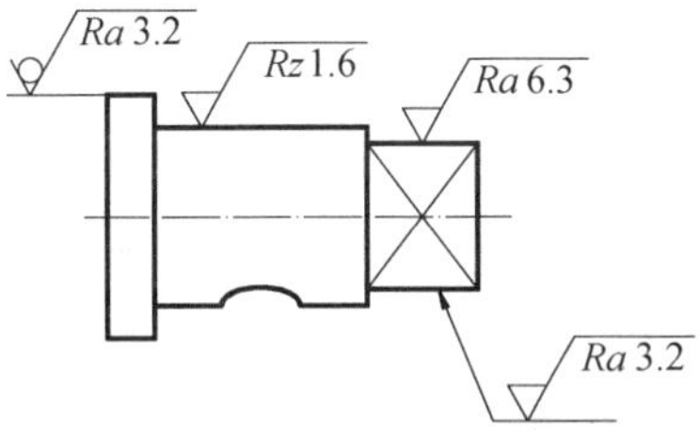	①圆柱和棱柱的表面结构均要标注在各自的位置 ②棱面的表面结构有不同要求时,则应分别单独标注,如图形右端上、下面
7	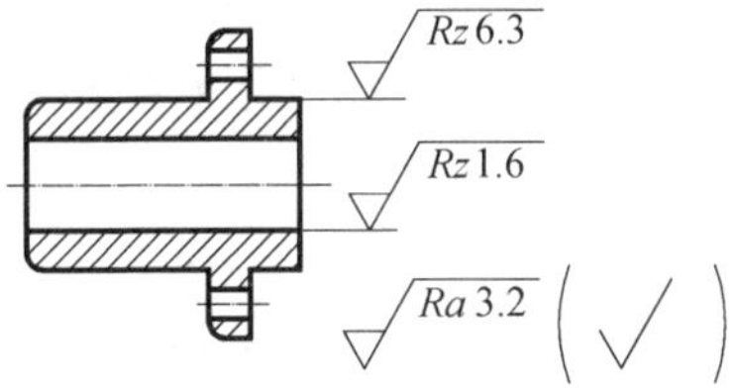 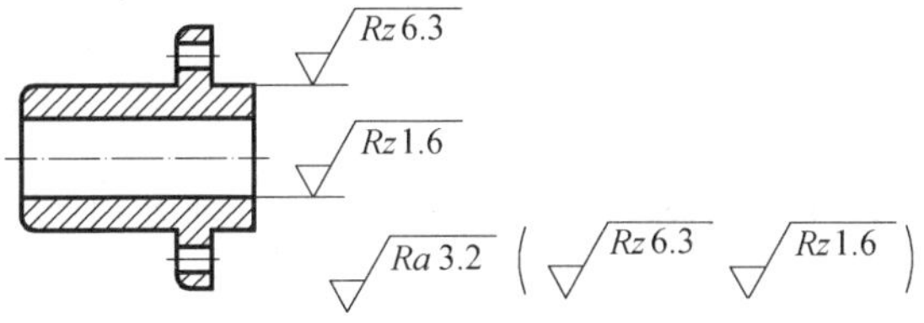	如果在工件的多数(包括全部)表面有相同的表面结构要求,则其表面结构要求可统一标注在图样的标题栏附近。而且表面结构要求的符号后面加圆括号,圆括号内给出无任何要求的基本符号或在圆括号内给出不同的表面结构要求

续表 8.6

序号	图　　例	说　　明
8	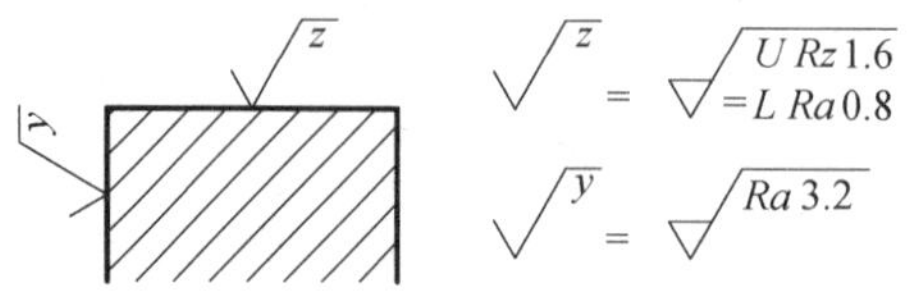	多个表面有共同要求或图纸空间有限时，可用带字母的完整符号，以等式的形式，在图形或标题栏附近，对有相同表面结构要求进行简化标注
9	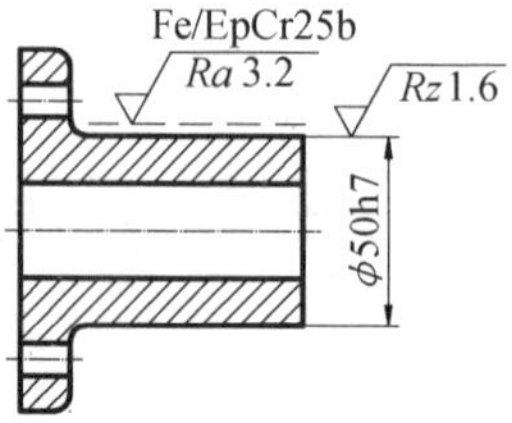	由几种不同的工艺方法获得的同一表面，当需要明确每种工艺方法的表面结构要求时，可按左图进行标注。图中：Fe—基本材料为钢；Ep—加工工艺为电镀

8.3.3　极限配合的有关术语及定义

1. 尺寸公差

在生产过程中,受各种因素的影响,例如,刀具磨损、机床振动及工人技术水平等,所加工出的零件尺寸必然存在一定的误差,为了确保产品加工的经济性,实现零件的互换,零件的每个尺寸必须规定一个允许的变动范围,这种允许尺寸的变动量称为尺寸公差。以下是有关尺寸公差的名词解释。

(1)公称尺寸。按设计要求所确定的尺寸,如图 8.14(a)中的 $\phi40$ 为公称尺寸。

(2)极限尺寸。允许尺寸变化的两个界限值。它以公称尺寸为基数来确定。

上极限尺寸:允许尺寸变化的最大值。

下极限尺寸:允许尺寸变化的最小值。

如图 8.14(a)所示,上极限尺寸为 $\phi40.01$,下极限尺寸为 $\phi39.99$,实际测得尺寸若为 $\phi40.02$,因其不在上、下极限尺寸范围内,故为不合格尺寸。

(3)尺寸偏差(简称偏差)。某一尺寸与其相应公称尺寸的代数差。偏差有正值、负值和零值。

上极限偏差:上极限尺寸减其公称尺寸。

孔的上极限偏差代号为 ES,轴的上极限偏差代号为 es,如图 8.14(a)中的上极限偏差 $ES=40.01-40=+0.01$。

下极限偏差:下极限尺寸减公称尺寸。

孔的下极限偏差代号为 EI,轴的下极限偏差代号为 ei 如图 8.14(a)中的下极限偏差

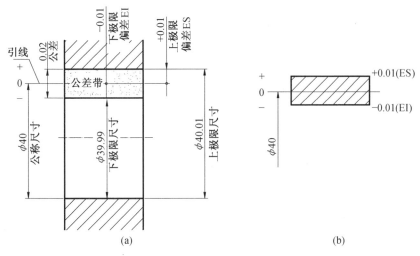

图8.14 尺寸公差的名词术语

EI=39.99−40=−0.01。

（4）尺寸公差（简称公差）。允许零件尺寸的变化量。公差等于上极限尺寸与下极限尺寸之代数差的绝对值，也等于上极限偏差与下极限偏差之代数差的绝对值。如图8.14中孔的公差=|40.01−39.99|=|+0.01−(−0.01)|=0.02。

（5）零线。偏差值为零的一条基准直线。零线常用公称尺寸的尺寸界线表示。

（6）公差带图。在零线区域内，由孔或轴的上、下极限偏差围成的方框简图。如图8.14（b）所示。

（7）尺寸公差带。在公差带图中，由代表上、下极限偏差的两条直线所限定的一个区域。

2. 标准公差与基本偏差

国家标准 GB/T 1800.2—1998 中规定，公差带是由标准公差和基本偏差组成。标准公差确定公差带的大小，基本偏差确定公差带的位置。

（1）标准公差。

由国家标准所列的，用以确定公差带大小的公差值为标准公差。标准公差用公差符号"IT"表示，分为 20 个等级 IT01、IT0、IT1、…、IT18。其中 IT 表示标准公差，数字表示公差等级。IT01 公差最小，尺寸精度最高，IT18 公差最大，尺寸精度最低。标准公差数值可在附表 31 中查得。

（2）基本偏差。

公差带图中靠近零线的那个偏差，称为基本偏差。若公差带位于零线之上，下极限偏差是它的基本偏差，若公差带位于零线之下，上极限偏差为基本偏差。另外一偏差可以根据标准公差计算或查表得到。

（3）基本偏差系列。

为了便于制造业的管理，国家标准对孔和轴各规定了 28 个基本偏差，这 28 个基本偏差就构成了基本偏差系列。基本偏差的代号用拉丁字母表示，大写字母表示孔，小写字母表示轴（图 8.15）。从图中看出孔的基本偏差从 A 到 H 为下极限偏差，从 J 到 ZC 为上极限偏差。轴的基本偏差从 a 到 h 为上极限偏差，从 j 到 zc 为下极限偏差。图中 H 和 h

的基本偏差为零,它们分别代表基准孔和基准轴。JS(js)对称于零线,其上极限偏差是(+IT/2);下极限偏差是(-IT/2)。数值可在附表31、附表32中查得。

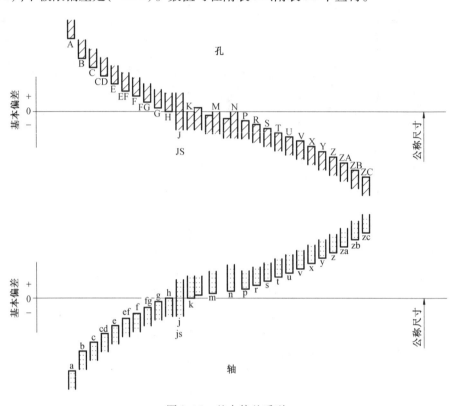

图 8.15　基本偏差系列

3. 配合

公称尺寸相同的两个互相结合的孔和轴公差带之间的关系,称为配合。根据使用要求不同,国标规定配合分三类:即间隙配合、过盈配合、过渡配合。

(1)间隙配合。

孔与轴配合时,孔的公差带在轴的公差带之上,具有间隙(包括最小间距等于零)的配合,如图8.16(a)所示。

(2)过盈配合。

孔与轴配合时,孔的公差带在轴的公差带之下,具有过盈(包括最小过盈等于零)的配合,如图8.16(b)所示。

(3)过渡配合。

孔与轴配合时,孔的公差带与轴的公差带相互交叠,可能具有间隙或过盈的配合,如图8.16(c)所示。

4. 配合的基准制

国家标准规定了两种常用的基准制:

(1)基孔制。

基本偏差为一定的孔的公差带,与不同基本偏差的轴的公差带形成各种配合的一种

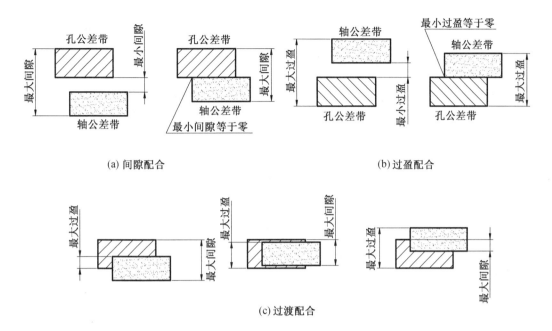

(a) 间隙配合   (b) 过盈配合

(c) 过渡配合

图 8.16 配合种类

制度,如图 8.17 所示。基孔制配合中的孔称为基准孔。基准孔的下极限偏差为零,并用代号 H 表示。

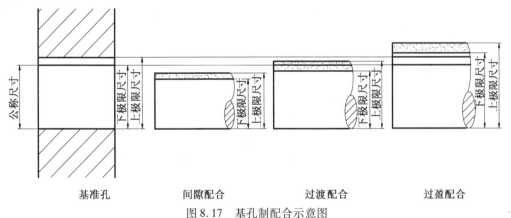

基准孔   间隙配合   过渡配合   过盈配合

图 8.17 基孔制配合示意图

(2)基轴制。

基本偏差为一定的轴的公差带,与不同基本偏差的孔的公差带形成各种配合的一种制度,如图 8.18 所示。基轴制中的轴称为基准轴,基准轴的上极限偏差为零,并用代号 h 表示。

由于孔的加工比轴的加工难度大,国家标准中规定,优先选用基孔制配合。同时,采用基孔制可以减少加工孔所需要的定值刀具的品种和数量,降低生产成本。

在基孔制中,基准孔 H 与轴配合,a～h 用于间隙配合;j～n 主要用于过渡配合;n、p、r 可能为过渡配合,也可能为过盈配合;p～zc 主要用于过盈配合。

在基轴制中,基准轴 h 与孔配合,A～H 用于间隙配合;J～N 主要用于过渡配合;N、P、R 可能为过渡配合,也可能为过盈配合;P～ZC 主要用于过盈配合。

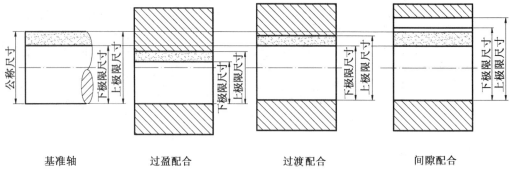

基准轴	过盈配合	过渡配合	间隙配合

图 8.18　基轴制配合示意图

5. 优先、常用配合

为了便于管理,避免和减少刃、量具的品种、规格,国家标准 GB/T 1801—1999 规定了公称尺寸至 3 150 mm 的孔、轴公差带的选择范围,并将允许选用的公称尺寸至 500 mm 的孔、轴公差带分为"优先选用""其次选用"和"最后选用"三个层次,通常将优先选用和其次选用称为常用,按该标准规定:基孔制常用配合共 59 种,其中优先配合 13 种,基轴制常用配合共 47 种,其中优先配合 13 种,表 8.7 列出了优先配合特性及应用。

表 8.7　优先配合特性及应用(GB/T 1801—2009)

配合种类	基孔制	基轴制	优先配合特性及应用
间隙配合	$\dfrac{H11}{c11}$	$\dfrac{C11}{h11}$	间隙非常大,用于很松的、转动很慢的间隙配合或要求大公差与大间隙的外露组件或要求装配方便的很松的配合
	$\dfrac{H9}{d9}$	$\dfrac{D9}{h9}$	间隙很大的自由转动配合,用于精度为非主要要求或有大的温度变动、高转速或大的轴颈压力时
	$\dfrac{H8}{f7}$	$\dfrac{F8}{h7}$	间隙不大的转动配合,用于中等转速与中等轴颈压力的精确转动,也用于装配较易的中等定位配合
	$\dfrac{H7}{g6}$	$\dfrac{G7}{h6}$	间隙很小的滑动配合,用于不希望自由转动,但可自由移动和滑动并精密定位时,也可用于要求明确的定位配合
	$\dfrac{H7}{h6}$　$\dfrac{H8}{h7}$　$\dfrac{H9}{h9}$　$\dfrac{H11}{h11}$	$\dfrac{H7}{h6}$　$\dfrac{H8}{h7}$　$\dfrac{H9}{h9}$　$\dfrac{H11}{h11}$	均为间隙定位配合,零件可自由装拆,而工作时一般相对静止不动。在最大实体条件下的间隙为零,在最小实体条件下的间隙由公差等级决定
过渡配合	$\dfrac{H7}{k6}$	$\dfrac{K7}{h6}$	过渡配合,用于精密定位
过盈配合	$\dfrac{H7}{n6}$	$\dfrac{N7}{h6}$	过盈配合,允许有较大过盈的更精密定位
	$\dfrac{H7}{p6}$	$\dfrac{P7}{h6}$	过盈定位配合,即小过盈配合,用于定位精度特别重要时,能以最高的定位精度达到部件的刚性及对中性要求,而对内孔承受压力无特殊要求,不依靠配合的紧固性传递摩擦负荷
	$\dfrac{H7}{s6}$	$\dfrac{S7}{h6}$	中等压入配合,适用于一般钢件,或用于薄壁件的冷缩配合,用于铸铁件可得到最紧的配合
	$\dfrac{H7}{u6}$	$\dfrac{U7}{h6}$	压入配合,适用于可以承受大压力的零件或不宜承受大压力的冷缩配合

6. 极限与配合的标注

（1）零件图中的尺寸标注。

在零件图上标注尺寸时，凡具有配合要求的尺寸，需标注尺寸公差带，有三种形式：

①大批量生产时，一般只注公差带代号（由表示轴或孔基本偏差代号与标准公差等级组成）。如图 8.19（a）中 $\phi 36H7$。

②小批量生产时，一般只注上、下极限偏差值，上、下极限偏差数字的字体比公称尺寸数字的字体小一号，且下极限偏差的数字与公称尺寸数字在同一水平线上，如图 8.19（b）中 $\phi 36^{+0.042}_{+0.026}$ 和 $\phi 28^{+0.053}_{+0.020}$。

③不定量生产时，一般既注公差代号，又注尺寸上、下极限偏差值，如图 8.19（c）所示。

（2）装配图中配合代号的标注。

在装配图中，配合代号由两个相互结合的孔和轴的公差代号组成，用分数形式表示。分子为孔的公差带代号，分母为轴的公差带代号，在分数形式前注写公称尺寸（图 8.19（d））。

$\phi 36\dfrac{H7}{p6}$——公称尺寸为 36，7 级基准孔与 6 级 p 轴的过盈配合。

$\phi 28\dfrac{F8}{h7}$——公称尺寸为 28，7 级基准轴与 8 级 F 孔的间隙配合。

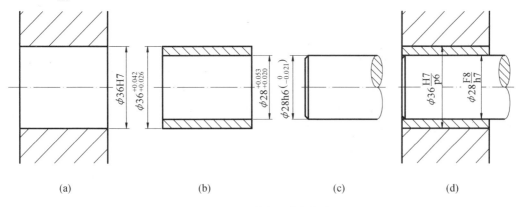

图 8.19　极限与配合的标注

7. 查表举例

例 8.1　查表写出 $\phi 40H7/k6$ 的极限偏差值。

解　查附表 33，公称尺寸在 >30~50 行中查 H7，得（$^{+0.025}_{0}$）mm；查附表 32，公称尺寸在 >30~40 行中查 k6，得（$^{+0.018}_{+0.002}$）mm，因此，得孔的极限偏差为 $\phi 40^{+0.025}_{0}$；轴的极限偏差为 $\phi 40^{+0.018}_{+0.002}$。

8.3.4　几何公差简介

零件在加工过程中，不仅在尺寸方面存在加工误差，零件形状和位置亦存在误差。例如，要加工一个圆柱体，理想的圆柱母线是直线，但是由于存在加工误差，因此实际加工出的圆柱母线并非完全是理想状态。又如要加工一个阶梯轴,理想状态是各段圆柱体同轴,但实际加工出的阶梯轴的轴线并非如此。零件的实际形状和位置,相对于理想形状和位置的允许变动量,称为几何公差。几何公差各项目名称和符号详见表8.8。

表8.8　几何公差各项目的名称和符号

分类	名称	符号	分类		名称	符号
形状公差	直线度	—	位置公差	定向	平行度	//
	平面度	▱			垂直度	⊥
	圆度	○			倾斜度	∠
	圆柱度	⌀		定位	同轴度	◎
	线轮廓度	⌒			对称度	=
					位置度	⊕
	面轮廓度	⌒		跳动	圆跳动	/
					全跳动	⫽

　　为了满足零件在机器中使用的要求,对于零件上的一些重要表面(精度要求高的表面),不仅要通过标注尺寸公差对尺寸精度提出要求,必要时还要通过标注几何公差,对其形状和位置精度提出要求。标注几何公差时,应用框格标注。

　　(1)公差框格用细实线画出,可画成水平的或垂直的,框格高度是图样中尺寸数字高度的二倍,框格总长度视需要而定。框格中的数字、字母和符号与图样中的数字等高。图8.20给出了几何公差的框格形式。

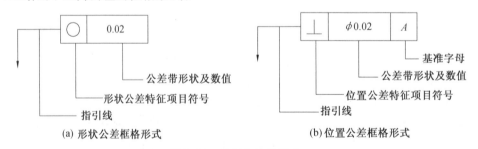

(a) 形状公差框格形式　　　　　　　　(b) 位置公差框格形式

图8.20　几何公差的形式

　　(2)用带箭头的指引线将被测要素与公差框格一端相连,指引线箭头应指向公差带的宽度方向或直径方向。指引线箭头所指部位,可有:

　　① 当被测要素为素线或表面时,指引线箭头应指在该要素的轮廓线或其引出线上,并应明显地与尺寸线错开,如图8.21(a)所示。

② 当被测要素为轴线、球心或对称平面时,指引线箭头应该与该要素的尺寸线对齐,如图 8.21(b)所示。此时不允许直接指在轴线或对称线上。

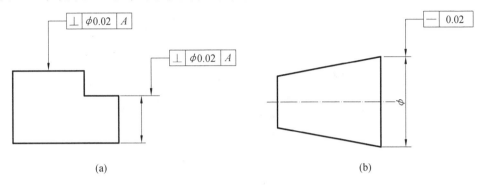

图 8.21 指引线箭头部位

(3)基准要素要用基准符号标注,如图 8.22 所示。与被测要素相关的基准用一个大写字母表示。字母标注在基准方格内,与一个涂黑或空白的三角形相连以表示基准。正方形线框与涂黑或空白的三角形间的连线用细实线绘制,且要与基准要素垂直。基准符号尺寸及画法如图 8.22 所示,基准符号所接触的部位,可有:

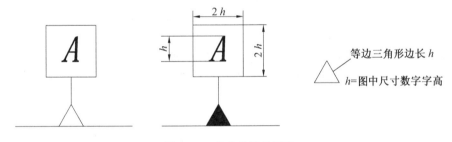

图 8.22 基准符号的画法

① 当基准要素为素线或表面时,基准符号应接触该要素的轮廓或其延长线(细实线),并应明显地与尺寸线箭头错开,如图 8.23(a)所示。

② 当基准线要素为轴线、球心或对称平面时,基准符号应与该要素的尺寸线对齐,如图 8.23(b)所示。

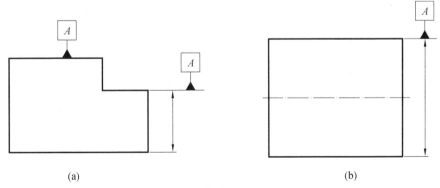

图 8.23 基准符号的标注

几何公差的标注示例如图 8.24 所示。

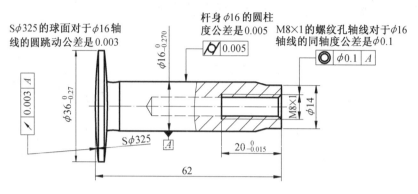

图 8.24　几何公差的标注示例

8.4　零件上常见工艺性结构及尺寸标注

零件的结构形状不仅要满足零件在机器中的使用功能要求,即设计要求,而且要考虑零件加工制造的要求,即工艺性要求。下面介绍零件的一些常见的工艺性结构。

8.4.1　铸造零件的工艺性结构

常见的铸造零件(铸件)的工艺性结构如表 8.9 所示。

表 8.9　常见的铸件的工艺性结构示例

名称	图　　例	说　　明
起模斜度	好　　　　不好	在铸件造型时为了便于起出模,在木模内、外壁沿起模方向做成 1:10~1:20 的斜度,称为起模斜度。在画零件图时,起模斜度可不画出、不标注,必要时在技术要求中用中文加以说明
铸造圆角	好　　　　不好	为了便于铸件造型时,防止铁水冲坏转角处,冷却时产生缩孔和裂纹,将铸件的转角处制成圆角,这种圆角称为铸造圆角,如图所示。画图时应注意毛坯面的转角处都应有圆角;若为加工面,由于圆角被加工掉画成尖角,如图中底平面与左右侧面过渡为尖角

续表8.9

名称	图 例	说 明
铸造壁厚	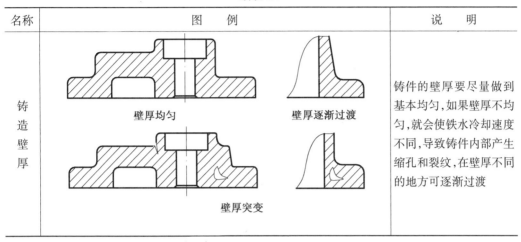 壁厚均匀　壁厚逐渐过渡　壁厚突变	铸件的壁厚要尽量做到基本均匀,如果壁厚不均匀,就会使铁水冷却速度不同,导致铸件内部产生缩孔和裂纹,在壁厚不同的地方可逐渐过渡

8.4.2　机械加工工艺性结构

通过车、铣、磨、刨或镗等去除材料的方法加工形成的表面,称为机械加工面。表8.10列举出了一些常见的机械加工工艺性结构。

表8.10　常见的机械加工工艺性结构

名称	图 例	说 明
倒角、倒圆	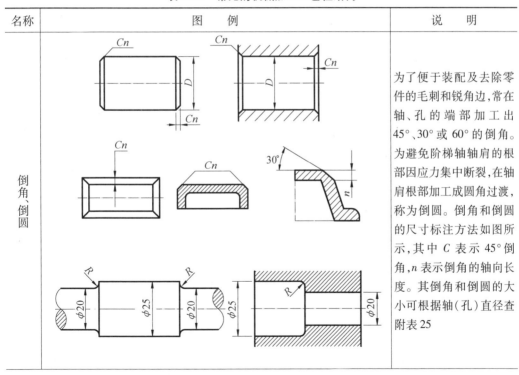	为了便于装配及去除零件的毛刺和锐角边,常在轴、孔的端部加工出45°、30°或60°的倒角。为避免阶梯轴轴肩的根部因应力集中断裂,在轴肩根部加工成圆角过渡,称为倒圆。倒角和倒圆的尺寸标注方法如图所示,其中 C 表示45°倒角,n 表示倒角的轴向长度。其倒角和倒圆的大小可根据轴(孔)直径查附表25

续表 8.10

名称	图 例	说 明
凸台与凹槽	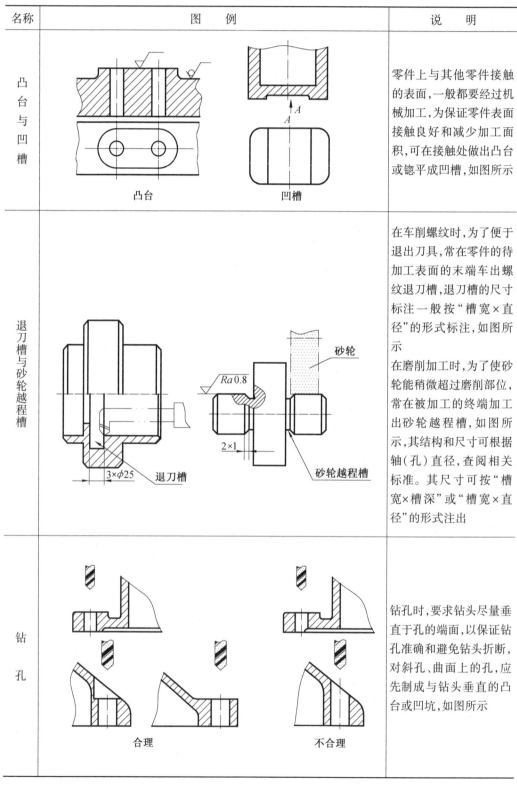 凸台　　　　凹槽	零件上与其他零件接触的表面,一般都要经过机械加工,为保证零件表面接触良好和减少加工面积,可在接触处做出凸台或锪平成凹槽,如图所示
退刀槽与砂轮越程槽	3×φ25　退刀槽　　2×1　砂轮越程槽　Ra0.8　砂轮	在车削螺纹时,为了便于退出刀具,常在零件的待加工表面的末端车出螺纹退刀槽,退刀槽的尺寸标注一般按"槽宽×直径"的形式标注,如图所示 在磨削加工时,为了使砂轮能稍微超过磨削部位,常在被加工的终端加工出砂轮越程槽,如图所示,其结构和尺寸可根据轴(孔)直径,查阅相关标准。其尺寸可按"槽宽×槽深"或"槽宽×直径"的形式注出
钻孔	合理　　　　不合理	钻孔时,要求钻头尽量垂直于孔的端面,以保证钻孔准确和避免钻头折断,对斜孔、曲面上的孔,应先制成与钻头垂直的凸台或凹坑,如图所示

8.4.3 零件上常见孔结构的尺寸标注

各种常见孔结构的尺寸标注方法如表 8.11 所示。

表 8.11 常见孔结构的尺寸标注

孔的类型	旁注法		普通注法
光孔	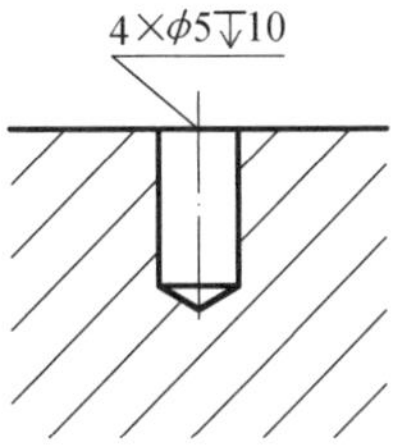 4×φ5▽10	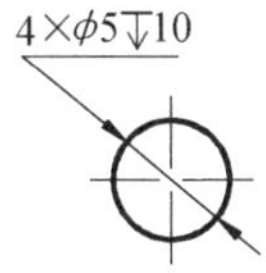 4×φ5▽10	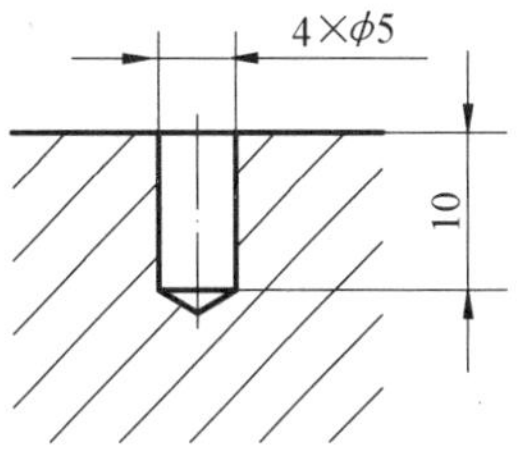 4×φ5 / 10
螺纹孔	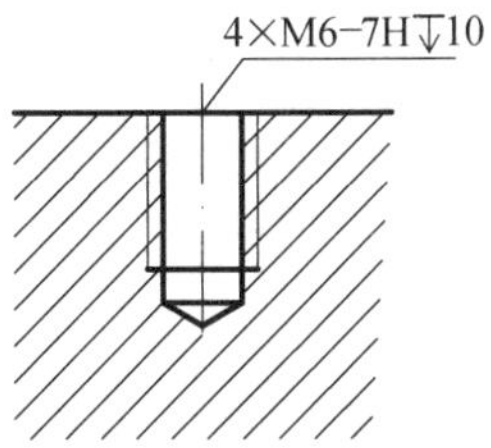 4×M6-7H▽10	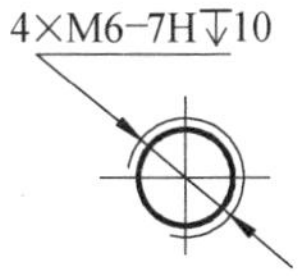 4×M6-7H▽10	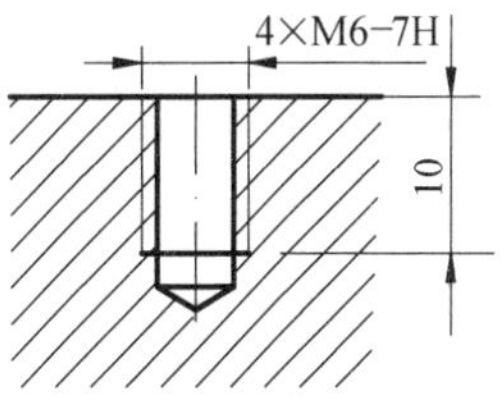 4×M6-7H / 10
锥销孔	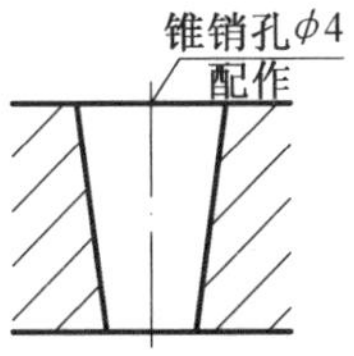 锥销孔φ4 配作	 锥销孔φ4 配作	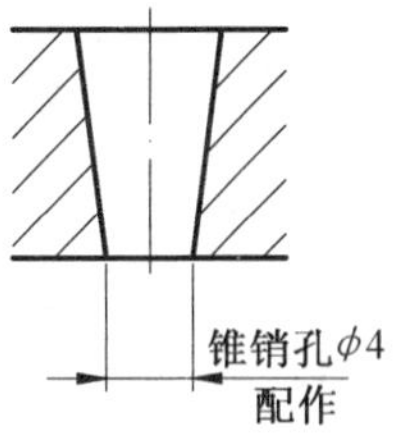 锥销孔φ4 配作
埋头孔	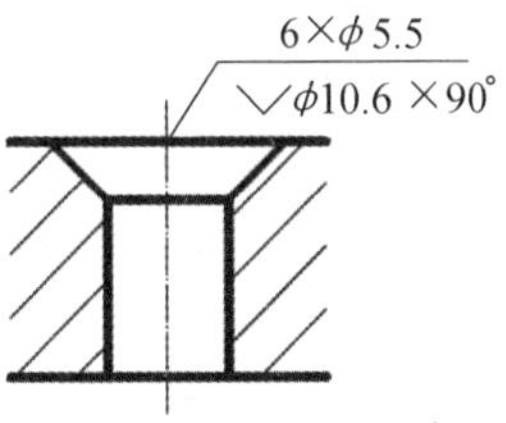 6×φ5.5 ∨φ10.6×90°	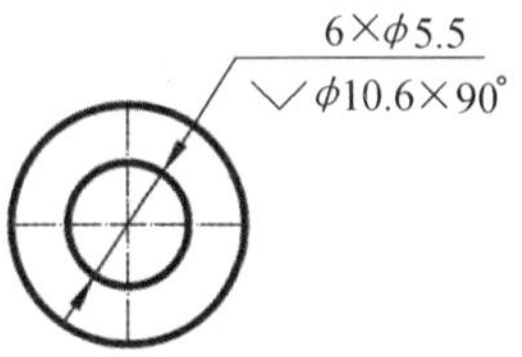 6×φ5.5 ∨φ10.6×90°	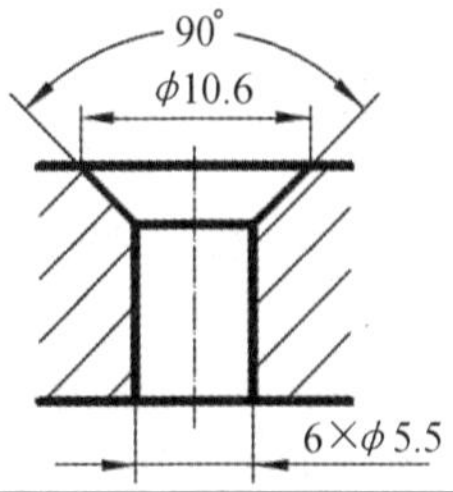 90° φ10.6 6×φ5.5
沉孔	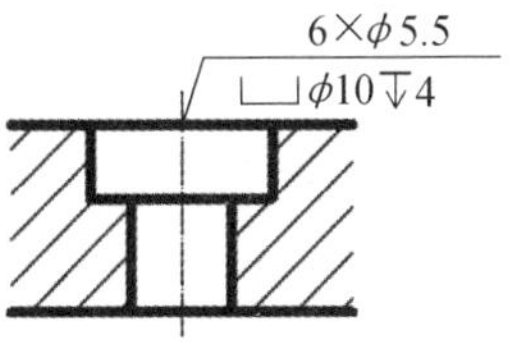 6×φ5.5 ⊔φ10▽4	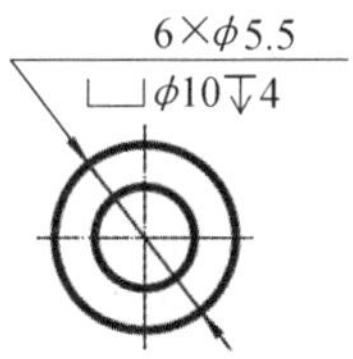 6×φ5.5 ⊔φ10▽4	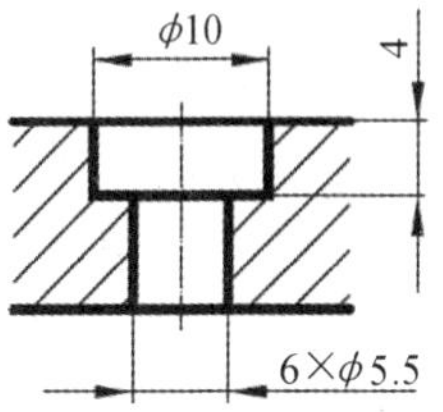 φ10 4 6×φ5.5

续表 8.11

孔的类型	旁注法		普通注法
锪平孔	$4\times\phi9$ $\sqcup\phi18$	$4\times\phi9$ $\sqcup\phi18$	$\phi18$锪平 $4\times\phi9$

8.5　读零件图

读零件图的目的是根据已给的零件图想象出零件的结构形状,弄清楚零件各部分尺寸、技术要求等内容。

8.5.1　读零件图的方法和步骤

1.概括了解

通过看标题栏了解零件的名称、材料、比例等。

2.视图分析

首先从主视图入手,确定各视图间的对应关系,并找出剖视图、断面图的剖切位置、投射方向等,然后分析各视图表达的重点。

3.形体分析

利用组合体的看图方法,进行形体分析,看懂零件的内外结构形状,这是读图的重点。

4.尺寸分析

分析零件的主要尺寸、一般尺寸、尺寸基准等。

5.技术要求分析

分析尺寸公差、几何公差、表面粗糙度及其他技术方面的要求和说明。

8.5.2　读零件图举例

现以图 8.25 说明读零件图的过程。

1.概括了解

看标题栏可知该零件的名称是泵体,属箱体类零件,材料为 HT200(灰铸铁),画图比例 1∶2,是铸件。

2.视图分析

零件表达采用了 3 个视图。主视图为全剖视图,主要表达泵体的内部结构;左视图为局部剖视图,表达泵体左侧外形以及用来与端盖连接用孔的分布情况,底板上安装孔的内部形状,C—C 全剖视图表达了底板形状及其上所带 2 个光孔的分布情况和进出油口内形。

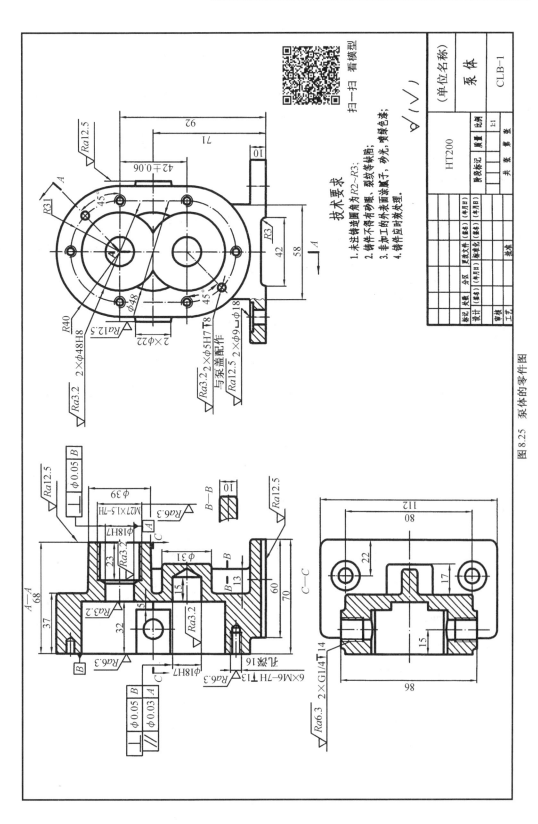

图 8.25 泵体的零件图

3. 形体分析

由视图分析知,它由上部的半圆柱体、下部的安装板和右面的凸块及肋板组成。左端有三个轴线平行的 $\phi48H8$ 的盲孔相交连成一个大的空腔,紧接右边顺次有 $\phi18H7$ 通孔和 M27 的螺纹通孔;上方的 $\phi48H8$ 盲孔与 $\phi18H7$ 通孔和 M27 螺纹通孔相接形成阶梯通孔;下方的 $\phi48H8$ 孔与 $\phi18H7$ 孔相连形成阶梯盲孔。右端有 $\phi39$ 和 $\phi31$ 凸台,前后外端面带有凸台并且其上有与内腔相通的螺纹连接孔 G1/4,左端面上还有螺纹盲孔6×M6 和 2×$\phi5$ 销孔;下部底板上有两个安装孔 2×$\phi9$。至此可大致看清泵体的内、外结构形状。

4. 尺寸分析

(1) 基准。

长度方向的主要尺寸基准是左端面,用以确定右侧凸台、左端各孔等结构的位置;宽度方向的主要尺寸基准是泵体的前后对称面,用以确定前后凸台、底板等结构的位置;高度方向基准是底板的下底面,用以确定进出油口等结构高度位置。

(2) 主要尺寸。

泵体内部的阶梯孔 $\phi48H8$、$\phi18H7$、M27、32、15、18、42,左端面上各孔的定位尺寸 45°、R31、92,底板上两个孔的定位尺寸 80、25,前后凸台及进出油口的定位尺寸 71、86、42 等。

(3) 其他尺寸。

按上述分析方法,读者可自行分析其他尺寸,读懂泵体的形状大小。

5. 技术要求分析

泵体是铸件,由毛坯到成品需经车、钻、铣、刨、磨、镗、螺纹加工等工序。尺寸公差代号是 H7、H8(数值读者可查表获得);表面粗糙度:对去除材料法加工面在 Ra(3.2 ~ 12.5),其他为非去除材料法加工的表面,表面粗糙度由铸造工艺所决定,可见要求不高;用文字叙述的技术要求有:非加工面涂漆、未注圆角等。

综上所述各项内容的分析,便可看懂泵体零件图。

8.6　典型零件图例分析

零件的形状千差万别,按功能、结构特点、视图特点综合考虑可将零件归纳为轴套类、轮盘类、叉架类和箱体类四类零件。这里对这四类零件图例从用途、表达方案、尺寸标注和技术要求等几个方面进行分析。

8.6.1　轴套类零件

1. 用途

轴一般是用来支撑传动零件和传递动力的。套一般是装在轴上,起轴向定位、传动或连接等作用。图 8.26 所示是齿轮轴零件图。

2. 表达方案

(1)轴套类零件一般在车床上加工,所以应按形状特征和加工位置确定主视图,轴线水平放置,大头在左,小头在右,键槽、孔等结构可以朝前;轴套类零件的主要结构形状是

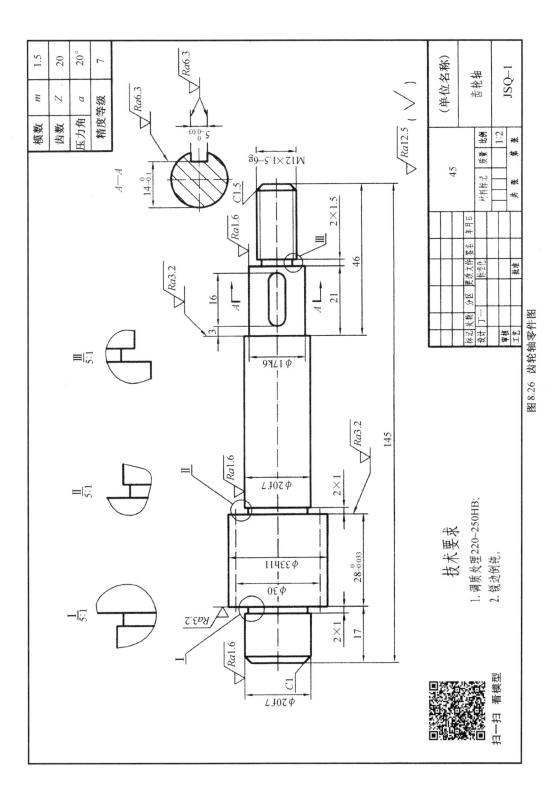

图 8.26 齿轮轴零件图

回转体,一般只需一个主视图。

(2)轴套类零件的其他结构,如键槽、螺纹退刀槽、砂轮越程槽和螺纹孔等可以用剖视、断面、局部视图和局部放大图等加以补充。对断面形状不变或按一定规律变化且较长的零件还可以采用断裂表示法。在图 8.26 中,为了表现出键槽的形状,采用移出断面图表达键槽的深度,两个砂轮越程槽和一个退刀槽采用 5∶1 的局部放大图表达。

(3)实心轴没有剖开的必要,但轴上个别的内部结构形状可以采用局部剖视。对空心套则需要剖开表达它的内部结构形状;外部结构形状简单可采用全剖视;外部较复杂则用半剖视或局部剖视;内部简单可以不剖或采用局部剖视。

3.尺寸标注

(1)它们的宽度方向和高度方向的主要基准是回转轴线,长度方向的主要基准是端面或台阶面(此例中是轴肩右端面),如图 8.26 所示。

(2)主要形体是同轴回转体组成的,因而省略了两个方向(宽度和高度)的定位尺寸。

(3)功能尺寸必须直接标注出来,其余尺寸按加工顺序标注。

(4)为了清晰和便于测量,在剖视图上,内外结构形状的尺寸分开标注。

(5)标准结构(倒角、退刀槽、键槽)较多,应按标准确定尺寸和标注。

4.技术要求

(1)有配合要求的表面,其表面粗糙度参数值较小,$\phi20f7$、$\phi17k6$ 轴段都是要和其他零件配合的表面,其表面粗糙度参数值较小。其他无配合要求表面的表面粗糙度参数值较大。

(2)有配合要求的轴颈尺寸公差等级较高、公差较小。无配合要求的轴颈尺寸公差等级低,或不需要标注。

(3)有配合要求的轴颈和重要的端面应有几何公差的要求。

8.6.2 轮盘类零件

1.用途

轮盘类零件(图 8.27)可包括手轮、胶带轮、端盖、盘座等。轮一般用来传递动力和扭矩,盘主要起支撑、轴向定位及密封等作用。

2.表达方案

(1)轮盘类零件主要是在车床上加工,所以应按形状特征和加工位置选择主视图,轴线水平放置;对有些不以车床加工为主的零件可按形状特征和工作位置确定。

(2)轮盘类零件一般需要两个主要视图。图 8.27 主视图采用全剖视图,左视图采用基本视图表达。

(3)轮盘类零件的其他结构形状,如轮辐可用移出断面或重合断面表示。

(4)根据轮盘类零件的结构特点(空心的),各个视图具有对称平面时,可作半剖视图,无对称平面时或外形简单的对称件,可作全剖视图。

3.尺寸标注

(1)它们的宽度和高度方向的主要基准也是回转轴线,长度方向的主要基准是经过加工的左端止口。

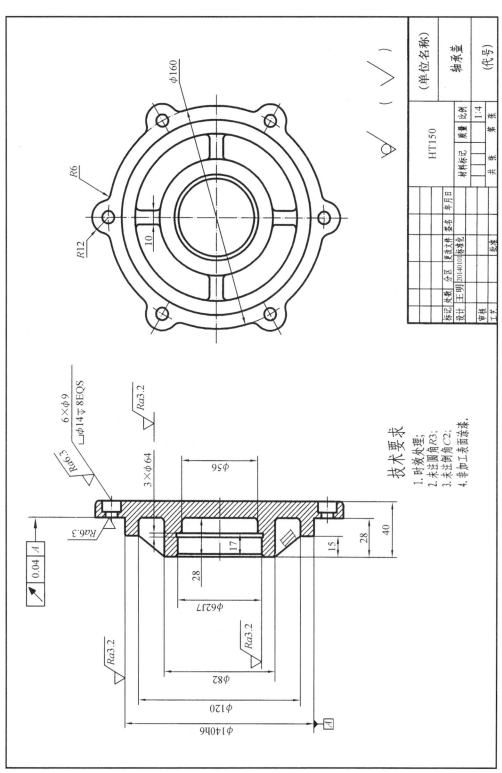

图 8.27 轴承盖盖零件图

（2）定形尺寸和定位尺寸都比较明显，尤其是在圆周上分布的小孔的定位圆直径是这类零件的典型定位尺寸，多个小孔一般采用如 6×φ9 EQS 形式标注，EQS（均布）就意味着等分圆周，角度定位尺寸就不必标注，如果均布很明显 EQS 也可不标注。

（3）内外结构形状仍应分开标注。

4. 技术要求

（1）有配合的内、外表面粗糙度参数小；起轴向定位的端面，表面粗糙度参数值也较小。φ140h6、φ62J7 是有配合要求的表面，凸缘的左端面是起轴向定位的端止口，这些表面粗糙度参数较小。

（2）有配合轴 φ140h6 的尺寸公差较小；为保证与其配合体配合严密，凸缘左端止口有圆跳动度的要求。

8.6.3 叉架类零件

1. 用途

叉架类零件（图 8.28）包括各种用途的拨叉和支架。拨叉主要用在机床等各种机器的操纵机构上。

2. 表达方案

（1）叉架类零件一般都是铸件，形状较为复杂，需经不同的机械加工，而加工位置各异。所以，在选择主视图时，主要按形状特征和工作位置（或自然位置）确定。图 8.28 中，主视图的拨叉形状特征就比较明显。

（2）叉架类零件的结构形状较为复杂，一般需要两个以上的视图。由于它的某些结构形状不平行于基本投影面，所以常常采用斜视图、斜剖视图、局部视图和断面图表示法，如图 8.28 的局部视图和断面图。对零件上的一些内部结构形状可采用局部剖视；对某些较小的结构形状，也可采用局部放大图。

3. 尺寸标注

（1）它们的长度方向、宽度方向、高度方向的主要基准一般为孔的中心线（轴线）、对称平面和较大的加工平面。

（2）定位尺寸较多，要注意能否保证定位的精度。一般要标注出孔中心线（或轴线）间的距离，或孔中心线（轴线）到平面的距离、平面到平面的距离。

（3）定形尺寸一般都采用形体分析法标注，便于制作模型。一般情况下，内、外结构形状要注意保持一致。起模斜度、圆角也要标注出来。

4. 技术要求

表面粗糙度、尺寸公差、几何公差没有什么特殊要求。

8.6.4 箱体类零件

1. 用途

箱体类零件多为铸造件。一般可起支承、容纳、定位和密封等作用（如图 8.29 阀体）。

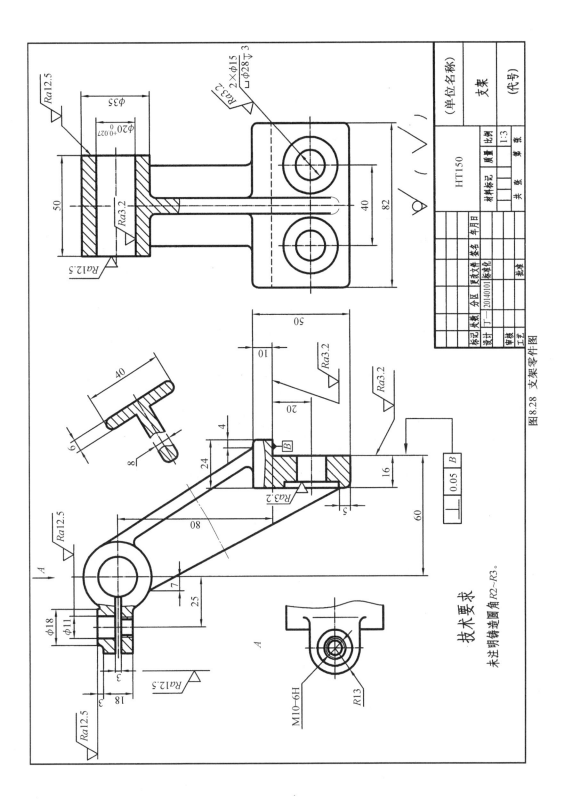

图8.28 支架零件图

技术要求

未注明铸造圆角R2~R3。

· 211 ·

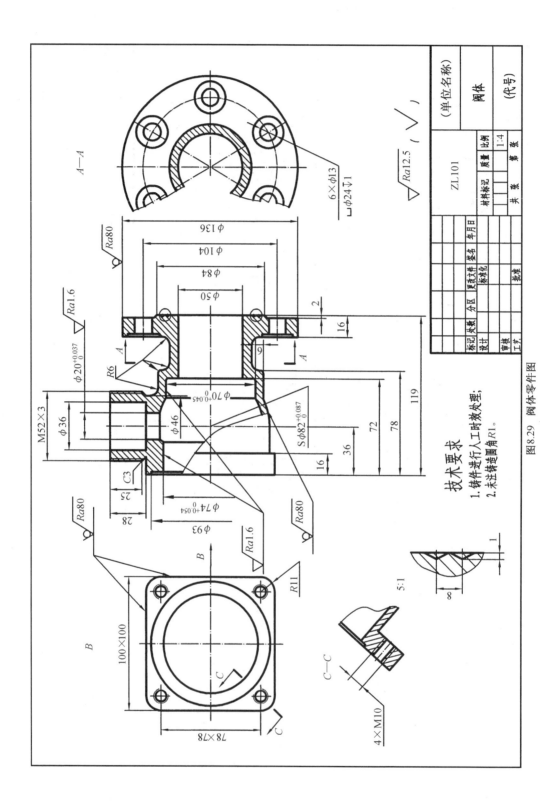

图8.29 阀体零件图

2. 表达方案

(1)箱体类零件多数经过较多的工序制造而成,各工序的加工位置不尽相同,因而主视图主要按形状特征和工作位置确定。

(2)箱体类零件结构形状一般都较复杂,常需用三个以上的基本视图进行表达。对内部结构形状采用剖视图表示。如果外部结构形状简单,内部形状结构复杂,且具有对称平面时,可采用半剖视;如果外部结构形状复杂,内部结构形状简单,且具有对称平面时,可采用局部剖视或用细虚线表示;如果内外部结构形状都比较复杂,且投影都不重叠时,也可采用局部剖视;重叠时,外部结构形状和内部结构形状应分别表达;对局部的内、外部结构形状可采用局部视图、局部剖视和断面图来表示。

(3)箱体类零件的视图一般投影关系复杂,常会出现截交线和相贯线;由于它们是铸件毛坯,所以经常会遇到过渡线,要认真分析。

3. 尺寸标注

(1)它们的长度方向、宽度方向、高度方向的主要基准也是采用孔的中心线(轴线)、对称平面和较大的加工平面。

(2)它们的定位尺寸较多,各孔中心线(或轴线)间的距离一定要直接标注出来。

(3)定形尺寸仍用形体分析法标注。

4. 技术要求方面

(1)箱体重要的孔和重要的表面,其表面粗糙度参数值较小。

(2)箱体重要的孔和重要的表面,应该有尺寸公差和几何公差的要求。

8.7　零件测绘

对实际零件进行绘图、测量和确定技术要求的过程称为零件测绘。在机器或部件的设计、制造、维修及技术改造时,零件测绘显得十分重要。

零件测绘大都在现场进行,只能凭目测确定零件各部分的比例关系,徒手画出零件的图样,这就是零件草图。零件草图内容与零件图要求相同,并且要做到:视图正确、表达清晰、尺寸完整、线型分明、字体清楚、图面整洁、技术要求齐备,并有图框、号签、标题栏等内容。

8.7.1　零件测绘的一般方法和步骤

1. 了解分析测绘对象

了解其名称、用途、材料以及它在机器或部件中的位置和作用,并进行形体分析。

2. 拟定表达方案

根据零件图的视图选择原则和各种表达方法,结合具体情况选择恰当的表达方案,并确定图纸幅面大小,画出图框、标题栏和号签等。

3. 徒手画草图

现以绘制泵体(图8.30)的草图为例,说明绘制零件草图的步骤:

(1)在图纸上定出各视图的位置(用基准线和中心线),如图8.31(a)所示。

(2)目测比例,用细实线画出表达零件内、外结构形状的视图、剖视图和断面图等,如

图 8.30　泵体的轴测剖视图

图8.31(b)所示。

(3)选定尺寸基准,标注尺寸线,如图8.31(c)所示。

(4)检查、加深,量取并标注尺寸数值及技术要求,填写标题栏(草图标题栏可以根据需要将格式简化),如图8.31(d)所示。

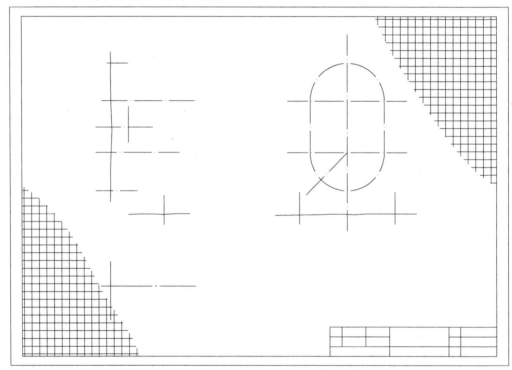

(a)选基准、画基准线

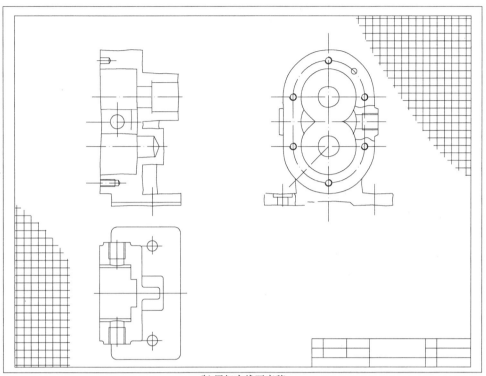

(b) 用细实线画底稿

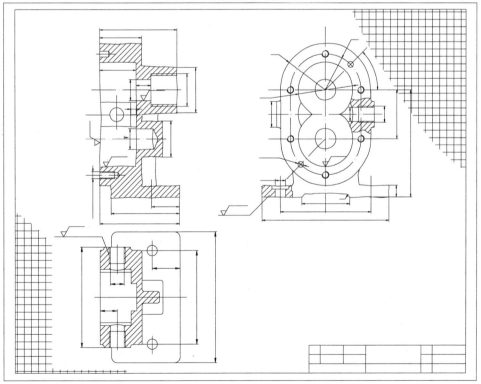

(c) 画出全部尺寸线、尺寸界线、箭头

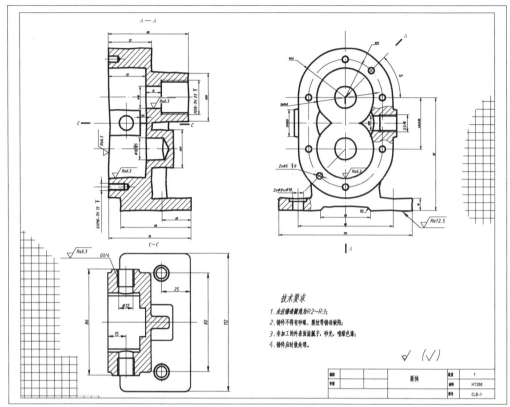

(d) 检查、加深、测尺寸、填写尺寸和技术要求

图 8.31　画泵体零件草图步骤

8.7.2　根据零件草图绘制零件工作图

1. 校核零件草图

(1)表达方案是否完整、清晰和简便,是否需要调整。

(2)尺寸标注是否合理。

(3)技术要求是否符合性能要求和加工要求。

(4)是否符合国家标准。

2. 绘制零件工作图

画零件工作图与绘制零件草图基本相同,不同之处在于:零件工作图要严格按比例在图板上用仪器作出,整理后的零件工作图如图 8.25 所示。

⚙ 思政元素

以零件图的尺寸标注为例,零件图是制造、加工和检验零件的依据,图纸一旦出错,将会产生废品、带来损失甚至酿成严重的生产事故。在掌握制图知识的同时,需要养成严谨细致的工作作风,一线一字都不能马虎;同时,还需强化规则意识,严格遵守国家标准,提升责任感,具备良好的职业道德素养。

第9章

装配图

⚙ 本章导读

一台机器或一个部件,是由若干个零件按一定的装配关系(零件间相对位置、连接方式、配合性质和装拆顺序等关系)和技术要求装配起来的。表达机器或部件的图样称为装配图。在进行设计、装配、调整、检验、安装、使用和维修时都需要装配图,其中表示一个部件的图样,称为部件装配图;表示一台完整机器的图样,称为总装配图或总图。

装配图是设计部门提交给生产部门的重要技术文件。在设计(或测绘)机器时,首先要绘制装配图,然后根据装配图拆画零件图。装配图要反映出设计者的设计意图,表达出机器或部件的工作原理、性能要求、零件间的装配关系和主要零件的结构形状,以及在装配、检验、安装时所需要的尺寸数据和技术要求。

本章将介绍装配图的内容、绘制与识读装配图。

⚙ 素质目标

(1)培养勇于探索的创新精神,激发勇担使命的爱党爱国情怀。

(2)领略科技前沿,增强民族自豪感和科技自信心。

(3)培养精益求精、科学严谨、追求卓越的工匠精神。

⚙ 学习目标

(1)了解装配图的作用和内容,掌握装配图的表示方法、尺寸标注和技术要求。

(2)了解装配图的零部件序号和明细栏,以及常见的装配工艺结构。

(3)掌握识读装配图和由装配图拆画零件图的方法与步骤。

(4)掌握零部件测绘的一般方法和步骤。

图9.1是齿轮油泵的装配图,由于初次接触装配图,所以这里还画出了这个齿轮油泵的装配轴测图(图9.2),以便互相对照,帮助读图。

在识读或绘制部件装配图时,必须了解部件的装配关系和工作原理,部件中主要零件的形状、结构与作用,以及各个零件间的相互关系等。下面对图9.1所示的齿轮油泵做一些简要的介绍。

油泵是液压系统或润滑系统中流体加压的部件。如图9.1所示的齿轮油泵是由泵

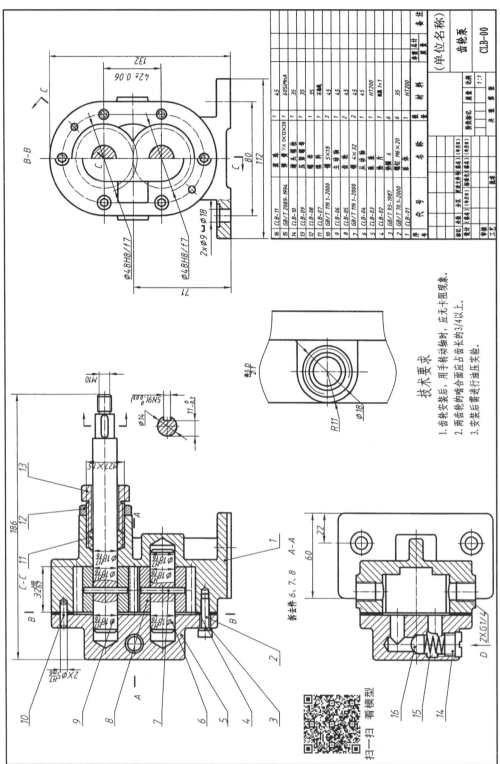

图 9.1 齿轮油泵的装配图

体、泵盖、运动零件(齿轮、传动轴等)、密封零件及标准件等组成。对照零件序号及明细栏可以看出:齿轮油泵共由 16 种零件装配而成,并采用三个视图表达。全剖的主视图,反映了组成齿轮油泵各个零件间的装配关系;左视图是采用沿泵盖 5 与泵体 1 结合面剖切后移去了垫片 4 的半剖视图,它清楚地反映了这个油泵的外部、内部形状,齿轮的啮合情况及吸、排油的工作原理;全剖的俯视图反映了滚珠 16、弹簧 15 和堵头螺栓 14 的调整油腔内压力情况及吸、排油情况。齿轮油泵的外形尺寸为 186×112×132,因此,油泵的体积很小。

齿轮油泵的工作原理是:泵体 1 是齿轮油泵中的主要零件之一,它的内腔容纳一对吸油和压油的齿轮。将齿轮、传动轴装入泵体后,泵体和端盖支承这一对齿轮轴的旋转运动。由销将端盖与泵体定位后,再用螺钉 2 和垫圈 3 将端盖与泵体连接成整体。为了防止泵体与端盖结合面处以及传动轴伸出端漏油,分别用填料 11、螺母 12 和压紧螺母 13密封。为了油压不超过限定值,在泵盖上有限压阀装置,它由堵头螺栓 14、弹簧 15、滚珠 16 组成。当油压过高时,高压油就克服弹簧压力,将滚珠阀门顶开,使润滑油自压油腔流回吸油腔,以保证整个润滑系统安全工作。

齿轮、传动轴是油泵中的运动零件。当主动轮按逆时针方向(从左视图观察)转动时,通过销连接将扭矩传递给其中的一个传动齿轮,经过齿轮啮合带动另一个齿轮,从而使后者做顺时针方向转动。在泵体 1 后方的进油口处空间压力降低而产生局部真空,油池内的油在大气压力作用下进入油泵低压区内的吸油口。随着齿轮的转动,油随齿轮的齿隙被带到前方的出油口处,把油压出送至机器中需要润滑的部分。当齿轮连续转动时,就产生齿轮油泵的加压作用。

这个齿轮油泵中的各个零件的主要形状大多也可以从图 9.1 和图 9.2 中看出,而其中形状结构最复杂的主要零件是泵体和泵盖。

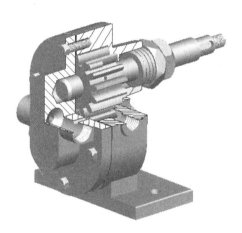

图 9.2　齿轮油泵的轴测装配图

9.1　装配图的内容

根据装配图的作用,它必须包含下列内容,下面仍以图 9.1 所示齿轮油泵装配图为例,介绍其具体内容。

1. 一组视图

用一般表达方法和特殊表达方法,正确、完整、清晰和简便地表达机器或部件的工作原理、零件之间的装配关系和主要零件的结构形状。在图 9.1 中,是采用主、左、俯三个视图和一个局部视图表达的(全剖的主视图、半剖加局部剖的左视图、全剖的俯视图和局部视图"D")。

2. 必要的尺寸

必要的尺寸包括反映机器或部件的性能(规格)、外廓大小和零件间相对位置、配合要求及检验、对外安装时所需要的尺寸。

3. 技术要求

用文字或符号说明机器或部件在装配、调整、检验、安装、运转和使用等方面的要求。

4. 零部件序号、标题栏和明细栏

根据生产组织和管理工作的需要,按一定的格式,将零部件编写序号,并填写明细栏和标题栏。明细栏内容包括零件序号、代号、零件名称、数量、材料、质量、备注等项目。标题栏包含机器(或部件)的名称、材料、比例、质量、图样代号及设计、审核、工艺、标准化人员的签名等。

9.2　装配图的表达方法

前面讨论过的表达零件的各种方法,如视图、剖视图、断面图和局部放大图等,在表达部件的装配图中也同样适用。但由于部件是由若干零件所组成的,而部件装配图主要用来表达部件的工作原理和装配、连接关系,以及主要零件的结构形状,因此,与零件图比较,装配图还有一些特殊的表达方法。

9.2.1　装配图的规定画法

(1)两相邻零件的接触面和配合面规定画一条线;但当两相邻零件的公称尺寸不相同时,即使其间隙很小,也必须画出两条线。如图 9.3 中的轴与滚动轴承间,端盖与轴承端面间等均为一条直线,而螺钉与端盖上的孔之间必须画两条线。

(2)两相邻零件的剖面线,其倾斜方向应相反或者方向一致、间隔不等;在各视图上,同一零件的剖面线倾斜方向和间隔应保持一致;剖面厚度在 2 mm 以下的图形允许以涂黑来代替剖面符号,如图 9.3 中的垫片。

(3)在剖视图中,对一些标准件(如螺栓、螺母、垫圈、键等)和实心零件(如轴、杆、球、钩子等),若剖切平面通过其轴线或对称面,这些零件均按不剖绘制。如果实心杆上有些结构和装配关系需要表达,可采用局部剖视图,如图 9.3 中的键连接部分等。

9.2.2　装配图的特殊表达方法

为了适应部件结构的复杂性和多样性,画装配图时,可以根据表达的需要,选用以下画法。

1. 拆卸画法

在装配图的某个视图上,当所要表达的结构或装配关系被一个或几个零件遮住而无法表达清楚时,可假想将其拆去,在该视图上只画出所要表达的部分。采用拆卸画法时,一般在该视图上方注明"拆去零件××"等字样。如图 9.1 齿轮油泵装配图中的俯视图所示。

2. 沿结合面剖切画法

在装配图中,可假想沿某些零件的结合面剖切,此时,在零件结合面上不画剖面线。如图 9.1 所示齿轮油泵装配图中的左视图,就是沿泵体和垫片的结合面剖切后画出的半剖视图。

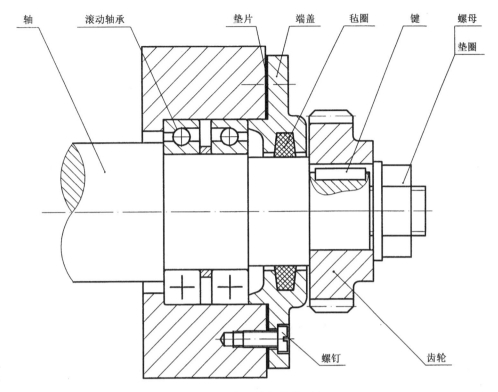

图9.3 不剖画法与简化画法

3. 假想画法

为了表达运动零件的极限位置或本部件和相邻零、部件(不属于本部件)的相互关系,可以用双点划线画出运动零件处于极限位置的轮廓或相邻零件、部件的轮廓,如图9.4所示的图样中,用双点划线画出了活动部件的一个极限位置;又如图9.5 所示图样中的双点划线部分,表示相邻零件的轮廓。

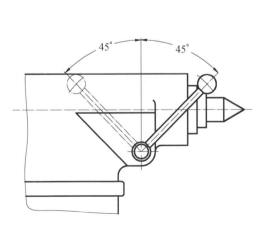

图9.4 假想画法(一)

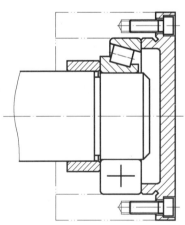

图9.5 假想画法(二)

4. 夸大画法

在装配图中,有些薄片零件、细丝零件、微小间隙,或者直径小于 2 mm 的孔以及小斜度、小锥度,若按实际尺寸则很难画出或难以明显表示,因此可以不按比例而采用夸大画法。如图 9.1 所示的齿轮油泵中的垫片的厚度就是采用夸大画法画出的。

5. 简化画法

在装配图中,零件的工艺结构,如小圆角、倒角、退刀槽等可不画出。螺栓头部及螺母可简化,如图 9.3 所示。对于若干相同的零件组,如螺栓连接等,可详细地画出一组或几组,其余只需用细点划线表示其装配位置即可,如图 9.3 中的螺钉连接。

6. 单个零件表达

在装配图中,为了表达某个零件的形状,可另外单独画出该零件的形状,如图 9.6 所示。

9.3　装配图的尺寸标注

装配图不是制造零件的直接依据。因此,装配图中不需注出零件的全部尺寸,而只需标注出一些必要的尺寸,这些尺寸按其作用的不同,大致可以分为以下几类,现仍以图 9.1 所示齿轮油泵装配图中的一些尺寸为例加以说明。

1. 性能(规格)尺寸

性能(规格)尺寸表示机器或部件的性能和规格的尺寸,在设计时就已确定。它也是设计机器、了解和选用机器的主要依据,如图 9.1 中齿轮油泵的进、出油口孔径 $\phi12$(G1/4查表)决定了流量。又如车床尾架中心高影响到车床所能加工零件的最大直径。

2. 装配尺寸

(1)零件间的配合尺寸。

零件间的配合尺寸表示两零件间的配合性质和相对运动情况,是分析部件工作原理的重要依据,也是设计零件和制订装配工艺的重要依据。如图 9.1 中泵盖、泵体和轴之间的配合尺寸 $\phi18\dfrac{H8}{f7}$ 等。

(2)重要相对位置尺寸。

重要相对位置尺寸是零件之间或部件之间或它们与机座之间必须保证的相对位置尺寸。此类尺寸可以靠制造某零件时保证,也可以在装配时靠调整得到。如图 9.1 的左视图中的中心高 71 是靠泵体加工保证的。有些重要的相对位置尺寸是装配时靠增减垫片或更换垫片得到的。

3. 对外安装尺寸

对外安装尺寸是将机器安装在基础上或将部件安装在机器上所需要的尺寸,如图9.1中与安装有关的尺寸:80、22、2×ϕ9、112、60 等。

4. 外形尺寸

外形尺寸是表示机器或部件外形轮廓的尺寸,即总长、总宽、总高。当机器或部件包装、运输,以及厂房设计和安装机器时,需要考虑外形尺寸,如图 9.1 中齿轮油泵的总长186、总宽 112 和总高为 132 等。

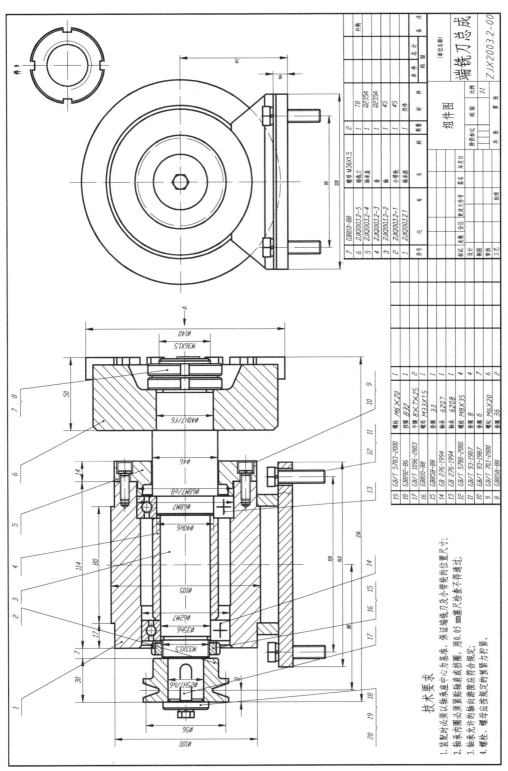

技术要求

1. 装配时必须以轴承座中心为基准,保证端铣刀及小带轮的位置尺寸;
2. 轴承内圈必须紧贴轴肩或挡圈,用0.05 mm塞尺检查不得通过;
3. 轴系允许的轴向窜动应符合规定;
4. 螺栓、螺母应按规定的预紧力拧紧。

图 9.6 端铣刀装配图

19	GB/T 5783-2000	螺栓 M6×20	1
18	GB92-86	平垫圈 B22	1
17	GB/T 1096-2003	平键 8×7×25	2
16	GB810-88	圆螺母 M33×15	1
15	GB858-89	止动垫圈 33	1
14	GB 276-1994	轴承 6207	1
13	GB 276-1994	轴承 6208	1
12	GB/T 5780-2000	螺栓 M8×35	4
11	GB/T 93-1987	垫圈 8	4
10	GB/T 93-1987	垫圈 6	7
9	GB/T 701-2000	螺钉 M6×20	6
8	GB858-88	止动垫圈 36	2

7	GB810-88	圆螺母 M36X1.5	2		
6	ZJX2003.2-5	端铣刀	1	T8
5	ZJX2003.2-4	轴承盖	1	Q235A
4	ZJX2003.2-3	套	1	Q235A
3	ZJX2003.2-2	轴	1	45
2	ZJX2003.2-1	小带轮	1	45
1	ZJX2003.2.1	轴承座	1	铸件

组件图 端铣刀总成 ZJX2003.2-00

5. 其他重要尺寸

其他重要尺寸是在设计中经过计算确定或选定的尺寸,但又不包括在上述四种尺寸之中,但又是重要的尺寸。如运动零件的活动范围及极限位置尺寸、减速器中齿轮的宽度等。

上述五类尺寸之间并不是孤立无关的。实际上有的尺寸往往同时具有多种作用,例如,齿轮油泵中的尺寸112,它既是外形尺寸,又与安装有关。此外,并不是每张装配图中都要具备上述五类尺寸。例如,一台齿轮减速器,反映其性能和规格的是传动比,它是一个参数而不是尺寸,因此,在装配图中就不存在性能或规格尺寸。又如一辆汽车的装配图就不存在对外安装尺寸等。因此,对装配图中的尺寸需要具体分析,然后进行标注。

9.4　装配图中的零件序号和明细栏

装配图中对所有零件、部件都必须编写序号,并填写明细栏,以便统计零件数量,进行生产准备工作。同时,在看装配图时,也是根据序号查阅明细栏来了解零件的名称、材料和数量等,有利于看图和图样管理。

9.4.1　编写零件序号的方法

(1)装配图中的序号由横线(或圆圈)、指引线、小圆点、数字四个部分组成。编写序号的常见形式如下:指引线应自零、部件的可见轮廓内引出,并在引出端画一小圆点,然后从圆点开始画指引线(细实线),在指引线的另一端画一水平线或圆(也都是细实线),在水平线上或圆内注写序号,序号的字号应比装配图中注尺寸的数字大一号或两号,如图9.7(a)所示;也可以不画水平线或圆,在指引线另一端附近注写序号,序号字高比尺寸数字大两号,如图9.7(b)所示;对很薄的零件或涂黑的剖面,可在指引线末端画出箭头,并指向该部分的轮廓,如图9.7(c)所示。

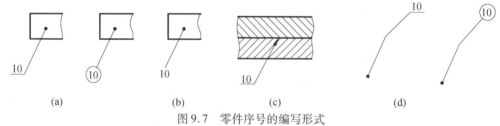

图9.7　零件序号的编写形式

(2)序号指引线相互不能相交;当它通过有剖面线的区域时,不应与剖面线平行;必要时,指引线可以画成折线,但只允许曲折一次,如图9.7(d)所示。

(3)一组紧固件以及装配关系清楚的零件组,可采用公共指引线,如图9.8所示。

(4)每种不同的零件编写一个序号,规格相同的零件只编写一个序号。标准化组件(如油杯、滚动轴承、电动机等)可看作一个整体,只编写一个序号。

(5)零、部件序号应沿水平或垂直方向按顺时针(或逆时针)方向顺次排列整齐,并尽可能均匀分布,在整个图上无法连续时,可只在每个水平或垂直方向顺序排列或按装配图明细栏中的序号排列,这时,应尽量在每个水平或垂直方向顺次排列(图9.1)。

(6)装配图中零、部件序号应与明细栏中的序号一致;同一张装配图中,标注序号的形式应一致。

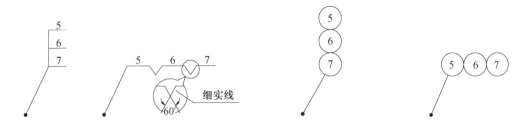

图9.8　零件组的编号形式

9.4.2　明细栏

明细栏是机器或部件中全部零、部件的详细目录,国家标准 GB/T 10609.2—2009 规定明细栏的格式如图9.9所示。

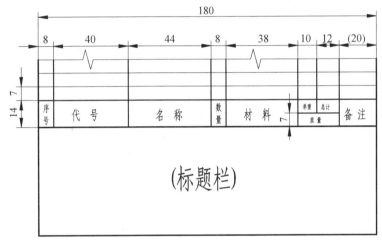

图9.9　明细栏格式

明细栏画在标题栏的上方,并与标题栏相连。零、部件序号应自下而上填写。当位置不够时,剩余部分可在标题栏左侧自下而上延续;当装配图中不能在标题栏上方配置明细栏时,也可以不画明细栏,作为装配图的续页按 A4 幅面单独给出,其顺序应由上而下延续(即序号 1 填在最上一行),需要时可连续加页。在明细栏下方应配置标题栏,并在标题栏中填写与装配图相一致的名称和代号,而且在标题栏中都要按顺序依次填写"共×张第×张"。

9.5　装配结构的合理性简介

在设计和绘制装配图的过程中,应考虑到装配结构的合理性,以保证机器或部件的性能,并给零件的加工和装卸带来方便。确定合理的装配结构,必须具有丰富的实际经验,并做深入细致的分析比较,现举例说明如下,以供画装配图时学习参考。

(1)当轴和孔配合,且轴肩与孔的端面相互接触时,应在孔的接触端面制成倒角或轴肩根部切槽,以保证两零件接触良好。图9.10所示为轴肩与孔的端面相互接触时的正误

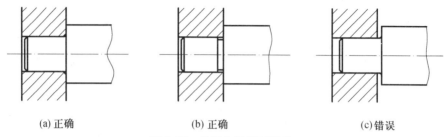

对比。

(a) 正确   (b) 正确   (c)错误

图 9.10   轴肩与孔端面结合

（2）当两个零件接触时，在同一方向上的接触面，最好只有一个，这样既可以满足装配要求，制造也较方便。图 9.11(a)、(b)所示为平面接触的正误对比，图 9.11(c)所示为圆柱面接触的正误对比。

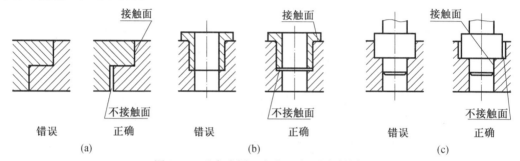

图 9.11   避免在同一方向两个面同时接触

（3）为了保证两零件在装拆前后不致降低装配精度，通常用圆柱销或圆锥销将两零件定位，如图 9.12(a)所示。为了加工和装卸的方便，在可能的条件下，最好将销孔做成通孔，如图 9.12(b)所示。

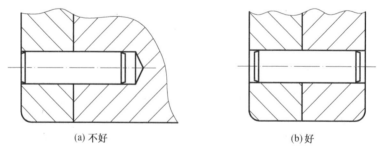

(a) 不好   (b)好

图 9.12   销连接结构的合理性

（4）滚动轴承如以轴肩或阶梯孔定位，要考虑维修时拆装方便(图 9.13)。

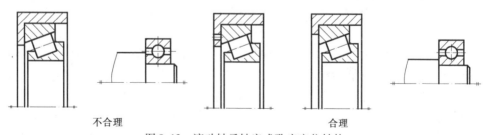

不合理   合理

图 9.13   滚动轴承轴肩或孔肩定位结构

（5）当零件用螺纹紧固件连接时,应考虑螺纹紧固件装拆方便(图9.14和图9.15)。

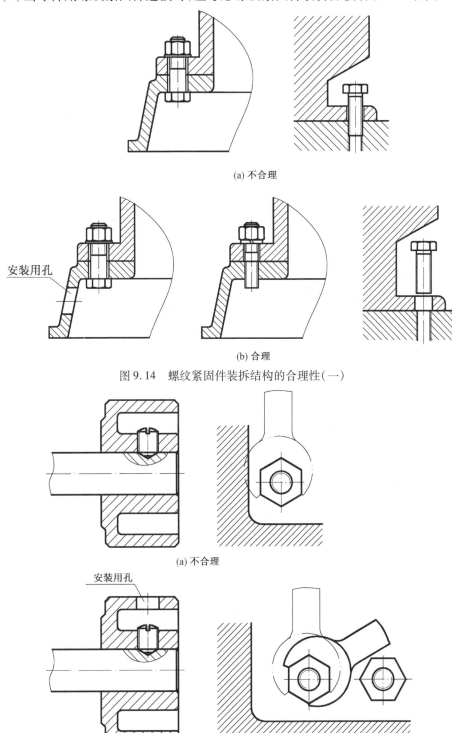

(a) 不合理

(b) 合理

图 9.14　螺纹紧固件装拆结构的合理性(一)

(a) 不合理

(b) 合理

图 9.15　螺纹紧固件装拆结构的合理性(二)

9.6 部件测绘简介

在生产实践中,对原有机器进行维修和技术改造或者设计新产品和仿造原有设备时,往往要测绘有关机器的部分或全部,这个过程称为部件测绘或测绘。测绘的过程大致可按顺序分为以下几个步骤:了解分析测绘对象和拆卸零、部件;画装配示意图;测绘零件(非标准件),画零件草图;画部件装配图;画零件图。其中测绘零件画零件草图的方法和步骤已于第 8 章中介绍,由零件草图画部件装配图与 9.7 节由零件图画装配图所述的方法和步骤相同,由部件装配图画零件图的方法和步骤则将在 9.8 节中介绍,所以在这里只扼要地说明前面的几个步骤。

1. 了解分析测绘对象和拆卸零、部件

要通过对实物观察,参阅有关资料了解部件的用途、性能、工作原理、装配关系和结构特点等。

如图 9.16 所示的齿轮油泵部件。在初步了解部件的基础上,要依次拆卸各零件,通过对各零件的作用和结构的仔细分析,可进一步了解这个齿轮油泵部件中各零件的装配关系。要特别注意零件间的配合关系,弄清其配合性质:是间隙配合、过盈配合,还是过渡配合,拆卸时为了避免零件的丢失和产生混乱,一方面要妥善保管零件,另一方面可对各

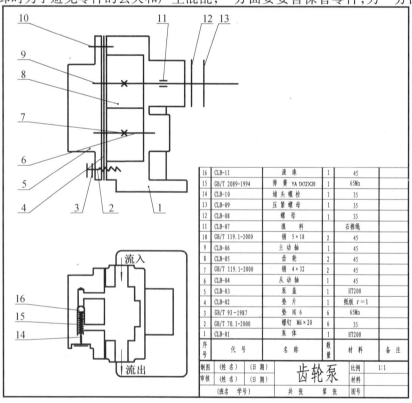

16	CLB-11	滚 珠	1	45	
15	GB/T 2089-1994	弹簧 YA 1×12×20	1	65Mn	
14	CLB-10	堵头螺栓	1	35	
13	CLB-09	压紧螺母	1	35	
12	CLB-08	螺 母	1	35	
11	CLB-07	填 料		石棉绳	
10	GB/T 119.1-2000	销 5×18	2	45	
9	CLB-06	主动轴	1	45	
8	CLB-05	齿 轮	2	45	
7	GB/T 119.1-2000	销 4×32	2	45	
6	CLB-04	从动轴	1	45	
5	CLB-03	泵 盖	1	HT200	
4	CLB-02	垫 片	1	纸板 t=1	
3	GB/T 93-1987	垫 圈 6	6	65Mn	
2	GB/T 70.1-2000	螺钉 M6×20	6	35	
1	CLB-01	泵 体	1	HT200	
序号	代 号	名 称	数量	材 料	备 注

制图	(姓名)	(日 期)	齿轮泵	比例	1:1
审核	(姓名)	(日 期)		材料	
(班名 学号)			共 张 第 张	图号	

图 9.16 齿轮油泵的装配示意图

零件进行编号,并分清标准件和非标准件,做出相应的记录。标准件只要在测量尺寸后查阅标准核对并写出规定标记,不必画零件草图和零件图。

2. 画装配示意图

装配示意图是通过目测,徒手用简单的线条,运用国家标准中规定的机构运动简图符号(GB/T 4460—1984),示意性地画出的部件或机器的图样。它用来表达机器或部件的结构、装配关系、工作原理和传动路线等,作为重新装配部件或机器和画装配图时的参考。如图9.16所示是齿轮油泵的装配示意图。

3. 画零件草图

测绘工作有时会受时间地点及工作条件限制。因此,必须徒手画出各个零件的草图,根据零件草图和装配示意图画出装配图,再由装配图拆画零件图。零件图的内容和画法见第8章,完成后的齿轮油泵部分主要零件的草图如图9.17所示。

9.7 由零件图画装配图

部件由一些零件所组成。那么根据部件所属的零件图,就可以拼画成部件的装配图。现以图9.16所示的齿轮油泵装配示意图为例,说明由零件图画装配图的方法和步骤。

9.7.1 了解部件的装配关系和工作原理

对部件实物(图9.2)或装配示意图(图9.16)进行仔细的分析,了解各零件间的装配关系和部件的工作原理。这个齿轮油泵组成的各零件间的装配关系和齿轮油泵的工作原理见本章章首,不再赘述。

9.7.2 确定表达方案

根据已学过的机件的各种表达方法(包括装配图的一些特殊的表达方法),考虑选用何种表达方案,才能较好地反映部件的装配关系、工作原理和主要零件的结构形状。

画装配图和画零件图一样,应首先确定表达方案,也就是确定视图数量及表达方法。首先,选定部件的安放位置和选择主视图;然后,再选择其他视图。

1. 主视图的选择

部件的安放位置,应与部件的工作位置相符合,这样对设计和指导装配都会带来方便。如果工作位置倾斜可将其摆正。如齿轮油泵的工作位置情况多变,但一般是将其通路放成水平位置。当部件的工作位置确定后,选择部件的主视图方向。经过比较,选用以能清楚地反映主要装配关系和工作原理的那个视图作为主视图,并采取适当的剖视图,比较清晰地表达各个主要零件以及零件间的相互关系。如图9.1中所选定的齿轮油泵的主视图,就体现了上述选择主视图的原则。

2. 其他视图的选择

根据确定的主视图,再选取能反映其他装配关系、外形及局部结构的视图。保证每个零件至少在某个图形中出现一次。如图9.1所示,齿轮油泵沿前后对称面剖开的主视图,

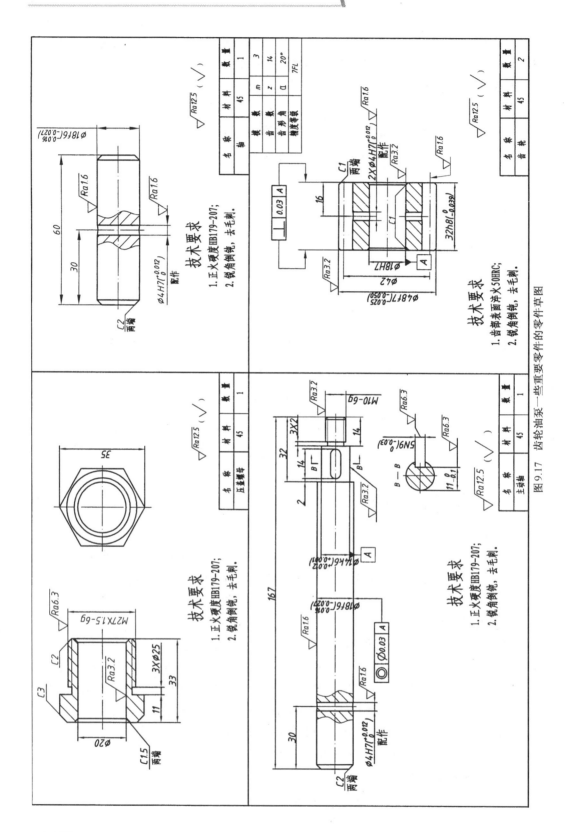

图 9.17 齿轮油泵一些重要零件的零件草图

虽清楚地反映了各零件间的主要装配关系和齿轮油泵工作原理,但是齿轮油泵的外形结构以及其他一些装配关系还没有表达清楚。于是选取左视图,补充反映了它的外形结构;选取俯视图,并作 A—A 剖视图,反映调压弹簧调压原理。

3. 画装配图

(1)选比例,定图幅,画出图框,合理布图,画出基准线。确定了部件的主视图表达方案后,根据视图表达方案以及部件的大小与复杂程度,选取适当比例,安排各视图的位置,从而选定图幅,便可着手画图。在安排各视图的位置时,要注意留有供编写零、部件序号,明细栏,以及注写尺寸和技术要求的位置,如图9.18(a)所示。

(2)根据装配关系,沿装配干线逐一画出各零件的投影。画图时,应先画出各视图的主要轴线(装配干线)、对称中心线(某些零件的基面或端面)。由主视图开始,几个视图配合进行。画剖视图时,以装配干线为准,由内向外逐个画出各个零件,也可由外向里画,视作图方便而定,如图9.18(b)所示。

(3)校核、加深。底稿线完成后,需经校核,再加深,画剖面符号,如图9.18(c)所示。

(4)标注尺寸和注写技术要求,编写零部件序号,如图9.1所示。

(5)填写明细栏、标题栏,如图9.1所示。

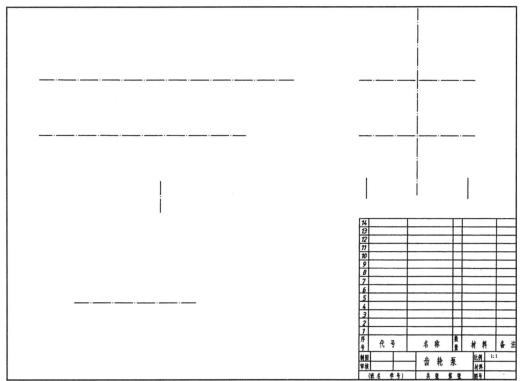

(a)

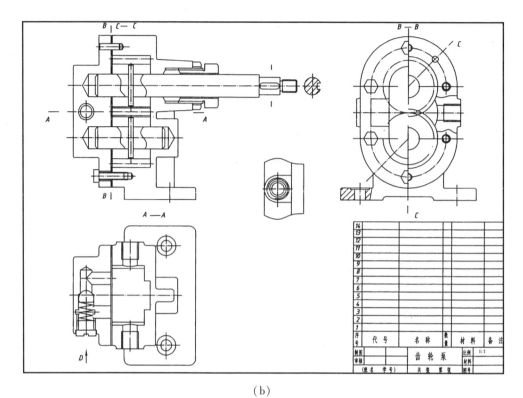

(b)

(c)

图 9.18　齿轮油泵装配图的画图步骤

9.8 读装配图及由装配图拆画零件图

9.8.1 读装配图的方法和步骤

读装配图的目的,是从装配图中了解机器或部件的用途、性能及工作原理;了解各组成零件在机器中的作用、装配关系及零件的结构形状;了解各组成零件的名称、数量、材料及各零件的装拆次序和方法。

下面以图 9.19 所示安全阀装配图为例,介绍读装配图的步骤和方法。

1. 概括了解

先从标题栏和明细栏中了解部件名称和画图比例,了解各组成零件和部件的名称与数量;对照零、部件序号,在装配图上查找这些零、部件的位置。然后对视图进行分析,根据装配图上视图的表达情况,找出各个视图、剖视图、断面图等配置的位置及投射方向,从而弄清各视图的表达重点。再根据图中所注尺寸、技术要求以及查阅相关技术资料,对部件的大体轮廓与内容有一个概略的印象。

如图 9.19 所示装配图名为安全阀,是压力容器、锅炉压力管道等压力系统中使用广泛的一种安全装置。保证压力系统安全运行。安全阀是由阀体、阀帽、托盘、阀门、弹簧、螺杆、螺钉和螺母等组成。对照零件序号及明细栏可以看出:安全阀共由 13 种零件装配而成,并采用三个图形表达。全剖的主视图,反映了组成安全阀各个零件间的装配关系、进气和排气的工作原理;左视图是局部剖视图,它清楚地反映了这个安全阀外部形状及阀盖和阀体的连接情况;俯视图也是局部剖视图,它反映了这个安全阀顶部外形及连接孔的情况,吸、压油的工作原理。安全阀的外形尺寸为 105×78×172,可以看出,安全阀体积很小。

2. 了解装配关系和工作原理

对照视图仔细研究部件的装配关系和工作原理,这是读装配图的一个重要环节。在概括了解的基础上,分析各条装配干线,弄清各零件间相互配合的要求,以及零件间的定位、连接方式、密封等问题。再进一步弄清运动零件与非运动零件的相对运动关系。经过这样的观察分析,就可以对部件的工作原理和装配关系有所了解。

由图 9.19 可知,安全阀有一条装配主干线,阀门与阀体上孔配合,弹簧底部与阀门内腔底面接触,螺杆与盖是螺纹连接,通过调节螺杆的旋入长度来调整弹簧变形量以确定载荷大小。在压力容器或管路系统中,当容器或管路系统内的压力在一定的工作压力范围内时,内部介质作用于阀门上的力小于加载机构施加在阀上面的力。两者之差构成阀门与阀体之间的密封力,使阀门紧压着阀体,阀门与阀体之间的配合是 $\phi 34\dfrac{H7}{g6}$,它属于基孔制较小的间隙配合,设备内部的介质无法排出。托盘、螺杆和弹簧是加载机构,载荷大小可以调整。当设备内的压力超过规定的工作压力,并达到安全阀的开启压力时,内部介质作用于阀门上的力大于加载机构施加在阀上面的力,于是阀门离开阀体,安全阀开启,设备内的介质即通过阀体排出。如果安全阀的排量大于设备的安全泄放量,设备内压力逐渐下降,而且通过短时间排气后,压力即降回至正常工作压力。此时内压作用于阀门上的力小于加载机构施加在阀上面的力,阀门又紧压着阀体,介质停止排出。设备保持正常的工作压力继续运行。所以安全阀是通过阀门上介质作用力与加载机构作用力的消长,自行关闭或开启,以达到防止容器或管路系统超压的目的。

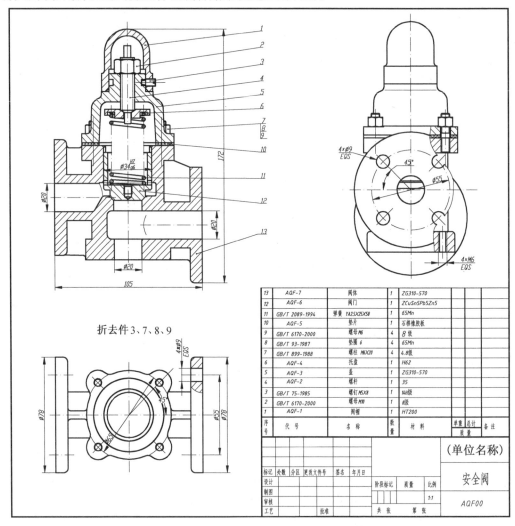

图 9.19　安全阀装配图

3. 分析零件的结构形状

分析零件,就是弄清每个零件的结构形状及其作用。一般先从主要零件着手,然后是其他零件。当零件在装配图中表达不完整时,可对有关的其他零件仔细观察和分析后,再进行结构分析,从而确定该零件的内、外结构形状。

安全阀的主要零件是阀体、阀盖,其余零件结构形状较简单,都可以由三个视图投影关系进行分析想象得到。

9.8.2 由装配图拆画零件图

在设计部件时,需要根据装配图拆画零件图,简称拆图。拆图时,首先对所拆零件的结构形状进行分析,即把所拆零件从与其组装的其他零件中分离出来。具体方法是根据装配图投影关系、剖面线方向、间隔、在各视图中划分出确定该零件投影范围的轮廓线,分析想象出其结构形状。然后按表达零件的要求确定表达方案,画图、标注尺寸,填写技术要求和标题栏。

1. 拆画零件图要处理的几个问题

(1)分析清楚零件的类型。

①标准零件。标准零件大多数属于外购件,因此不需要画零件图,只要按照标准零件的规定标记列出标准零件的汇总表即可。

②借用零件。借用零件是借用定型产品上的零件。对这类零件,可利用已有的图样,而不必另行画图。

③特殊零件。特殊零件是设计时所确定下来的重要零件,在设计说明书中都附有这类零件的图样或重要数据,如汽轮机的叶片、喷嘴等。对这类零件,应按给出的图样或数据绘制零件图。

④一般零件。这类零件基本上是按照装配图表达的形状、大小和有关技术要求画图,是拆画零件图的主要对象。

(2)对表达方案的处理。

拆画零件图时,零件的表达方案是根据零件的结构形状特点,按表达零件的要求考虑的,不一定与装配图一致。在多数情况下,箱体类零件主视图所选的位置可以和装配图一致。这样装配机器时便于对照,如图 9.20 所示阀体。对于轴套类和轮盘类零件,一般按加工位置选取主视图。

(3)对零件结构形状的处理。

在装配图中,零件上某些局部结构形状,往往未完全表达,例如,零件上某些标准结构(如倒角、倒圆、退刀槽和越程槽等)并未完全表达。这样拆画零件图时,应结合设计和工艺要求来考虑,补画出这些结构。如零件上某部分需要与某零件装配时一起加工,则应在零件图上标注,例如销孔的加工要求两零件配作(图 7.43(a))。

(4)对零件图上的尺寸处理。

装配图中已标注的尺寸都是比较重要的尺寸,要求加工零件时必须保证。这类尺寸应按所标注的尺寸确定,其余尺寸可以从图样上按比例直接量取。但要注意以下几点:

①装配图上已标注的尺寸,在相应的零件图上必须直接注出。例如,对装配图中的配合尺寸应注出零件的公差带代号或具体数值(注意区分孔、轴的公差带代号中字母的大小写)。

②与标准件相连接或配合的尺寸,如螺纹的尺寸、销孔直径等,应查标准确定。

③某些零件在明细栏中给定了尺寸,如垫片厚度等,要按给定尺寸注写。

④根据装配图给出的参数必须经过计算的尺寸,如齿轮的分度圆、齿顶圆直径尺寸等,要根据计算结果注写在零件图上。

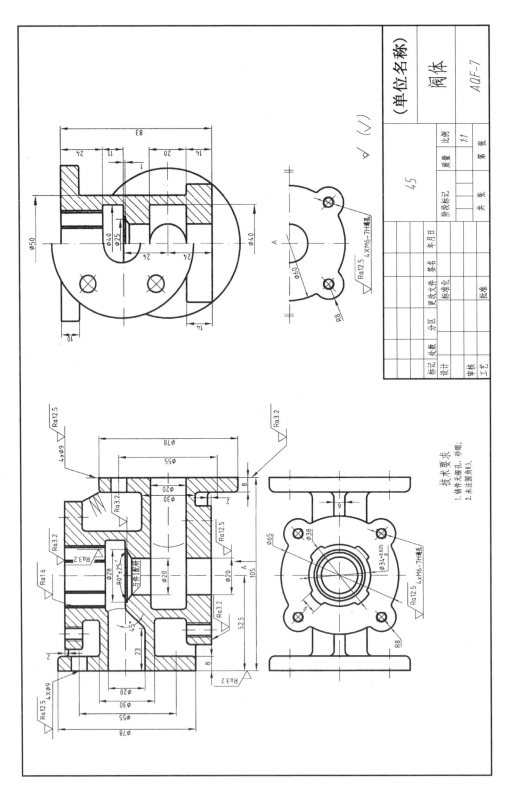

技术要求
1. 铸件无缩孔、砂眼;
2. 未注圆角R3。

图 9.20 阀体零件图

⑤相邻零件之间有关联的尺寸必须一致。

⑥标准结构尺寸,如倒角、沉孔、退刀槽等,查标准确定。

其他尺寸均从装配图中按比例直接量取标注,但要注意尺寸数字的圆整和取标准数值。

(5)零件表面粗糙度的确定。

零件上各表面的表面粗糙度是根据该表面的作用和要求确定的。一般有相对运动表面、接触面与配合面的粗糙度数值应较小,自由表面粗糙度数值一般较大。但是有密封、耐腐蚀、美观等要求的表面粗糙度数值也应较小,表面粗糙度数值选取可参阅表 8.2。

(6)关于零件图中的其他技术要求。

技术要求在零件图中占重要地位,它直接影响零件的加工质量和使用性能。但是正确制定技术要求,涉及许多专业知识,暂可通过查阅相关资料通过类比制定,本书不做进一步介绍。

2. 拆图举例

下面以拆画安全阀(图 9.19)阀体 13 为例,说明拆图的步骤和方法。

(1)确定表达方案、拆画视图。

在读懂装配图的基础上,将要拆画的零件的结构和形状完全确定,并按照零件图的要求确定表达方案。拆画此零件的零件图时,先根据零件序号 13 和剖面符号方向、间隔对照投影,从主视图上区分出阀体的视图轮廓,由于在装配图的主视图上,阀体的一部分可见投影被其他零件所遮挡,因而它是一幅不完整的图形,如图 9.19 所示。根据此零件的作用及装配关系,可以补全所缺的轮廓线。

阀体属于箱体类零件,由包容轴孔及空腔和左右安装凸缘所组成。这里装配图的主视图中显示阀体各部分的结构形状比较明显,仍可作为零件图的主视图。另外,零件主视图方向与装配图主视方向相同便于安装。按表达完整、清楚的要求,除主视图外,又选择了俯视图反映顶面外形及左、右凸缘与中间主体的连接关系,左视图反映左右侧面外形和内腔形状。另外通过底部的局部视图反映底部连接板的形状以及上面连接孔的分布情况(图 9.20)。

(2)标注尺寸。

除一般尺寸可直接从装配图上量取和按装配图上已经给出的尺寸标注外,还要注意正确处理一些特殊尺寸,如根据外螺纹定出各螺孔尺寸、标准查表确定。

(3)表面粗糙度。

参考表 8.2 及同类零件的资料,选定阀体各加工面的表面粗糙度。

(4)技术要求。

根据阀体的工作情况,查阅资料注出阀体相应的技术要求。

如图 9.20 所示为安全阀中的阀体零件图。

⚙ 思政元素

学会分析装配体中各零件的装配关系及功能,引出系统观、全局观探讨,提高自身质量安全与成本控制意识,树立协作配合意识,培养团队精神;强化全局观与系统观,培养统筹分析和解决工程问题的能力,提高学生的综合设计能力。

附 录

附录1 螺纹

附表1　普通螺纹的直径与螺距(摘自 GB/T 193—2003)　　　　　　　mm

公称直径 d,D			螺距 P		公称直径 d,D			螺距 P	
第一系列	第二系列	第三系列	粗牙	细　牙	第一系列	第二系列	第三系列	粗牙	细　牙
3			0.5	0.35			(28)		2,1.5,1
	3.5		(0.6)		30			3.5	(3),2,1.5,(1),(0.75)
4			0.7	0.5			(32)		2,1.5
	4.5		(0.75)			3.3		3.5	(3),2,1.5,1,(0.75)
5			0.8				35		(1.5)
		5.5			36			4	3,2,1.5,(1)
6		7	1	0.75,(0.5)			(38)		1.5
8			1.25	1,0.75,(0.5)		39		4	3,2,1.5,(1)
		9	(1.25)				40		(3),(2),1.5
10			1.5	1.25,1,0.75,(0.5)	42	45		4.5	(4),3,2,1.5,(1)
		11	(1.5)	1,0.75,(0.5)	48			5	
12			1.75	1.5,1.25,1,(0.75),(0.5)			50		(3),(2),1.5
	14		2	1.5,(1.25),1,(0.75),(0.5)		52		5	(4),3,2,1.5,(1)
		15		1.5,(1)			55		(4),(3),2,1.5
16			2	1.5,1,(0.75),(0.5)	56			5.5	4,3,2,1.5,(1)
		17		1.5,(1)			58		(4),(3),2,1.5
20	18		2.5	2,1.5,1,(0.75),(0.5)		60		(5.5)	4,3,2,1.5,(1)
	22						62		(4),(3),2,1.5
24			3	2,1.5,1,(0.75)	64			6	4,3,2,1.5,(1)
	25			2,1.5,(1)		65			(4),(3),2,1.5
		(26)		1.5			68	6	4,3,2,1.5,(1)
	27		3	2,1.5,1,(0.75)			70		(6),(4),(3),2,1.5

注:1. 优先选用第一系列,其次是第二系列,第三系列尽可能不用。

　　2. M14×1.25 仅用于火花塞;M35×1.5 仅用于滚动轴承锁紧螺母。

　　3. 括号内的螺距应尽可能不用。

附表2　普通螺纹的基本尺寸(摘自 GB/T 196—2003)

D—内螺纹大径;d—外螺纹大径;D_2—内螺纹中径;d_2—外螺纹中径;D_1—内螺纹小径;d_1—外螺纹小径;P—螺距;H—原始三角形高度

标记示例:

M10-6g(粗牙普通外螺纹,公称直径 $d=10$ mm。右旋,中径及大径公差带均为6g,中等旋合长度)

M10×1LH-6H(细牙普通内螺纹,公称直径 $D=10$ mm,螺距 $P=1$ mm。左旋,中径及小径公差带均为6H,中等旋合长度)

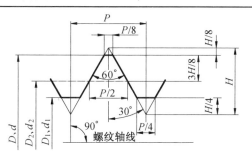

mm

公称直径 d,D	螺距 P	中径 D_2 或 d_2	小径 D_1 或 d_1	公称直径 d,D	螺距 P	中径 D_2 或 d_2	小径 D_1 或 d_1
1	0.25	0.838	0.729	6	1	5.350	4.917
	0.2	0.870	0.783		0.75	5.513	5.188
1.1	0.25	1.038	0.829	7	1	6.350	5.917
	0.2	1.070	0.883		0.75	6.513	6.188
1.2	0.25	1.038	0.929	8	1.25	7.188	6.647
	0.2	1.070	0.983		1	7.350	6.917
1.4	0.3	1.205	1.075		0.75	7.513	7.188
	0.2	1.270	1.183	9	1.25	8.188	7.647
1.6	0.35	1.373	1.221		1	8.350	7.917
	0.2	1.470	1.383		0.75	8.513	8.188
1.8	0.35	1.573	1.421	10	1.5	9.026	8.376
	0.2	1.670	1.583		1.25	9.188	8.647
2	0.4	1.740	1.567		1	9.350	8.917
	0.25	1.838	1.729		0.75	9.513	9.188
2.2	0.45	1.908	1.713	11	1.5	10.026	9.376
	0.25	2.038	1.929		1	10.350	9.917
2.5	0.45	2.208	2.013		0.75	10.513	10.188
	0.35	2.273	2.121	12	1.75	10.863	10.106
3	0.5	2.675	2.459		1.5	11.026	10.376
	0.35	2.773	2.621		1.25	11.188	10.647
3.5	(0.6)	3.110	2.850		1	11.350	10.917
	0.35	3.273	3.121	14	2	12.701	11.835
4	0.7	3.545	3.242		1.5	13.026	12.376
	0.5	3.675	3.459		1.25	13.188	12.647
4.5	0.75	4.013	3.688		1	13.350	12.917
	0.5	4.175	3.959	15	1.5	14.026	13.376
5	0.8	4.480	4.134		1	14.350	13.917
	0.5	4.675	4.459	16	2	14.701	13.835
5.5	0.5	5.175	4.959		1.5	15.026	14.376

续附表 2

公称直径 d,D	螺距 P	中径 D_2 或 d_2	小径 D_1 或 d_1	公称直径 d,D	螺距 P	中径 D_2 或 d_2	小径 D_1 或 d_1
16	1	15.350	14.917	35	1.5	34.026	33.376
17	1.5	16.026	15.376	36	4	33.402	31.670
	1	16.350	15.917		3	34.051	32.752
18	2.5	16.376	15.294		2	34.701	32.835
	2	16.701	15.835		1.5	35.026	34.376
	1.5	17.026	16.376	38	1.5	37.026	34.376
	1	17.350	16.917	39	4	36.402	34.670
20	2.5	18.376	17.294		3	37.051	35.752
	2	18.701	17.835		2	37.701	35.835
	1.5	19.026	18.376		1.5	38.026	37.376
	1	19.350	18.917	40	3	38.051	36.752
22	2.5	20.376	19.294		2	38.701	37.835
	2	20.701	19.835		1.5	39.026	38.376
	1.5	21.026	19.835	42	4.5	39.077	37.129
	1	21.350	20.917		4	39.402	37.670
24	3	22.051	20.752		3	40.051	38.752
	2	22.701	21.835		2	40.701	38.835
	1.5	23.026	22.376		1.5	41.026	40.376
	1	23.350	22.917	45	4.5	42.077	40.129
25	2	23.701	22.835		4	42.402	40.670
	1.5	24.026	23.376		3	43.051	41.752
	1	24.350	23.917		2	43.701	42.835
26	1.5	25.026	24.376		1.5	44.026	43.376
27	3	25.051	23.752	48	5	44.752	42.587
	2	25.701	24.835		4	45.402	43.670
	1.5	26.026	25.376		3	46.051	44.752
	1	26.350	25.917		2	46.701	45.835
28	2	26.701	25.835		1.5	47.026	46.376
	1.5	27.026	26.376	50	3	48.051	46.752
	1	27.350	26.917		2	48.701	47.835
30	3.5	27.727	26.211		1.5	49.026	48.376
	3	28.051	26.752	52	5	48.752	46.587
	2	28.701	27.835		4	49.402	47.670
	1.5	29.026	28.376		3	50.051	48.752
	1	29.350	28.917		2	50.701	49.835
32	2	30.701	29.835		1.5	51.026	50.376
	1.5	31.026	30.376	55	4	52.402	50.670
33	3.5	30.727	29.211		3	53.051	51.752
	3	31.051	29.752		2	53.701	52.835
	2	31.701	30.835		1.5	54.026	53.376
	1.5	32.026	31.376	56	5.5	52.428	50.046

附表 3　梯形螺纹(摘自 GB/T 5796.3—2022)

D_4—内螺纹大径;d—外螺纹大径;D_2—内螺纹中径;d_2—外螺纹中径;D_1—内螺纹小径;d_3—外螺纹小径;P—螺距;a_c—牙顶间隙

标记示例:Tr40×7-7H(单线梯形内螺纹,公称直径 d=40 mm,螺距 P=7 mm,右旋,中径公差带为 7H,中等旋合长度)

Tr60×18(P9)LH-8e-L(双线梯形外螺纹,公称直径 d=60 mm,导程为 18 mm,螺距 P=9 mm,左旋,中径公差带为 8e,长旋合长度)

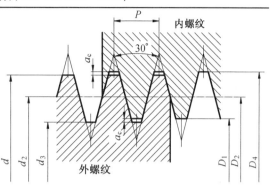

mm

公称直径 d		螺距	中径	大径	小径		公称直径 d		螺距	中径	大径	小径	
第一系列	第二系列	P	$d_2=D_2$	D_4	d_3	D_1	第一系列	第二系列	P	$d_2=D_2$	D_4	d_3	D_1
8		1.5	7.25	8.30	6.20	6.50		26	3	24.5	26.50	22.50	23.00
	9	1.5	8.25	9.30	7.20	7.50			5	23.5	26.50	20.50	21.00
		2	8.00	9.50	6.50	7.00			8	22.00	27.00	17.00	18.00
10		1.5	9.25	10.30	8.20	8.50	28		3	26.50	28.50	24.50	25.00
		2	9.00	10.50	7.50	8.00			5	25.50	28.50	22.50	23.00
	11	2	10.00	11.50	8.50	9.00			8	24.00	29.00	19.00	20.00
		3	9.50	11.50	7.50	8.00		30	3	28.50	30.50	26.50	27.00
12		2	11.00	12.50	9.50	10.00			6	27.00	31.00	23.00	24.00
		3	10.50	12.50	8.50	9.00			10	25.00	31.00	19.00	20.00
	14	2	13.00	14.50	11.50	12.00	32		3	30.50	32.50	28.50	29.00
		3	12.50	14.50	10.50	11.00			6	29.00	33.00	25.00	26.00
16		2	15.00	16.50	13.50	14.00			10	27.00	33.00	21.00	22.00
		4	14.00	16.50	11.50	12.00		34	3	32.50	34.50	30.50	31.00
	18	2	17.00	18.50	15.50	16.00			6	31.00	35.00	27.00	28.00
		4	16.00	18.50	13.50	14.00			10	29.00	35.00	23.00	24.00
20		2	19.00	20.50	17.50	18.00	36		3	34.50	36.50	32.50	33.00
		4	18.00	20.50	15.50	16.00			6	33.00	37.00	29.00	30.00
	22	3	20.50	22.50	18.50	19.00			10	31.00	37.00	25.00	26.00
		5	19.50	22.50	16.50	17.00		38	3	36.50	38.50	34.50	35.00
		8	18.00	23.00	13.00	14.00			7	34.50	39.00	30.00	31.00
24		3	22.50	24.50	20.50	21.00			10	33.00	39.00	27.00	28.00
		5	21.50	24.50	18.50	19.00	40		3	38.50	40.50	36.50	37.00
		8	20.00	25.00	15.00	16.00			7	36.50	41.00	32.00	33.00
									10	35.00	41.00	29.00	30.00

注:D 为内螺纹,d 为外螺纹。

附表 4 用螺纹密封的管螺纹（摘自 GB/T 7306.2—2000）

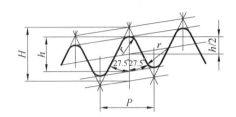 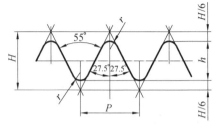

圆锥螺纹基本牙型参数：

$P = 25.4/n$

$H = 0.960\ 237P$

$h = 0.640\ 327P$

$r = 0.137\ 278P$

标记示例：$R_C 1\frac{1}{2}$（圆锥内螺纹）

$R1\frac{1}{2} - LH$（圆锥外螺纹，左旋）

$R_P 1\frac{1}{2} - LH$（圆柱内螺纹，左旋）

圆柱内螺纹基本牙型参数：

$P = 25.4/n$

$H = 0.960\ 491P$

$h = 0.640\ 327P$

$r = 0.137\ 329P$

$D_2 = d_2 = d - 0.610\ 327P$

$D_1 = d_1 = d - 1.280\ 654P$

$H/6 = 0.160\ 082P$

内、外螺纹配合柱注：$R_C 1\frac{1}{2}/R1\frac{1}{2} - LH$（左旋配合）

$R_P 1\frac{1}{2}/R1\frac{1}{2}$（右旋配合）

尺寸代号	每25.4 mm内的牙数 n	螺距 P /mm	牙高 h /mm	圆弧半径 $r \approx$ /mm	基准平面上的基本直径***			基准距离 /mm**	有效螺纹长度 /mm
					大径（基准直径）$d = D$/mm	中径 $d_2 = D_2$/mm	小径 $d_1 = D_1$/mm		
1/16	28	0.907	0.581	0.125	7.723	7.142	6.561	4.0	6.5
1/8	28				9.728	9.147	8.566		
1/4	19	1.337	0.856	0.184	13.157	12.301	11.445	6.0	9.7
3/8	19				16.662	15.806	14.950	6.4	10.1
1/2	14	1.814	1.162	0.249	20.955	19.793	18.631	8.2	13.2
3/4	14				26.441	25.279	24.117	9.5	14.5
1	11	2.309	1.479	0.317	33.249	31.770	30.291	10.4	16.8
$1\frac{1}{4}$	11				41.910	40.431	38.952	12.7	19.1
$1\frac{1}{2}$	11	2.309	1.479	0.317	47.803	46.324	44.845	12.7	19.1
2	11				59.614	58.135	56.656	15.9	23.4
$2\frac{1}{2}$	11	2.309	1.479	0.317	75.184	73.705	72.226	17.5	26.7
3	11				87.884	86.405	84.926	20.6	29.8
$3\frac{1}{2}$*	11	2.309	1.479	0.317	100.330	98.851	97.372	22.2	31.4
4	11				113.030	111.551	110.072	25.4	35.8
5	11	2.309	1.479	0.317	138.430	136.951	135.472	28.6	40.1
6	11				163.830	162.351	160.872		

注：*尺寸代号为 $3\frac{1}{2}$ 的螺纹，限用于蒸汽机车。

**基准距离即旋合基准长度。

***基准平面即内螺纹的孔口端面；外螺纹的基准长度垂直于轴线的断面。

附表 5　非螺纹密封的管螺纹(摘自 GB/T 7306.1—2000)

螺纹的公差等级代号:对外螺纹分 A、B 两级标记;对内螺纹则不做标记

$1\frac{1}{2}$螺纹的标记示例如下:

G$1\frac{1}{2}$(内螺纹)

G$1\frac{1}{2}$A(A 级外螺纹)

G$1\frac{1}{2}$B(B 级外螺纹)

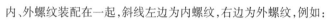

内、外螺纹装配在一起,斜线左边为内螺纹,右边为外螺纹,例如:

G$1\frac{1}{2}$/G$1\frac{1}{2}$A,G$1\frac{1}{2}$/G$1\frac{1}{2}$B(右旋螺纹)

G$1\frac{1}{2}$/G$1\frac{1}{2}$A-LH(左旋螺纹)

尺寸名称	每25.4 mm中的螺纹牙数 n	螺距 P/mm	螺纹直径	
			大径 D,d/mm	小径 D_1,d_1/mm
1/8	28	0.907	9.728	8.566
1/4	19	1.337	13.157	11.445
3/8			16.662	14.950
1/2	14	1.814	20.955	18.631
5/8			22.911	20.587
3/4			26.441	24.117
7/8			30.201	27.877
1	11	2.309	33.249	30.291
$1\frac{1}{8}$			37.897	34.939
$1\frac{1}{4}$			41.910	38.952
$1\frac{1}{2}$			47.803	44.845
$1\frac{3}{4}$			53.746	50.788
2			59.514	56.656
$2\frac{1}{4}$			65.710	62.752
$2\frac{1}{2}$			75.184	72.226
$2\frac{3}{4}$			81.534	78.576
3			87.884	84.926

附录 2　常用标准件

附表 6　六角头螺栓

六角头螺栓—C 级(摘自 GB/T 5780—2016)　　　　六角头螺栓—A 和 B 级(摘自 GB/T 5782—2016)

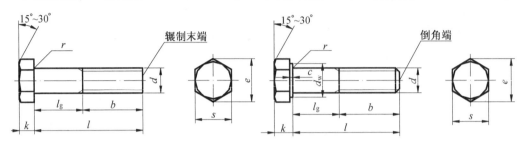

标记示例:

螺栓 GB/T 5782 M12×80(螺纹规格 d =M12,公称长度 l =80 mm,A 级的六角头螺栓)

mm

螺纹规格 d		M5	M6	M8	M10	M12	M16	M20	M24	M30	M36
b 参考	l≤125	16	18	22	26	30	38	46	54	66	78
	125<l≤200	—	—	28	32	36	44	52	60	72	84
	l>200	—	—	—	—	—	57	65	73	85	97
c		0.5	0.5	0.6	0.6	0.6	0.8	0.8	0.8	0.8	0.8
d_w	A	6.9	8.9	11.6	14.6	16.6	22.5	28.2	33.6	—	—
	B	6.7	8.7	11.4	14.4	16.4	22	27.7	33.2	42.7	51.1
k		3.5	4	5.3	6.4	7.5	10	12.5	15	18.7	22.5
r		0.2	0.25	0.4	0.4	0.6	0.6	0.8	0.8	1	1
e	A	8.79	11.05	14.38	17.77	20.03	26.75	33.53	39.98	—	—
	B	8.63	10.89	14.20	17.59	19.85	26.17	32.95	39.55	50.85	60.79
s		8	10	13	16	18	24	30	36	46	55
l		25～50	30～60	35～80	40～100	45～120	50～160	65～200	80～240	90～300	110～360
l_g		$l_g = l-b$									
l(系列)		25、30、35、40、50、(55)、60、(65)、70、80、90、100、110、120、130、140、150、160、180、200、220、240、260、280、300、320、340、360									

注:1.括号内的规格尽可能不采用,末端按 GB/T 2—1985 规定。

2.A 级用于 d≤24 和 l≤10d 或 ≤150 mm(按较小值)的螺栓;B 级用于 d>24 和 l>10d 或 > 150 mm(按较小值)的螺栓。

附表7　双头螺柱

$b_{\mathrm{m}}=1d(\mathrm{GB/T}\ 897{-}1988)$；　　　　　　　　　　$b_{\mathrm{m}}=1.5d(\mathrm{GB/T}\ 899{-}1988)$；

$b_{\mathrm{m}}=1.25d(\mathrm{GB/T}\ 898{-}1988)$　　　　　　　　　　$b_{\mathrm{m}}=2d(\mathrm{GB/T}\ 900{-}1988)$

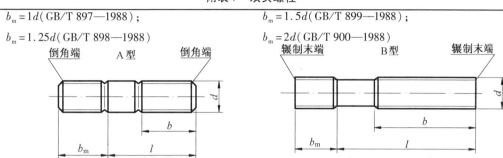

标记示例：

　　螺柱 GB/T 900　M10×50(两端均匀为普通粗牙螺纹，$d=\mathrm{M}10$，公称长度 $l=50$ mm，性能等级为 4.8 级，不经表面处理、B 型、$b_{\mathrm{m}}=2d$ 的双头螺柱)

　　螺柱 GB/T 900　AM10−M10×1×50(旋入机体的一端为普通粗牙螺纹，旋螺母端为螺距 $P=1$ mm 的细牙普通螺纹、$d=\mathrm{M}10$，公称长度 $l=50$ mm，性能等级为 4.8 级，不经表面处理、A 型、$b_{\mathrm{m}}=2d$ 的双头螺柱)

mm

螺纹规格	b_{m}				l/b				
d	GB/T 897	GB/T 898	GB/T 899	GB/T 900					
M4	—	—	6	8	$\dfrac{16\sim22}{8}$	$\dfrac{25\sim40}{14}$			
M5	5	6	8	10	$\dfrac{16\sim22}{10}$	$\dfrac{25\sim50}{16}$			
M6	6	8	10	12	$\dfrac{20\sim22}{10}$	$\dfrac{25\sim30}{14}$	$\dfrac{32\sim75}{18}$		
M8	8	10	12	16	$\dfrac{20\sim22}{12}$	$\dfrac{25\sim30}{16}$	$\dfrac{32\sim90}{22}$		
M10	10	12	15	20	$\dfrac{25\sim28}{14}$	$\dfrac{30\sim38}{16}$	$\dfrac{40\sim120}{26}$	$\dfrac{130}{32}$	
M12	12	15	18	24	$\dfrac{25\sim30}{16}$	$\dfrac{32\sim40}{20}$	$\dfrac{45\sim120}{30}$	$\dfrac{180}{36}$	
M16	16	20	24	32	$\dfrac{30\sim38}{20}$	$\dfrac{40\sim55}{30}$	$\dfrac{60\sim120}{38}$	$\dfrac{130\sim200}{44}$	
M20	20	25	30	40	$\dfrac{35\sim40}{25}$	$\dfrac{45\sim65}{35}$	$\dfrac{70\sim120}{46}$	$\dfrac{130\sim200}{52}$	
(M24)	24	30	36	48	$\dfrac{45\sim50}{30}$	$\dfrac{55\sim75}{45}$	$\dfrac{80\sim120}{54}$	$\dfrac{130\sim200}{60}$	
(M30)	30	38	45	60	$\dfrac{60\sim65}{40}$	$\dfrac{70\sim90}{50}$	$\dfrac{95\sim120}{60}$	$\dfrac{130\sim200}{72}$	$\dfrac{210\sim250}{85}$
M36	36	45	54	72	$\dfrac{65\sim75}{45}$	$\dfrac{80\sim110}{60}$	$\dfrac{120}{78}$	$\dfrac{130\sim200}{84}$	$\dfrac{210\sim300}{97}$
M42	42	52	63	84	$\dfrac{70\sim80}{50}$	$\dfrac{85\sim110}{72}$	$\dfrac{120}{90}$	$\dfrac{130\sim200}{96}$	$\dfrac{210\sim300}{109}$
M48	48	60	72	96	$\dfrac{80\sim90}{60}$	$\dfrac{95\sim110}{80}$	$\dfrac{120}{102}$	$\dfrac{130\sim200}{108}$	$\dfrac{210\sim300}{121}$
l(系列)	12、(14)、16、(18)、20、(22)、25、(28)、30、(32)、35、(38)、40、45、50、55、60、(65)、70、80、(85)、90、(95)、100~260(10 进位)、280、300								

注：1. 尽可能不采用括号内的规格，末端按 GB/T 2—1985 规定。

　　2. $b_{\mathrm{m}}=1d$ 一般用于钢；$b_{\mathrm{m}}=(1.25\sim1.5)d$ 一般用于钢对铸铁；$b_{\mathrm{m}}=2d$ 一般用于钢对铝合金的连接。

附表 8　开槽圆柱头螺钉(摘自 GB/T 65—2016)

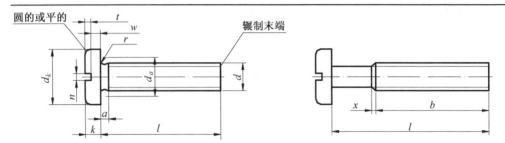

标记示例:

　　螺钉 GB/T 65　M5×20(螺纹规格 d =M5,公称长度 l =20 mm,性能等级为 4.8 级,不经表面处理的开槽圆柱头螺钉)

mm

螺纹规格 d	M1.6	M2	M2.5	M3	M4	M5	M6	M8	M10
P(螺距)	0.35	0.4	0.45	0.5	0.7	0.8	1	1.25	1.5
a_{max}	0.7	0.8	0.9	1	1.4	1.6	2	2.5	3
b_{min}	25	25	25	25	38	38	38	38	38
d_{kman}	3.2	4	5	5.6	8	9.5	12	16	20
k_{max}	1	1.3	1.5	1.8	2.4	3	3.6	4.8	6
n 公称	0.4	0.5	0.6	0.8	1.2	1.2	1.6	2	2.5
r_{min}	0.1	0.1	0.1	0.1	0.2	0.2	0.25	0.4	0.4
t_{min}	0.35	0.5	0.6	0.7	1	1.2	1.4	1.9	2.4
w_{min}	0.3	0.4	0.5	0.7	1	1.2	1.4	1.9	2.4
x_{max}	0.9	1	1.1	1.25	1.75	2	2.5	3.2	3.8
公称长度 l	2~16	2.5~20	3~25	4~30	5~40	6~50	8~60	10~80	12~80
l(系列)	2、2.5、3、4、5、6、8、10、12、(14)、16、20、25、30、35、40、45、50、(55)、60、(65)、70、(75)、80								

　　注:1.括号内的规格尽可能不采用。

　　　　2.M1.6~M3 公称长度在 30 mm 以内的螺钉,制出全螺纹;M4~M10 公称长度在 40 mm 以内的螺钉,制出全螺纹。

附表9　开槽盘头螺钉(摘自 GB/T 67—2016)

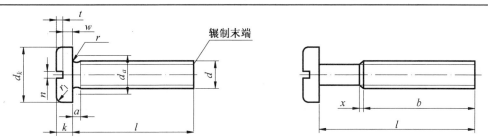

标记示例:

　　螺钉 GB/T 67　M5×20(螺纹规格 d = M5,公称长度 l = 20 mm,性能等级为4.8级,不经表面处理的开槽盘头螺钉)

mm

螺纹规格 d	M1.6	M2	M2.5	M3	M4	M5	M6	M8	M10
P(螺距)	0.35	0.4	0.45	0.5	0.7	0.8	1	1.25	1.5
a_{max}	0.7	0.8	0.9	1	1.4	1.6	2	2.5	3
b_{min}	25	25	25	25	38	38	38	38	38
d_{kmax}	3.2	4	5	5.6	8	9.5	12	16	20
k_{max}	1	1.3	1.5	1.8	2.4	3	3.6	4.8	6
n 公称	0.4	0.5	0.6	0.8	1.2	1.2	1.6	2	2.5
r_{min}	0.1	0.1	0.1	0.1	0.2	0.2	0.25	0.4	0.4
t_{min}	0.35	0.5	0.6	0.7	1	1.2	1.4	1.9	2.4
w_{min}	0.3	0.4	0.5	0.7	1	1.2	1.4	1.9	2.4
x_{max}	0.9	1	1.1	1.25	1.75	2	2.5	3.2	3.8
公称长度 l	2~16	2.5~20	3~25	4~30	5~40	6~50	8~60	10~80	12~80
l(系列)	2、2.5、3、4、5、6、8、10、12、(14)、16、20、25、30、35、40、45、50、(55)、60、(65)、70、(75)、80								

注:1.括号内的规格尽可能不采用。

　　2. M1.6~M3 公称长度在 30 mm 以内的螺钉,制出全螺纹;M4~M10 公称长度在 40 mm 以内的螺钉,制出全螺纹。

附表 10 开槽沉头螺钉(摘自 GB/T 68—2016)

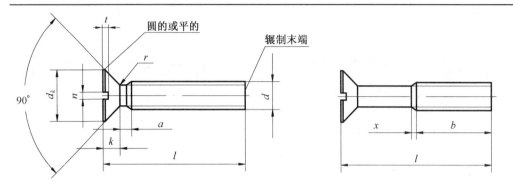

标记示例:

螺钉 GB/T 68 M5×20(螺纹规格 d = M5,公称长度 l = 20 mm,性能等级为 4.8 级,不经表面处理的开槽沉头螺钉)

mm

螺纹规格 d	M1.6	M2	M2.5	M3	M4	M5	M6	M8	M10
P(螺距)	0.35	0.4	0.45	0.5	0.7	0.8	1	1.25	1.5
a_{max}	0.7	0.8	0.9	1	1.4	1.6	2	2.5	3
b_{min}	25	25	25	25	38	38	38	38	38
d_{max}	3	3.8	4.7	5.5	8.4	9.3	11.3	15.8	18.3
k_{max}	1	1.2	1.5	1.65	2.7	2.7	3.3	4.65	5
n 公称	0.4	0.5	0.6	0.8	1.2	1.2	1.6	2	2.5
r_{max}	0.4	0.5	0.6	0.8	1	1.3	1.5	2	2.5
t_{max}	0.5	0.6	0.75	0.85	1.3	1.4	1.6	2.3	2.6
x_{max}	0.9	1	1.1	1.25	1.75	2	2.5	3.2	3.8
公称长度 l	2.5 ~ 16	3 ~ 20	4 ~ 25	5 ~ 30	6 ~ 40	8 ~ 50	8 ~ 60	10 ~ 80	12 ~ 80
l(系列)	2.5、3、4、5、6、8、10、12、(14)、16、20、25、30、35、40、45、50、(55)、60、(65)、70、(75)、80								

注:1. 括号内的规格尽可能不采用。

2. M1.6 ~ M3 公称长度在 30 mm 以内的螺钉,制出全螺纹;M4 ~ M10 公称长度在 40 mm 以内的螺钉,制出全螺纹。

附表 11　内六角圆柱头螺钉(摘自 GB/T 70.1—2016)

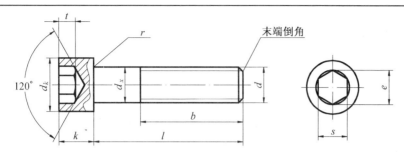

标记示例:

　　螺钉 GB/T 70.1　M5×20(螺纹规格 d=M5,公称长度 l=20 mm,力学性能等级为 8.8 级的内六角圆柱头螺钉)

mm

螺纹规格 d	M2.5	M3	M4	M5	M6	M8	M10	M12	M(14)	M16
P(螺距)	0.45	0.5	0.7	0.8	1	1.25	1.5	1.75	2	2
b 参考	17	18	20	22	24	28	32	36	40	44
d_k	4.5	5.5	7	8.5	10	13	16	18	21	24
k	2.5	3	4	5	6	8	10	12	14	16
t	1.1	1.3	2	2.5	3	4	5	6	7	8
s	2	2.5	3	4	5	6	8	10	12	14
e	2.30	2.87	3.44	4.58	5.72	6.86	9.15	11.43	13.72	16.00
r	0.1	0.1	0.2	0.2	0.25	0.4	0.4	0.6	0.6	0.6
公称长度 l	4~25	5~30	6~40	8~50	10~60	12~80	16~100	20~120	25~140	25~160
l(系列)	2.5、3、4、5、6、8、10、12、(14)、16、20、25、30、35、40、45、50、(55)、60、(65)、70、80、90、100、110、120、130、140、150、160									

注:1. 括号内的规格尽可能不采用,末端按 GB/T 2—1985。

　　2. M2.5~M3 的螺钉,在公称长度 20 mm 以内的制出全螺纹;

　　　　M4~M5 的螺钉,在公称长度 25 mm 以内的制出全螺纹;

　　　　M6 的螺钉,在公称长度 30 mm 以内的制出全螺纹;

　　　　M8 的螺钉,在公称长度 35 mm 以内的制出全螺纹;

　　　　M10 的螺钉,在公称长度 40 mm 以内的制出全螺纹;

　　　　M12 的螺钉,在公称长度 45 mm 以内的制出全螺纹;

　　　　M14~M16 的螺钉,在公称长度 55 mm 以内的制出全螺纹。

　　3. 力学性能等级:8.8、12.9;螺纹公差:力学性能等级为 8.8 级时为 6g,12.9 级时为 5g、6g。

附表 12   开槽紧定螺钉

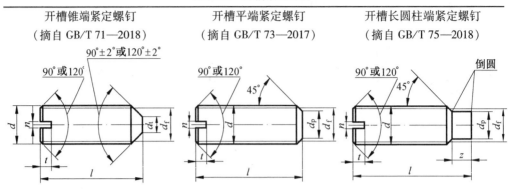

开槽锥端紧定螺钉（摘自 GB/T 71—2018）　　开槽平端紧定螺钉（摘自 GB/T 73—2017）　　开槽长圆柱端紧定螺钉（摘自 GB/T 75—2018）

标记示例:

　　螺钉 GB/T 71　M5×12-14H（螺纹规格 d=M5,公称长度 l=12 mm,力学性能等级为 14H 级的开槽锥端紧定螺钉）

mm

螺纹规格 d		M1.6	M2	M2.5	M3	M4	M5	M6	M8	M10	M12
P(螺距)		0.35	0.4	0.45	0.5	0.7	0.8	1	1.25	1.5	1.75
n		0.25	0.25	0.4	0.4	0.6	0.8	1	1.2	1.6	2
t		0.74	0.84	0.95	1.05	1.42	1.63	2	2.5	3	3.6
d_f		螺纹小径									
d_t		0.16	0.2	0.25	0.3	0.4	0.5	1.5	2	2.5	3
d_p		0.8	1	1.5	2	2.5	3.5	4	5.5	7	8.5
z		1.05	1.25	1.25	1.75	2.25	2.75	3.25	4.3	5.3	6.3
l	GB/T 71—1985	2～8	3～10	3～12	4～16	6～20	8～25	8～30	10～40	12～50	14～60
	GB/T 73—1985	2～8	2～10	2.5～12	3～16	4～20	5～25	6～30	8～40	10～50	12～60
	GB/T 75—1985	2.5～8	3～10	4～12	5～16	6～20	8～25	8～30	10～40	12～50	14～60
l(系列)		2、2.5、3、4、5、6、8、10、12、(14)、16、20、25、30、35、40、45、50、(55)、60									

　　注:1. 括号内的规格尽可能不采用。

　　　　2. 螺纹公差:6g;力学性能等级:14H、22H。

附表 13　1 型六角螺母

1 型六角螺母—A 和 B 级(摘自 GB/T 6170—2015)

1 型六角螺母—细牙—A 和 B 级(摘自 GB/T 6171—2016)

1 型六角螺母—C 级(摘自 GB/T 41—2016)

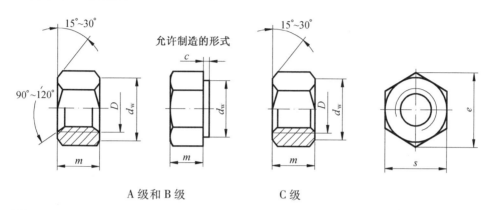

A 级和 B 级　　　　　C 级

标记示例:

螺母 GB/T 41　M10(螺纹规格 D = M10、性能等级为 5 级,不经表面处理、C 级的 1 型螺母)

螺母 GB/T 6171　M24×2(螺纹规格 D = M24、螺距 P = 2 mm、性能等级为 10 级,不经表面处理、B 级的 1 型细牙螺母)

mm

螺纹 规格 D	D	M4	M5	M6	M8	M10	M12	M16	M20	M24	M30	M36	M42	M48
	$D×P$	—	—	—	M8 ×1	M10 ×1	M12 ×1.5	M16 ×1.5	M20 ×2	M24 ×2	M30 ×2	M36 ×3	M42 ×3	M48 ×3
c		0.4	0.5		0.6			0.8				1		
S		7	8	10	13	16	18	24	30	36	46	55	65	75
e	A、 B 级	7.66	8.79	11.05	14.38	17.77	20.03	26.75	32.95	39.55	50.58	60.79	72.02	82.6
	C 级	—	8.63	10.89	14.2	17.59	19.85	26.17	32.95	39.55	50.85	60.79	72.02	82.6
m	A、 B 级	3.2	4.7	5.2	6.8	8.4	10.8	14.8	18	21.5	25.6	31	34	38
	C 级	—	5.6	6.1	7.9	9.5	12.2	15.9	18.7	22.3	26.4	31.5	34.9	38.9
d_w	A、 B 级	5.9	6.9	8.9	11.6	14.6	16.6	22.5	27.7	33.2	42.7	51.1	60.6	69.4
	C 级	—	6.9	8.7	11.5	14.5	16.5	22	27.7	33.2	42.7	51.1	60.6	69.4

注:1. P—螺距。

2. A 级用于 D≤16 的螺母;B 级用于 D>16 的螺母;C 级用于 D≥5 的螺母。

3. 螺纹公差:A、B 级为 6H,C 级为 7H;力学性能等级:A、B 级为 6、8、10 级,C 级为 4、5 级。

附表 14　垫圈

小平垫圈—A 级(摘自 GB/T 848—2002)　　平垫圈—A 级(摘自 GB/T 97.1—2002)

平垫圈倒角型—A 级(摘自 GB/T 97.2—2002)　　平垫圈—C 级(摘自 GB/T 95—2002)

大垫圈—A 级(摘自 GB/T 96.1—2002)　　大垫圈—C 级(摘自 GB/T 96.2—2002)

特大垫圈—C 级(摘自 GB/T 5287—2002)

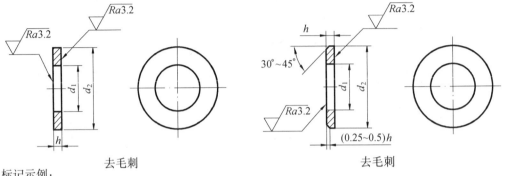

标记示例:

垫圈 GB/T 95　8(标准系列,公称尺寸 $d=8$ mm、由钢制造的硬度等级为 200HV 级、不经表面处理、产品等级为 A 级的平垫圈)

mm

公称尺寸 (螺纹规格) d	标准系列									特大系列			大系列			小系列		
	GB/T 95 (C 级)			GB/T 97.1 (A 级)			GB/T 97.2 (A 级)			GB/T 5287 (C 级)			GB/T 96 (A、C 级)			GB/T 848 (A 级)		
	d_1	d_2	h	d_1	d_2	h	d_1	d_2	h	d_1	d_2	h	d_1	d_2	h	d_1	d_2	h
	min	max		min	max		min	max		min	max		min	max		min	max	
4	—	—	—	4.3	9	0.8	—	—	—	—	—	—	4.3	12	1	4.3	8	0.5
5	5.5	10	1	5.3	10	1	5.3	10	1	5.5	18	2	5.3	15	1.2	5.3	9	1
6	6.6	12	1.6	6.4	12	1.6	6.4	12	1.6	6.6	22	2	6.4	18	1.6	6.4	11	1.6
8	9	16	1.6	8.4	16	1.6	8.4	16	1.6	9	28	3	8.4	24	2	8.4	15	1.6
10	11	20	2	10.5	20	2	10.5	20	2	11	34	3	10.5	30	2.5	10.5	18	1.6
12	13.5	24	2.5	13	24	2.5	13	24	2.5	13.5	44	4	13	37	3	13	20	2
14	15.5	28	2.5	15	28	2.5	15	28	2.5	15.5	50	4	15	44	3	15	24	2.5
16	17.5	30	3	17	30	3	17	30	3	17.5	56	5	17	50	4	17	28	2.5
20	22	37	3	21	37	3	21	37	3	22	72	6	22	60	4	21	34	3
24	26	44	4	25	44	4	25	44	4	26	85	6	26	72	5	25	39	4
30	33	56	4	31	56	4	31	56	4	33	105	6	33	92	6	31	50	4
36	39	66	5	37	66	5	37	66	5	39	125	8	39	110	8	37	60	5
42*	45	78	8	—	—	—	—	—	—	—	—	—	45	125	10	—	—	—
48*	52	92	8	—	—	—	—	—	—	—	—	—	52	145	10	—	—	—

注:1. C 级垫圈没有 $Ra3.2$ μm 和去毛刺的要求。

2. A 级适用于精装配系列,C 级适用于中等装配系列。

3. GB/T 848—2002 主要用于圆柱头螺钉,其他用于标准六角头螺栓、螺钉、螺母。

* 尚未列入相应的产品标准规格。

附表 15　标准型弹簧垫圈(摘自 GB/T 93—1987)

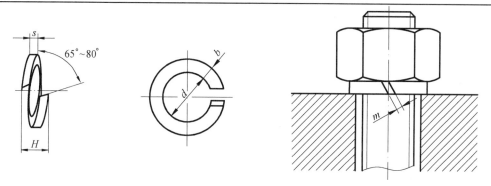

标记示例:

　　垫圈 GB/T 93　16(公称尺寸 $d=16$ mm、材料为 65Mn、表面氧化的标准型弹簧垫圈)

mm

规格 (螺纹大径)	4	5	6	8	10	12	16	20	24	30	36	42	48
d_{1min}	4.1	5.1	6.1	8.1	10.2	12.2	16.2	20.2	24.5	30.5	36.5	42.5	48.5
$s=b_{公称}$	1.1	1.3	1.6	2.1	2.6	3.1	4.1	5	6	7.5	9	10.5	12
$m\leqslant$	0.55	0.65	0.8	1.05	1.3	1.55	2.05	2.5	3	3.75	4.5	5.25	6
H_{max}	2.75	3.25	4	5.25	6.5	7.75	10.25	12.5	15	18.75	22.5	26.25	30

　　注:m 应大于零。

附表 16　圆柱销(摘自 GB/T 119.1—2000)

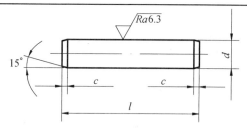

标记示例:

　　销 GB/T 119.1　6m6×30(公称直径 $d=6$ mm、公称长度 $l=30$ mm、公差为 m6、材料为钢、不经淬火、不经表面处理的圆柱销)

mm

d(公称)	2	3	4	5	6	8	10	12	16	20	25
$c\approx$	0.35	0.5	0.63	0.8	1.2	1.6	2.0	2.5	3.0	3.5	4.0
l 范围	6~20	8~30	8~40	10~50	12~60	14~80	18~95	22~140	26~180	35~200	50~200
l 公称长度 系列	2、3、4、5、6~32(2 进位)、35~100(5 进位)、120~200(20 进位)										

　　注:1.公称长度大于 20 mm,按 20 mm 递增。

　　　　2.公差 m6:$Ra\leqslant 0.8$ μm;公差 h6:$Ra\leqslant 1.6$ μm。

附表 17 圆锥销（摘自 GB/T 117—2000）

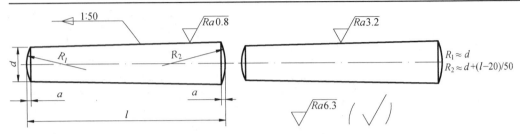

标记示例：

销 GB/T 117 A10×60（公称直径 $d=10$ mm、长度 $l=60$ mm、材料 35 钢、热处理硬度 28～38HRC、表面氧化处理的 A 型圆锥销）

mm

d（公称）	2	2.5	3	4	5	6	8	10	12	16	20	25
$a\approx$	0.25	0.3	0.4	0.5	0.63	0.8	1.0	1.2	1.6	2.0	2.5	3.0
l 范围	10～35	10～35	12～45	14～55	18～60	22～90	22～120	26～160	32～180	40～200	45～200	50～200
l 公称长度系列	2、3、4、5、6～32（2 进位）、35～100（5 进位）、120～200（20 进位）											

附表 18 开口销（摘自 GB/T 91—2000）

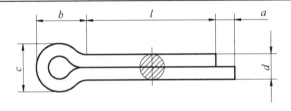

标记示例：

销 GB/T 91 5×50（公称直径 $d=5$ mm、长度 $l=50$ mm、材料低碳钢、不经表面处理的开口销）

mm

	公称	0.8	1	1.2	1.6	2	2.5	3.2	4	5	6.3	8	10	12
d	max	0.7	0.9	1	1.4	1.8	2.3	2.9	3.7	4.6	5.9	7.5	9.5	11.4
	min	0.6	0.8	0.9	1.3	1.7	2.1	2.7	3.5	4.4	5.7	7.3	9.3	11.1
c_{max}		1.4	1.8	2	2.8	3.6	4.6	5.8	7.4	9.2	11.8	15	19	24.8
$b\approx$		2.4	3	3	3.2	4	5	6.4	8	10	12.6	16	20	26
a_{max}		1.6				2.5			3.2		4			6.3
l 范围		5～16	6～20	8～26	8～32	10～40	12～50	14～65	18～80	22～100	30～120	40～160	45～200	70～200
l 公称长度系列		4、5、6～32（2 进位）、36、40～100（5 进位）、120～200（20 进位）												

注：销孔的公称直径等于 $d_{公称}$，d_{min}≤（销的直径）≤d_{max}。

附表 19　平键和键槽的剖面尺寸（摘自 GB/T 1095～1096—2003）

A 型　　　　　　　　B 型　　　　　　　　C 型

标记示例：

GB/T 1096 键 16×10×100（圆头普通 A 型平键，$b=16$ mm、$h=10$ mm、$L=100$ mm）

GB/T 1096 键 B16×10×100（圆头普通 B 型平键，$b=16$ mm、$h=10$ mm、$L=100$ mm）

GB/T 1096 键 C16×10×100（圆头普通 C 型平键，$b=16$ mm、$h=10$ mm、$L=100$ mm）

mm

轴	键		键　槽											
			宽度 b					深度						
				偏差				轴 t		毂 t_1		半径 r		
公称直径 d	公称尺寸 $b×h$	长度 L	公称尺寸 b	较松键连接		一般键连接		较紧键连接						
				轴 H9	毂 D10	轴 N9	毂 JS9	轴和毂 P9	公称	偏差	公称	偏差	最小	最大
>10～12	4×4	8～45	4						2.5		1.8		0.08	0.16
>12～17	5×5	10～56	5	+0.030 0	+0.078 +0.030	0 -0.030	±0.015	-0.012 -0.042	3.0	+0.1 0	2.3	+0.1 0		
>17～22	6×6	14～70	6						3.5		2.8		0.16	0.25

续附表19

轴	键		键 槽										
			宽度 b					深度				半径 r	
公称直径 d	公称尺寸 b×h	长度 L	公称尺寸 b	偏差				轴 t		毂 t_1			
				较松键连接		一般键连接		较紧键连接					
				轴 H9	毂 D10	轴 N9	毂 JS9	轴和毂 P9	公称	偏差	公称	偏差	最小 最大
>22~30	8×7	18~90	8	+0.036 0	+0.098 +0.040	0 −0.036	±0.018	−0.015 −0.051	4.0		3.3		0.16 0.25
>30~38	10×8	22~110	10						5.0		3.3		
>38~44	12×8	28~140	12	+0.043 0	+0.120 +0.050	0 −0.043	±0.0215	−0.018 −0.061	5.0		3.3		
>44~50	14×9	36~160	14						5.5		3.8		0.25 0.40
>50~58	16×10	45~180	16						6.0	+0.2 0	4.3	+0.2 0	
>58~65	18×11	50~200	18						7.0		4.4		
>65~75	20×12	56~220	20	+0.052 0	+0.149 +0.065	0 −0.052	±0.026	−0.022 −0.074	7.5		4.9		
>75~85	22×14	63~250	22						9.0		5.4		0.40 0.60
>85~95	25×14	70~280	25						9.0		5.4		
>95~110	28×16	80~320	28						10.0		6.4		

注:1. (d−t)和(d+t_1)两组组合尺寸的极限偏差按相应的 t 和 t_1 的极限偏差选取,但(d−t)极限偏差的值应取负号(−)。

2. L系列:0~22(2进位)、25、28、32、36、40、45、50、56、63、70、80、90、100、110、125、140、160、180、200、220、250、280、320、360、400、450、500。

附表 20　半圆键和键槽的剖面尺寸(摘自 GB/T 1098～1099.1—2003)

标记示例:

GB/T 1099　键 6×10×25(半圆键,$b=6$ mm,$h=10$ mm,$d_1=25$ mm)

mm

轴径 d		键的尺寸			键槽尺寸和极限偏差							
		公称尺寸	其他尺寸		槽宽			深度				
					偏差			轴 t		毂 t_1		半径 r
键传递转矩用	键定位用	$b×h×d$ (h9)(h11)(h12)	$L≈$	C	一般键连接		较紧键连接	公称	偏差	公称	偏差	
					轴 N9	毂 JS9	轴和毂 P9					
>8~10	>12	3.0×5.0×13	12.7	0.16~0.25	-0.004 / -0.029	±0.012	-0.006 / -0.013	3.8		1.4		0.08~0.16
>10~12	>15	3.0×6.5×16	15.7					5.3		1.4		
>12~14	>18	4.0×6.5×16	15.7	0.25~0.4	0 / -0.030	±0.015	-0.012 / -0.042	5.0	+0.2 / 0	1.8	+0.1 / 0	0.16~0.25
>14~16	>20	4.0×7.5×19	18.6					6.0		1.8		
>16~18	>22	5.0×6.5×16	15.7					4.5		2.3		
>18~20	>25	5.0×7.5×19	18.6					5.5		2.3		
>20~22	>28	5.0×9.0×22	21.6					7.0		2.3		
>22~25	>32	6.0×9.0×22	21.6					6.5		2.8		
>25~28	>36	6.0×10.0×25	24.5					7.5	+0.3 / 0	2.8		
>28~32	40	8.0×11.0×28	27.5	0.4~0.6	0 / -0.036	±0.018	-0.015 / -0.051	8.0		3.3	+0.2 / 0	0.25~0.4
>32~38	—	10.0×13×32	31.4					10.0		3.3		

注:$(d-t)$ 和 $(d+t_1)$ 两组组合尺寸的偏差按相应的 t 和 t_1 的极限偏差选取,但 $(d-t)$ 偏差的值应取负号(-)。

附表 21　滚 动 轴 承

| 深沟球轴承 | | | | 圆锥滚子轴承 | | | | | | 推力球轴承 | | | | |

标记示例：
滚动轴承 6308 GB/T 97—2013　　滚动轴承 30200 GB/T 297—2015　　滚动轴承 51205 GB/T 301—2015

轴承型号	d	D	B	轴承型号	d	D	B	C	T	轴承型号	d	D	H	d_{1min}
尺寸系列(02)				尺寸系列(02)						尺寸系列(12)				
6202	15	35	11	30203	17	40	12	11	13.25	51202	15	32	12	17
6203	17	40	12	30204	20	47	14	12	15.25	51203	17	35	12	19
6204	20	47	14	30205	25	52	15	13	16.25	51204	20	40	14	22
6205	25	52	15	30206	30	62	16	14	17.25	51205	25	47	15	27
6206	30	62	16	30207	35	72	17	15	18.25	51206	30	52	16	32
6207	35	72	17	30208	40	80	18	16	19.75	51207	35	62	18	37
6208	40	80	18	30209	45	85	19	16	20.75	51208	40	68	19	42
6209	45	85	19	30210	50	90	20	17	21.75	51209	45	73	20	47
6210	50	90	20	30211	55	100	21	18	22.75	51210	50	78	22	52
6211	55	100	21	30212	60	110	22	19	23.75	51211	55	90	25	57
6212	60	110	22	30213	65	120	23	20	24.75	51212	60	95	26	62
尺寸系列(03)				尺寸系列(03)						尺寸系列(13)				
6302	15	42	13	30302	15	42	13	11	14.25	51304	20	47	18	22
6303	17	47	14	30303	17	47	14	12	15.25	51305	25	52	18	27
6304	20	52	15	30304	20	52	15	13	16.25	51306	30	60	21	32
6305	25	62	17	30305	25	62	17	15	18.25	51307	35	68	24	37
6306	30	72	19	30306	30	72	19	16	20.75	51308	40	78	25	42
6307	35	80	21	30307	35	80	21	18	22.75	51309	45	85	28	47
6308	40	90	23	30308	40	90	23	20	25.25	51310	50	95	31	52
6309	45	100	25	30309	45	100	25	22	27.25	51311	55	105	35	57
6310	50	110	27	30310	50	110	27	23	29.25	51312	60	110	35	62
6311	55	120	29	30311	55	120	29	25	31.5	51313	65	115	36	67
6312	60	130	31	30312	60	130	31	26	33.5	51314	70	125	40	72
6313	65	140	33	30313	65	140	33	28	36.0	51315	75	135	44	77

附表 22　圆柱螺旋压缩弹簧

圆柱螺旋压缩弹簧(GB/T 2089—2009)

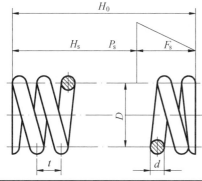

A 型(两端圈并紧磨平)

B 型(两端圈并紧锻平)

标记示例:

　A 型、材料直径 $d = 6$ mm、弹簧中径 $D = 38$ mm、自由高度 $H_0 = 60$ mm、材料为 C 级碳素弹簧钢丝、冷卷、表面涂漆处理的右旋圆柱螺旋压缩弹簧,其标记为:

　　　YA　6×38×60　GB/T 2089

材料直径 d /mm	弹簧中径 D /mm	节距 $t(\approx)$ /mm	自由高度 H_0 /mm	有效圈数 (n 圈)	试验负荷 P_s /N	试验负荷变形量 F_s/mm
2.5	20	7.02	38	4.5	218	20.4
			80	10.5		47.5
	25	9.57	58	5.5	174	38.9
			70	6.5		45.9
4	28	9.16	50	4.5	594	23.2
			70	6.5		33.5
	30	9.92	45	3.5	554	20.7
			85	7.5		44.4
4.5	32	10.5	65	5.5	740	32.9
			90	7.5		44.9
	50	19.1	80	3.5	474	51.2
			220	10.5		153
5	40	13.4	85	5.5	812	46.3
			110	7.5		63.2
	45	15.7	80	4.5	722	48.0
			140	8.5		90.6
6	38	11.9	60	4	368	23.5
			100	7.5		44.0
6	45	14.2	90	5.5	1155	45.2
			120	7.5		61.7
10	45	14.6	115	6.5	4919	29.5
			130	7.5		34.1
	50	15.6	80	4	4427	22.4
			150	8.5		47.6

注:1. 材料直径系列:0.5~1(0.1 进位),1.2~2(0.2 进位),2.5~5(0.5 进位),6~20(2 进位),25~50(5 进位)。

2. 弹簧中径系列:3~4.5(0.5 进位),6~10(1 进位),12~22(2 进位),25,28,30,32,35,38,40~100(5 进位),110~200(10 进位),220~340(20 进位)。

3. 本表仅摘录 GB/T 2089—2009 所列表格中的部分项目和 24 个弹簧,作为示例,需用时可查阅该标准。

附录 3　常用的机械加工一般规范和零件结构要素

1. 标准尺寸(摘自 GB/T 2822—2005)

附表 23　标准尺寸优先数及优先数系　　　　　　　　　　　　　　　mm

R10	1.00,1.25,1.60,2.00,2.50,3.15,4.00,5.00,6.30,8.00,10.0,12.5,16.0,20.0,25.0, 31.5,40.0,50.0,63.0,80.0,100,125,160,200,250,315,400,500,630,800,1000
R20	1.12,1.40,1.80,2.24,2.80,3.55,4.50,5.60,7.10,9.00,11.2,14.0,18.0,22.4,28.0, 35.5,45.0,56.0,71.0,90.0,112,140,180,224,280,355,450,560,710,900
R40	13.2,15.0,17.0,19.0,21.2,23.6,26.5,30.0,33.5,37.5,42.5,47.5,53.0,60.0,67.0, 75.0,85.0,95.0,106,118,132,150,170,190,212,236,265,300,335,375,425,475,530,600, 670,750,850,950

注:1. 本表仅摘录 1～100 mm 范围内优先数系 R 系列中的标准尺寸。

　　2. 使用时按优先顺序(R10、R20、R40)选取标准尺寸。

2. 砂轮越程槽(摘自 GB/T 6403.5—2008)

附表 24　砂轮越程槽　　　　　　　　　　　　　　　mm

磨外圆　　　磨内圆

b_1	0.6	1.0	1.6	2.0	3.0	4.0	5.0	8.0	10
b_2	2.0	3.0		4.0		5.0		8.0	10
h	0.1	0.2		0.3	0.4		0.6	0.8	1.2
r	0.2	0.5		0.8	1.0		1.6	2.0	3.0
d	～10			>10～50		>50～100		>100	

注:1. 越程槽内二直线相交处,不允许产生尖角。

　　2. 越程槽深度 h 与圆弧半径 r,要满足 $r \leqslant 3h$。

　　3. 磨削具有数个直径的工件时,可使用同一规格的越程槽。

　　4. 直径 d 值大的零件,允许选择小规格的砂轮越程槽。

　　5. 砂轮越程槽的尺寸公差和表面粗糙度根据该零件的结构、性能确定。

3.零件倒圆与倒角(摘自 GB/T 6403.4—2008)

附表 25　倒圆与倒角,内角倒角、外角倒圆装配时 C_{max} 与 R_1 的关系　　　　mm

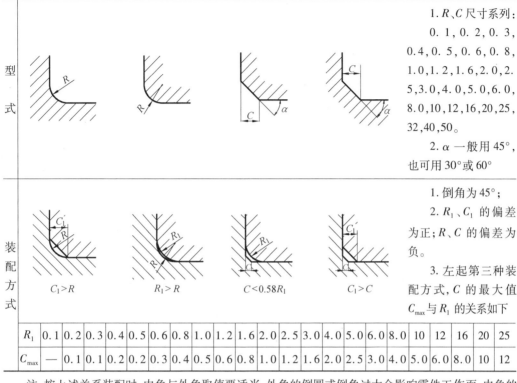

型式		1.R、C 尺寸系列: 0.1,0.2,0.3, 0.4,0.5,0.6,0.8, 1.0,1.2,1.6,2.0,2. 5,3.0,4.0,5.0,6.0, 8.0,10,12,16,20,25, 32,40,50。 2.α 一般用45°, 也可用30°或60°
装配方式	$C_1 > R$　$R_1 > R$　$C < 0.58R_1$　$C_1 > C$	1.倒角为45°; 2.R_1、C_1 的偏差为正;R、C 的偏差为负。 3.左起第三种装配方式,C 的最大值 C_{max} 与 R_1 的关系如下

R_1	0.1	0.2	0.3	0.4	0.5	0.6	0.8	1.0	1.2	1.6	2.0	2.5	3.0	4.0	5.0	6.0	8.0	10	12	16	20	25
C_{max}	—	0.1	0.1	0.2	0.2	0.3	0.4	0.5	0.6	0.8	1.0	1.2	1.6	2.0	2.5	3.0	4.0	5.0	6.0	8.0	10	12

注:按上述关系装配时,内角与外角取值要适当,外角的倒圆或倒角过大会影响零件工作面;内角的倒圆或倒角过小会产生应力集中。

附表 26　与直径 ϕ 相应的倒角 C、倒圆 R 的推荐值　　　　mm

ϕ	~3	3~6	6~10	10~18	18~30	30~50	50~80	80~120	120~180
C 或 R	0.2	0.4	0.6	0.8	1.0	1.6	2.0	2.5	3.0
ϕ	180~250	250~300	320~400	400~500	500~630	630~800	800~1 000	1 000~1 250	1 250~1 600
C 或 R	4.0	5.0	6.0	8.0	10	12	16	20	25

注:倒角一般用45°,也允许用30°、60°。

4.普通螺纹倒角和退刀槽(摘自 GB/T 3—1997)、螺纹紧固件的螺纹倒角(摘自 GB/T 2—2016)

附表 27　退刀槽的尺寸

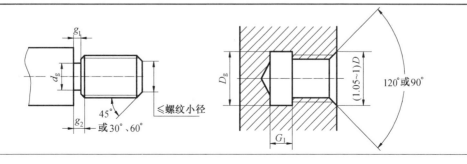

续附表 27
mm

螺距	外螺纹			内螺纹		螺距	外螺纹			内螺纹	
	g_{2max}	g_{1min}	d_g	G_1	D_g		g_{2max}	g_{1min}	d_g	G_1	D_g
0.5	1.5	0.8	$d-0.8$	2		1.75	5.25	3	$d-2.6$	7	
0.7	2.1	1.1	$d-1.1$	2.8	$D+0.3$	2	6	3.4	$d-3$	8	
0.8	2.4	1.3	$d-1.3$	3.2		2.5	7.5	4.4	$d-3.6$	10	$D+0.5$
1	3	1.6	$d-1.6$	4		3	9	5.2	$d-4.4$	12	
1.25	3.75	2	$d-2$	5	$D+0.5$	3.5	10.5	6.2	$d-5$	14	
1.5	4.5	2.5	$d-2.3$	6		4	12	7	$d-5.7$	16	

注:普通螺纹端部倒角见上页的附图。

5. 紧固件通孔(摘自 GB/T 5277—1985)及沉头座尺寸(摘自 GB/T 152.2—2014、GB/T 152.3—1988、GB/T 152.4—1988)

附表 28　紧固件通孔及沉头座尺寸
mm

螺纹规格 d		3	4	5	6	8	10	12	14	16	18	20	22	24	27	30	36	
通孔直径 GB/T 5277—1985	精装配	3.2	4.3	5.3	6.4	8.4	10.5	13	15	17	19	21	23	25	28	31	37	
	中等装配	3.4	4.5	5.5	6.6	9	11	13.5	15.5	17.5	20	22	24	26	30	33	39	
	粗装配	3.6	4.8	5.8	7	10	12	14.5	16.5	18.5	21	24	26	28	32	35	42	
六角头螺栓和六角螺母用沉孔 GB/T 152.4—1988	d_2	9	10	11	13	18	22	26	30	33	36	40	43	48	53	61		适用于六角头螺栓和六角螺母
	d_3	—	—	—	—	—	—	16	18	20	22	24	26	28	33	36		
	d_1	3.4	4.5	5.5	6.6	9.0	11.0	13.5	15.5	17.5	20.2	22.0	24	26	30	33		
沉头用沉孔 GB/T 152.2—2014	d_2	6.4	9.6	10.6	12.8	17.6	20.3	24.4	28.4	32.4	—	40.4	—	—	—	—		适用于沉头及半沉头螺钉
	$t\approx$	1.6	2.7	2.7	3.3	4.6	5.0	6.0	7.0	8.0	—	10.0	—	—	—	—		
	d_1	3.4	4.5	5.5	6.6	9	11	13.5	15.5	17.5	—	22	—	—	—	—		
	α						$90°^{-2°}_{-4°}$											

续附表 28

螺纹规格 d		3	4	5	6	8	10	12	14	16	18	20	22	24	27	30	36
通孔直径 GB/T 5277—1985	精装配	3.2	4.3	5.3	6.4	8.4	10.5	13	15	17	19	21	23	25	28	31	37
	中等装配	3.4	4.5	5.5	6.6	9	11	13.5	15.5	17.5	20	·22	24	26	30	33	39
	粗装配	3.6	4.8	5.8	7	10	12	14.5	16.5	18.5	21	24	26	28	32	35	42
圆柱头用沉孔 GB/T 152.3—1988	d_2	6.0	8.0	10.0	11.0	15.0	18.0	20.0	24.0	26.0	—	33.0	—	40.0	—	48.0	适用于内六角圆柱头螺钉
	t	3.4	4.6	5.7	6.8	9.0	11.0	13.0	15.0	17.5	—	21.5	—	25.5	—	32.0	
	d_3	—	—	—	—	—	—	16	18	20	—	24	—	28	—	36	
	d_1	3.4	4.5	5.5	6.6	9.0	11.0	13.5	15.5	17.5	—	22.0	—	26.0	—	33.0	
	d_2	—	8	10	11	15	—	20	24	26	—	33	—	—	—	—	适用于开槽圆柱头螺钉
	t	—	3.2	4.0	4.7	6.0	7.0	8.0	9.0	10.5	—	12.5	—	—	—	—	
	d_3	—	—	—	—	—	—	16	18	20	—	24	—	—	—	—	
	d_1	—	4.5	5.5	6.6	9.0	11.0	13.5	15.5	17.5	—	22.0	—	—	—	—	

注:对螺栓和螺母用沉孔的尺寸 t,只要能制出与通孔轴线垂直的圆平面即可,即刮平圆平面为止,常称锪平。表中尺寸 d_1、d_2、t 的公差带都是 H13。

6. 中心孔表示法(摘自 GB/T 4459.5—1999)

附表 29　中心孔的符号

符　号	表示法示例	说　明
	GB/T 4459.5-B2.5/8	采用 B 型中心孔 $d=2.5$ mm $D_2=8$ mm 在完工的零件上要求保留
	GB/T 4459.5-A4/8.5	采用 A 型中心孔 $d=4$ mm $D=8.5$ mm 在完工的零件上是否保留都可以
	GB/T 4459.5-A1.6/3.35	采用 A 型中心孔 $d=1.6$ mm $D=3.35$ mm 在完工的零件上不允许保留

附表30 中心孔的型式及尺寸（摘自 GB 145—2001）

A型　不带护锥的中心孔　　B型　带护锥的中心孔　　R型　弧型中心孔　　C型　带螺纹的中心孔

d (A,B,R型)	D (A型)	D (R型)	D_1 (B型)	D_2 (B型)	l_2 (A型)	l_2 (B型)	t(参考) (A型)	t(参考) (B型)	l_min (R型)	r max (R型)	r min (R型)
(0.50)	1.06	—	—	—	0.48	—	0.5	—	—	—	—
(0.63)	1.32	—	—	—	0.60	—	0.6	—	—	—	—
(0.80)	1.70	—	—	—	0.73	—	0.7	—	—	—	—
1.00	2.12	2.12	2.12	3.15	0.97	1.27	0.9	0.9	2.3	3.15	2.50
(1.25)	2.65	2.65	2.65	4.00	1.21	1.60	1.1	1.1	2.8	4.00	3.15
1.60	3.35	3.35	3.35	5.00	1.52	1.99	1.4	1.4	3.5	5.00	4.00
2.00	4.25	4.25	4.25	6.30	1.95	2.54	1.8	1.8	4.4	6.30	5.00
2.50	5.30	5.30	5.30	8.00	2.42	3.20	2.2	2.2	5.5	8.00	6.30
3.15	6.70	6.70	6.70	10.00	3.07	4.03	2.8	2.8	7.0	10.00	8.00
4.00	8.50	8.50	8.50	12.50	3.90	5.05	3.5	3.5	8.9	12.50	10.00
(5.00)	10.60	10.60	10.60	16.00	4.85	6.41	4.4	4.4	11.2	16.00	12.50
6.30	13.20	13.20	13.20	18.00	5.98	7.36	5.5	5.5	14.0	20.00	16.00
(8.00)	17.00	17.00	17.00	22.40	7.79	9.36	7.0	7.0	17.9	25.00	20.00
10.00	21.20	21.20	21.20	28.00	9.70	11.66	8.7	8.7	22.5	31.50	25.00

C型

d	D_1	D_2	D_3	l	l_1 参考
M3	3.2	5.3	5.8	2.6	1.8
M4	4.3	6.7	7.4	3.2	2.1
M5	5.3	8.1	8.8	4.0	2.4
M6	6.4	9.6	10.5	5.0	2.8
M8	8.4	12.2	13.2	6.0	3.3
M10	10.5	14.9	16.3	7.5	3.8
M12	13.0	18.1	19.8	9.5	4.4
M16	17.0	23.0	25.3	12.0	5.2
M20	21.0	28.4	31.3	15.0	6.4
M24	26.0	34.2	38.0	18.0	8.0

注：1. 括号内尺寸尽量不用。

2. A、B型中尺寸 l_1 取决于中心钻的长度，即使中心孔重磨后再使用，此值不应小于 t 值。

3. A型同时列出了 D 和 l_2 尺寸，制造厂可分别任选其中一个尺寸。

附录4　极限与配合

附表31　公称尺寸小于 500 mm 的标准公差(摘自 GB/T 1800.1—2020)　　μm

公称尺寸/mm	公差等级																			
	IT01	IT0	IT1	IT2	IT3	IT4	IT5	IT6	IT7	IT8	IT9	IT10	IT11	IT12	IT13	IT14	IT15	IT16	IT17	IT18
≤3	0.3	0.5	0.8	1.2	2	3	4	6	10	14	25	40	60	100	140	250	400	600	1000	1400
3~6	0.4	0.6	1	1.5	2.5	4	5	8	12	18	30	48	75	120	180	300	480	750	1200	1800
6~10	0.4	0.6	1	1.5	2.5	4	6	9	15	22	36	58	90	150	220	360	580	900	1500	2200
10~18	0.5	0.8	1.2	2	3	5	8	11	18	27	43	70	110	180	270	430	700	1100	1800	2700
18~30	0.6	1	1.5	2.5	4	6	9	13	21	33	50	84	130	210	330	520	840	1300	2100	3300
30~50	0.7	1	1.5	2.5	4	7	11	16	25	39	62	100	160	250	390	620	1000	1600	2500	3900
50~80	0.8	1.2	2	3	5	8	13	19	30	46	74	120	190	300	460	740	1200	1900	3000	4600
80~120	1	1.5	2.5	4	6	10	15	22	35	54	87	140	220	350	540	870	1400	2200	3500	5400
120~180	1.2	2	3.5	5	8	12	18	25	40	63	100	160	250	400	630	1000	1600	2500	4000	6300
180~250	2	3	4.5	7	10	14	20	29	46	72	115	185	290	460	720	1150	1850	2900	4600	7200
250~315	2.5	4	6	8	12	16	23	32	52	81	130	210	320	520	810	1300	2100	3200	5200	8100
315~400	3	5	7	9	13	18	25	36	57	89	140	230	360	570	890	1400	2300	3600	5700	8900
400~500	4	6	8	10	15	20	27	40	63	97	155	250	400	630	970	1550	2500	4000	6300	9700

附表 32　轴的极限偏差数值(摘自 GB/T 1800.1—2020)　　　　　μm

常用及优先公差带(带圈者为优先公差带)

公称尺寸/mm 大于	至	a 11	b 11	b 12	c 9	c 10	c ⑪	d 8	d ⑨	d 10	d 11	e 7	e 8	e 9
—	3	−270 −330	−140 −200	−140 −240	−60 −85	−60 −100	−60 −120	−20 −34	−20 −45	−20 −60	−20 −80	−14 −24	−14 −28	−14 −39
3	6	−270 −345	−140 −215	−140 −260	−70 −100	−70 −118	−70 −145	−30 −48	−30 −60	−30 −78	−30 −105	−20 −32	−20 −38	−20 −50
6	10	−280 −370	−150 −240	−150 −300	−80 −116	−80 −138	−80 −170	−40 −62	−40 −76	−40 −98	−40 −130	−25 −40	−25 −47	−25 −61
10	14	−290 −400	−150 −260	−150 −330	−95 −138	−95 −165	−95 −205	−50 −77	−50 −93	−50 −120	−50 −160	−32 −50	−32 −59	−32 −75
14	18	−290 −400	−150 −260	−150 −330	−95 −138	−95 −165	−95 −205	−50 −77	−50 −93	−50 −120	−50 −160	−32 −50	−32 −59	−32 −75
18	24	−300 −430	−160 −290	−160 −370	−110 −162	−110 −194	−110 −240	−65 −98	−65 −117	−65 −149	−65 −195	−40 −61	−40 −73	−40 −92
24	30	−300 −430	−160 −290	−160 −370	−110 −162	−110 −194	−110 −240	−65 −98	−65 −117	−65 −149	−65 −195	−40 −61	−40 −73	−40 −92
30	40	−310 −470	−170 −330	−170 −420	−120 −182	−120 −220	−120 −280	−80 −119	−80 −142	−80 −180	−80 −240	−50 −75	−50 −89	−50 −112
40	50	−320 −480	−180 −340	−180 −430	−130 −192	−130 −230	−130 −290	−80 −119	−80 −142	−80 −180	−80 −240	−50 −75	−50 −89	−50 −112
50	65	−340 −530	−190 −380	−190 −490	−140 −214	−140 −260	−140 −330	−100 −146	−100 −174	−100 −220	−100 −290	−60 −90	−60 −106	−60 −134
65	80	−360 −550	−200 −390	−200 −500	−150 −224	−150 −270	−150 −340	−100 −146	−100 −174	−100 −220	−100 −290	−60 −90	−60 −106	−60 −134
80	100	−380 −600	−200 −440	−220 −570	−170 −257	−170 −310	−170 −390	−120 −174	−120 −207	−120 −260	−120 −340	−72 −109	−72 −126	−72 −159
100	120	−410 −630	−240 −460	−240 −590	−180 −267	−180 −320	−180 −400	−120 −174	−120 −207	−120 −260	−120 −340	−72 −109	−72 −126	−72 −159
120	140	−460 −710	−260 −510	−260 −660	−200 −300	−200 −360	−200 −450	−145 −208	−145 −245	−145 −305	−145 −395	−85 −125	−85 −148	−85 −185
140	160	−520 −770	−280 −530	−280 −680	−210 −310	−210 −370	−210 −460	−145 −208	−145 −245	−145 −305	−145 −395	−85 −125	−85 −148	−85 −185
160	180	−580 −830	−310 −560	−310 −710	−230 −330	−230 −390	−230 −480	−145 −208	−145 −245	−145 −305	−145 −395	−85 −125	−85 −148	−85 −185
180	200	−660 −950	−340 −630	−340 −800	−240 −355	−240 −425	−240 −530	−170 −242	−170 −285	−170 −355	−170 −460	−100 −146	−100 −172	−100 −215
200	225	−740 −1 030	−380 −670	−380 −840	−260 −375	−260 −445	−260 −550	−170 −242	−170 −285	−170 −355	−170 −460	−100 −146	−100 −172	−100 −215
225	250	−820 −1 110	−420 −710	−420 −880	−280 −395	−280 −465	−280 −570	−170 −242	−170 −285	−170 −355	−170 −460	−100 −146	−100 −172	−100 −215
250	280	−920 −1 240	−480 −800	−480 −1 000	−300 −430	−300 −510	−300 −620	−190 −271	−190 −320	−190 −400	−190 −510	−110 −162	−110 −191	−110 −240
280	315	−1 050 −1 370	−540 −860	−540 −1 060	−330 −460	−330 −540	−330 −650	−190 −271	−190 −320	−190 −400	−190 −510	−110 −162	−110 −191	−110 −240
315	355	−1 200 −1 560	−600 −960	−600 −1 170	−360 −500	−360 −590	−360 −720	−210 −299	−210 −350	−210 −440	−210 −570	−125 −182	−125 −214	−125 −265
355	400	−1 350 −1 710	−680 −1 040	−680 −1 250	−400 −540	−400 −630	−400 −760	−210 −299	−210 −350	−210 −440	−210 −570	−125 −214	−125 −214	−125 −265

续附表 32

| 公称尺寸/mm | | 常用及优先公差带(带圈者为优先公差带) | | | | | | | | | | | | | | | |
大于	至	f5	f6	f⑦	f8	f9	g5	g⑥	g7	h5	h⑥	h⑦	h8	h⑨	h10	h⑪	h12
−	3	−6 −10	−6 −12	−6 −16	−6 −20	−6 −31	−2 −6	−2 −8	−2 −12	0 −4	0 −6	0 −10	0 −14	0 −25	0 −40	0 −60	0 −110
3	6	−10 −15	−10 −18	−10 −22	−10 −28	−10 −40	−4 −9	−4 −12	−4 −16	0 −5	0 −8	0 −12	0 −18	0 −30	0 −48	0 −75	0 −120
6	10	−13 −19	−13 −22	−13 −28	−13 −35	−13 −49	−5 −11	−5 −14	−5 −20	0 −6	0 −9	0 −15	0 −22	0 −36	0 −58	0 90	0 −150
10	14	−16 −24	−16 −27	−16 −34	−16 −43	−16 −59	−6 −14	−6 −17	−6 −24	0 −8	0 −11	0 −18	0 −27	0 −43	0 −70	0 −110	0 −180
14	18																
18	24	−20 −29	−20 −33	−20 −41	−20 −53	−20 −72	−7 −16	−7 −20	−7 −28	0 −9	0 −13	0 −21	0 −33	0 −52	0 −84	0 −130	0 −210
24	30																
30	40	−25 −36	−25 −41	−25 −50	−25 −64	−25 −87	−9 −20	−9 −25	−9 −34	0 −11	0 −16	0 −25	0 −39	0 −62	0 −100	0 −160	0 −250
40	50																
50	65	−30 −43	−30 −49	−30 −60	−30 −76	−30 −104	−10 −23	−10 −29	−10 −40	0 −13	0 −19	0 −30	0 −46	0 −74	0 −120	0 −190	0 −300
65	80																
80	100	−36 −51	−36 −58	−36 −71	−36 −90	−36 −123	−12 −27	−12 −34	−12 −47	0 −15	0 −22	0 −35	0 −54	0 −87	0 −140	0 −220	0 −350
100	120																
120	140	−43 −61	−43 −68	−43 −83	−43 −106	−43 −143	−14 −32	−14 −39	−14 −54	0 −18	0 −25	0 −40	0 −63	0 −100	0 −160	0 −250	0 −400
140	160																
160	180																
180	200	−50 −70	−50 −79	−50 −96	−50 −122	−50 −165	−15 −35	−15 −44	−15 −61	0 −20	0 −29	0 −46	0 −72	20 −115	0 −185	0 −290	0 −460
200	225																
225	250																
250	280	−56 −79	−56 −88	−56 −108	−56 −137	−56 −186	−17 −40	−17 −49	−17 −69	0 −23	0 −32	0 −52	0 −81	0 −130	0 −210	0 −320	0 −520
280	315																
315	355	−62 −87	−62 −98	−62 −119	−62 −151	−62 −202	−18 −43	−18 −54	−18 −75	0 −25	0 −36	0 −57	0 −89	0 −140	0 −230	0 −360	0 −570
355	400																

续附表 32

公称尺寸/mm 大于	至	js 5	js ⑥	js 7	k 5	k ⑥	k 7	m 5	m 6	m 7	n 5	n ⑥	n 7	p 5	p ⑥	p 7
–	3	±2	±3	±5	+4 / 0	+6 / 0	+10 / 0	+6 / +2	+8 / +2	+12 / +2	+8 / +4	+10 / +4	+14 / +4	+10 / +6	+12 / +6	+16 / +6
3	6	±2.5	±4	±6	+6 / +1	+9 / +1	+13 / +1	+9 / +4	+12 / +4	+16 / +4	+13 / +8	+16 / +8	+20 / +8	+17 / +12	+20 / +12	+24 / +12
6	10	±3	±4.5	±7	+7 / +1	+10 / +1	+16 / +1	+12 / +6	+15 / +6	+21 / +6	+16 / +10	+19 / +10	+25 / +10	+21 / +15	+24 / +15	+30 / +15
10	14	±4	±5.5	±9	+9 / +1	+12 / +1	+19 / +1	+15 / +7	+18 / +7	+25 / +7	+20 / +12	+23 / +12	+30 / +12	+26 / +18	+29 / +18	+36 / +18
14	18	±4	±5.5	±9	+9 / +1	+12 / +1	+19 / +1	+15 / +7	+18 / +7	+25 / +7	+20 / +12	+23 / +12	+30 / +12	+26 / +18	+29 / +18	+36 / +18
18	24	±4.5	±6.5	±10	+11 / +2	+15 / +2	+23 / +2	+17 / +8	+21 / +8	+29 / +8	+24 / +15	+28 / +15	+36 / +15	+31 / +22	+35 / +22	+43 / +22
24	30	±4.5	±6.5	±10	+11 / +2	+15 / +2	+23 / +2	+17 / +8	+21 / +8	+29 / +8	+24 / +15	+28 / +15	+36 / +15	+31 / +22	+35 / +22	+43 / +22
30	40	±5.5	±8	±12	+13 / +2	+18 / +2	+27 / +2	+20 / +9	+25 / +9	+34 / +9	+28 / +17	+33 / +17	+42 / +17	+37 / +26	+42 / +26	+51 / +26
40	50	±5.5	±8	±12	+13 / +2	+18 / +2	+27 / +2	+20 / +9	+25 / +9	+34 / +9	+28 / +17	+33 / +17	+42 / +17	+37 / +26	+42 / +26	+51 / +26
50	65	±6.5	±9.5	±15	+15 / +2	+21 / +2	+32 / +2	+24 / +11	+30 / +11	+41 / +11	+33 / +20	+39 / +20	+50 / +20	+45 / +32	+51 / +32	+62 / +32
65	80	±6.5	±9.5	±15	+15 / +2	+21 / +2	+32 / +2	+24 / +11	+30 / +11	+41 / +11	+33 / +20	+39 / +20	+50 / +20	+45 / +32	+51 / +32	+62 / +32
80	100	±7.5	±11	±17	+18 / +3	+25 / +3	+38 / +3	+28 / +13	+35 / +13	+48 / +13	+38 / +23	+45 / +23	+58 / +23	+52 / +37	+59 / +37	+72 / +37
100	120	±7.5	±11	±17	+18 / +3	+25 / +3	+38 / +3	+28 / +13	+35 / +13	+48 / +13	+38 / +23	+45 / +23	+58 / +23	+52 / +37	+59 / +37	+72 / +37
120	140	±9	±12.5	±20	+21 / +3	+28 / +3	+43 / +3	+33 / +15	+40 / +15	+55 / +15	+45 / +27	+52 / +27	+67 / +27	+61 / +43	+68 / +43	+83 / +43
140	160	±9	±12.5	±20	+21 / +3	+28 / +3	+43 / +3	+33 / +15	+40 / +15	+55 / +15	+45 / +27	+52 / +27	+67 / +27	+61 / +43	+68 / +43	+83 / +43
160	180	±9	±12.5	±20	+21 / +3	+28 / +3	+43 / +3	+33 / +15	+40 / +15	+55 / +15	+45 / +27	+52 / +27	+67 / +27	+61 / +43	+68 / +43	+83 / +43
180	200	±10	±14.5	±23	+24 / +4	+33 / +4	+50 / +4	+37 / +17	+46 / +17	+63 / +17	+51 / +31	+60 / +31	+77 / +31	+70 / +50	+79 / +50	+96 / +50
200	225	±10	±14.5	±23	+24 / +4	+33 / +4	+50 / +4	+37 / +17	+46 / +17	+63 / +17	+51 / +31	+60 / +31	+77 / +31	+70 / +50	+79 / +50	+96 / +50
225	250	±10	±14.5	±23	+24 / +4	+33 / +4	+50 / +4	+37 / +17	+46 / +17	+63 / +17	+51 / +31	+60 / +31	+77 / +31	+70 / +50	+79 / +50	+96 / +50
250	280	±11.5	±16	±26	+27 / +4	+36 / +4	+56 / +4	+43 / +20	+52 / +20	+72 / +20	+57 / +34	+86 / +34	+86 / +34	+79 / +56	+88 / +56	+108 / +56
280	315	±11.5	±16	±26	+27 / +4	+36 / +4	+56 / +4	+43 / +20	+52 / +20	+72 / +20	+57 / +34	+86 / +34	+86 / +34	+79 / +56	+88 / +56	+108 / +56
315	355	±12.5	±18	±28	+29 / +4	+40 / +4	+61 / +4	+46 / +21	+57 / +21	+78 / +21	+62 / +37	+94 / +37	+94 / +37	+87 / +62	+98 / +62	+119 / +62
355	400	±12.5	±18	±28	+29 / +4	+40 / +4	+61 / +4	+46 / +21	+57 / +21	+78 / +21	+62 / +37	+94 / +37	+94 / +37	+87 / +62	+98 / +62	+119 / +62

续附表 32 　　　μm

| 公称尺寸 /mm | | 常用及优先公差带(带圈者为优先公差带) | | | | | | | | | | | | | | |
大于	至	r5	r6	r7	s5	s⑥	s7	t5	t6	t7	u⑥	u7	v6	x6	y6	z6
—	3	+14 +10	+16 +10	+20 +10	+18 +14	+20 +14	+24 +14	—	—	—	+24 +18	+28 +18	—	+26 +20	—	+32 +26
3	6	+20 +15	+23 +15	+27 +15	+24 +19	+27 +19	+31 +19	—	—	—	+31 +23	+35 +23	—	+36 +28	—	+43 +35
6	10	+25 +19	+28 +19	+34 +19	+29 +23	+32 +23	+38 +23	—	—	—	+37 +28	+43 +28	—	+43 +34	—	+51 +42
10	14	+31 +23	+34 +23	+41 +23	+36 +28	+39 +28	+46 +28	—	—	—	+44 +33	+51 +33	—	+51 +40	—	+61 +50
14	18	+31 +23	+34 +23	+41 +23	+36 +28	+39 +28	+46 +28	—	—	—	+44 +33	+51 +33	+50 +39	+56 +45	—	+71 +60
18	24	+37 +28	+41 +28	+49 +28	+44 +35	+48 +35	+56 +35	—	—	—	+54 +41	62 +41	+60 +47	+67 +54	+76 +63	+86 +73
24	30	+37 +28	+41 +28	+49 +28	+44 +35	+48 +35	+56 +35	+50 +41	+54 +41	+62 +41	+61 +48	+69 +48	+68 +55	+77 +64	+88 +75	+101 +88
30	40	+45 +34	+50 +34	+59 +34	+54 +43	+59 +43	+68 +43	+59 +48	+64 +48	+73 +48	+76 +60	+85 +60	+84 +68	+96 +80	+110 +94	+128 +112
40	50	+45 +34	+50 +34	+59 +34	+54 +43	+59 +43	+68 +43	+65 +54	+70 +54	+79 +54	+86 +70	+95 +70	+97 +81	+113 +97	+130 +114	+152 +136
50	65	+54 +41	+60 +41	+71 +41	+66 +53	+72 +53	+83 +53	+79 +66	+85 +66	+96 +66	+106 +87	+117 +87	+121 +102	+141 +122	+169 +144	+191 +172
65	80	+56 +43	+62 +43	+73 +43	+72 +59	+78 +59	+89 +59	+88 +75	+94 +75	+105 +75	+121 +102	+132 +102	+139 +120	+165 +146	+193 +174	+229 +210
80	100	+66 +51	+73 +51	+86 +51	+86 +71	+93 +71	+106 +71	+106 +91	+113 +91	+126 +91	+146 +124	+159 +124	+168 +146	+200 +178	+236 +214	+280 +258
100	120	+69 +54	+76 +54	+89 +54	+94 +79	+101 +79	+114 +79	+119 +104	+126 +104	+139 +104	+166 +144	+179 +144	+197 +172	+232 +210	+276 +254	+332 +310
120	140	+81 +63	+88 +63	+103 +63	+110 +92	+117 +92	+132 +92	+140 +122	+147 +122	+162 +122	+195 +170	+210 +170	+227 +202	+273 +248	+325 +300	+390 +365
140	160	+83 +65	+90 +65	+105 +65	+118 +100	+125 +100	+140 +100	+152 +134	+159 +134	+174 +134	+215 +190	+230 +190	+253 +228	+305 +280	+365 +340	+440 +415
160	180	+86 +68	+93 +68	+108 +68	+126 +108	+133 +108	+148 +108	+164 +146	+171 +146	+186 +146	+235 +210	+250 +210	+277 +252	+335 +310	+405 +380	+490 +465
180	200	+97 +77	+106 +77	+123 +77	+142 +122	+151 +122	+168 +122	+186 +166	+195 +166	+212 +166	+265 +236	+282 +236	+313 +284	+379 +350	+454 +425	+549 +520
200	225	+100 +80	+109 +80	+126 +80	+150 +130	+159 +130	+176 +130	+200 +180	+209 +180	+226 +180	+287 +258	+304 +258	+339 +310	+414 +385	+499 +470	+604 +575
225	250	+104 +84	+113 +84	+130 +84	+160 +140	+169 +140	+186 +140	+216 +196	+225 +196	+242 +196	+313 +284	+330 +284	+369 +340	+454 +425	+549 +520	+669 +640
250	280	+117 +94	+126 +94	+146 +94	+181 +158	+190 +158	+210 +158	+241 +218	+250 +218	+270 +218	+347 +315	+367 +315	+417 +385	+507 +475	+612 +580	+742 +710
280	315	+121 +98	+130 +98	+150 +98	+193 +170	+202 +170	+222 +170	+263 +240	+272 +240	+292 +240	+382 +350	+402 +350	+457 +425	+557 +525	+682 +650	+822 +790
315	355	+133 +108	+144 +108	+165 +108	+215 +190	+226 +190	+247 +190	+293 +268	+304 +268	+325 +268	+426 +390	+447 +390	+511 +475	+626 +590	+766 +730	+936 +900
355	400	+139 +114	+150 +114	+171 +114	+233 +208	+244 +208	+265 +208	+319 +294	+330 +294	+351 +294	+471 +435	+492 +435	+566 +530	+696 +660	+856 +820	+1 036 +1 000

附表 33 孔的极限偏差数值（摘自 GB/T 1800.2—2020） μm

公称尺寸/mm	A* 11	B* 11	B* 12	C **11**	C 12	D 8	D **9**	D 10	D 11	E 8	E 9	F 6	F 7	F **8**	F 9
≤3	+330 / +270	+200 / +140	+240 / +140	**+120 / +60**	+160 / +60	+34 / +20	**+45 / +20**	+60 / +20	+80 / +20	+28 / +14	+39 / +14	+12 / +6	+16 / +6	**+20 / +6**	+31 / +6
>3~6	+345 / +270	+215 / +140	+260 / +140	**+145 / +70**	+190 / +70	+48 / +30	**+60 / +30**	+78 / +30	+105 / +30	+38 / +20	+50 / +20	+18 / +10	+22 / +10	**+28 / +10**	+40 / +10
>6~10	+370 / +280	+240 / +150	+300 / +150	**+170 / +80**	+230 / +80	+62 / +40	**+76 / +40**	+98 / +40	+130 / +40	+47 / +25	+61 / +25	+22 / +13	+28 / +13	**+35 / +13**	+49 / +13
>10~14	+400 / +290	+260 / +150	+330 / +150	**+205 / +95**	+275 / +95	+77 / +50	**+93 / +50**	+120 / +50	+160 / +50	+59 / +32	+75 / +32	+27 / +16	+34 / +16	**+43 / +16**	+59 / +16
>14~18	+400 / +290	+260 / +150	+330 / +150	**+205 / +95**	+275 / +95	+77 / +50	**+93 / +50**	+120 / +50	+160 / +50	+59 / +32	+75 / +32	+27 / +16	+34 / +16	**+43 / +16**	+59 / +16
>18~24	+430 / +300	+290 / +160	+370 / +160	**+240 / +110**	+320 / +110	+98 / +65	**+117 / +65**	+149 / +65	+195 / +65	+73 / +40	+92 / +40	+33 / +20	+41 / +20	**+53 / +20**	+72 / +20
>24~30	+430 / +300	+290 / +160	+370 / +160	**+240 / +110**	+320 / +110	+98 / +65	**+117 / +65**	+149 / +65	+195 / +65	+73 / +40	+92 / +40	+33 / +20	+41 / +20	**+53 / +20**	+72 / +20
>30~40	+470 / +310	+330 / +170	+420 / +170	**+280 / +120**	+370 / +120	+119 / +80	**+142 / +80**	+180 / +80	+240 / +80	+89 / +50	+112 / +50	+41 / +25	+50 / +25	**+64 / +25**	+87 / +25
>40~50	+480 / +320	+340 / +180	+430 / +180	**+290 / +130**	+380 / +130	+119 / +80	**+142 / +80**	+180 / +80	+240 / +80	+89 / +50	+112 / +50	+41 / +25	+50 / +25	**+64 / +25**	+87 / +25
>50~65	+530 / +340	+380 / +190	+490 / +190	**+330 / +140**	+440 / +140	+146 / +100	**+174 / +100**	+220 / +100	+290 / +100	+106 / +60	+134 / +60	+49 / +30	+60 / +30	**+76 / +30**	+104 / +30
>65~80	+550 / +360	+390 / +200	+500 / +200	**+340 / +150**	+450 / +150	+146 / +100	**+174 / +100**	+220 / +100	+290 / +100	+106 / +60	+134 / +60	+49 / +30	+60 / +30	**+76 / +30**	+104 / +30
>80~100	+600 / +380	+440 / +220	+570 / +220	**+390 / +170**	+520 / +170	+174 / +120	**+207 / +120**	+260 / +120	+340 / +120	+126 / +72	+159 / +72	+58 / +36	+71 / +36	**+90 / +36**	+123 / +36
>100~120	+630 / +410	+460 / +240	+590 / +240	**+400 / +180**	+530 / +180	+174 / +120	**+207 / +120**	+260 / +120	+340 / +120	+126 / +72	+159 / +72	+58 / +36	+71 / +36	**+90 / +36**	+123 / +36
>120~140	+710 / +460	+510 / +260	+660 / +260	**+450 / +200**	+600 / +200	208 / +145	**+245 / +145**	+305 / +145	+395 / +145	+148 / +85	+185 / +85	+68 / +43	+83 / +43	**+106 / +43**	+143 / +43
>140~160	+770 / +520	+530 / +280	+680 / +280	**+460 / +210**	+610 / +210	208 / +145	**+245 / +145**	+305 / +145	+395 / +145	+148 / +85	+185 / +85	+68 / +43	+83 / +43	**+106 / +43**	+143 / +43
>160~180	+830 / +580	+560 / +310	+710 / +310	**+480 / +230**	+630 / +230	208 / +145	**+245 / +145**	+305 / +145	+395 / +145	+148 / +85	+185 / +85	+68 / +43	+83 / +43	**+106 / +43**	+143 / +43
>180~200	+950 / +660	+630 / +340	+800 / +340	**+530 / +240**	+700 / +240	+242 / +170	**+285 / +170**	+355 / +170	+460 / +170	+172 / +100	+215 / +100	+79 / +50	+96 / +50	**+122 / +50**	+165 / +50
>200~225	+1 030 / +740	+670 / +380	+840 / +380	**+550 / +260**	+720 / +260	+242 / +170	**+285 / +170**	+355 / +170	+460 / +170	+172 / +100	+215 / +100	+79 / +50	+96 / +50	**+122 / +50**	+165 / +50
>225~250	+1 110 / +820	+710 / +420	+880 / +420	**+570 / +280**	+740 / +280	+242 / +170	**+285 / +170**	+355 / +170	+460 / +170	+172 / +100	+215 / +100	+79 / +50	+96 / +50	**+122 / +50**	+165 / +50
>250~280	+1 240 / +920	+800 / +480	+1 000 / +480	**+620 / +300**	+820 / +300	+271 / +190	**+320 / +190**	+400 / +190	+510 / +190	+191 / +110	+240 / +110	+88 / +56	+108 / +56	**+137 / +56**	+186 / +56
>280~315	+1 370 / +1 050	+860 / +540	+1 060 / +540	**+650 / +330**	+850 / +330	+271 / +190	**+320 / +190**	+400 / +190	+510 / +190	+191 / +110	+240 / +110	+88 / +56	+108 / +56	**+137 / +56**	+186 / +56
>315~355	+1 560 / +1 200	+960 / +600	+1 170 / +600	**+720 / +360**	+930 / +360	+299 / +210	**+350 / +210**	+440 / +210	+570 / +210	+214 / +125	+265 / +125	+98 / +62	+119 / +62	**+151 / +62**	+202 / +62
>355~400	+1 710 / +1 350	+1 040 / +680	+1 250 / +680	**+760 / +400**	+970 / +400	+299 / +210	**+350 / +210**	+440 / +210	+570 / +210	+214 / +125	+265 / +125	+98 / +62	+119 / +62	**+151 / +62**	+202 / +62
>400~450	+1 900 / +1 500	+1 160 / +760	+1 390 / +760	**+840 / +440**	+1 070 / +440	+327 / +230	**+385 / +230**	+480 / +230	+630 / +230	+232 / +135	+290 / +135	+108 / +68	+131 / +68	**+65 / +68**	+223 / +68
>450~500	+2 050 / +1 650	+1 240 / +840	+1 470 / +840	**+880 / +480**	+1 110 / +488	+327 / +230	**+385 / +230**	+480 / +230	+630 / +230	+232 / +135	+290 / +135	+108 / +68	+131 / +68	**+68 / +68**	+223 / +68

续附表 33

μm

公称尺寸 /mm	代号及等级														
	G		H							JS			K		
	6	7	6	7	8	9	10	11	12	6	7	8	6	7	8
≤3	+8 +2	+12 +2	+6 0	+10 0	+14 0	+25 0	+40 0	+60 0	+100 0	±3	±5	±7	0 −6	0 −10	0 −14
>3 ~ 6	+12 +4	+16 +4	+8 0	+12 0	+18 0	+30 0	+48 0	+>75 0	+120 0	±4	±6	±9	+2 −6	+3 −9	5 −13
>6 ~ 10	+14 +5	+20 +5	+9 0	+15 0	+22 0	+36 0	+58 0	+>90 0	+150 0	±4.5	±7	±11	+2 −7	+5 −10	+6 −16
>10 ~ 18	+17 +6	+24 +6	+11 0	+18 0	+27 0	+43 0	+70 0	+110 0	+180 0	±5.5	±9	±13	+2 −9	+6 −12	+8 −19
>18 ~ 30	+20 +7	+28 +7	+13 0	+21 0	+33 0	+52 0	+84 0	+130 0	+210 0	±6.5	±10	±16	+2 −11	+6 −15	+10 −23
>30 ~ 50	+25 +9	+34 +9	+16 0	+25 0	+39 0	+62 0	+100 0	+160 0	+250 0	±8	±12	±19	+3 −13	+7 −18	+12 −27
>50 ~ 80	+29 +10	+40 +10	+19 0	+30 0	+46 0	+74 0	+120 0	+190 0	+300 0	±9.5	±15	±23	+4 −15	+9 −21	+14 −32
>80 ~ 120	+34 +12	+47 +12	+22 0	+35 0	+54 0	+87 0	+140 0	+220 0	+350 0	±11	±17	±27	+4 −18	+10 −25	+16 −38
>120 ~ 180	+39 +14	+54 +14	+25 0	+40 0	+63 0	+100 0	+160 0	+250 0	+400 0	±12.5	±20	±31	+4 −21	+12 −28	+20 −43
>180 ~ 250	+44 +15	+61 +15	+29 0	+46 0	+72 0	+115 0	+185 0	+290 0	+460 0	±14.5	±23	±36	+5 −24	+13 −33	+22 −50
>250 ~ 315	+49 +17	+69 +17	+32 0	+52 9	+81 0	+130 0	+210 0	+320 0	+520 0	±16	±26	±40	+5 −27	+16 −36	+25 −56
>315 ~ 400	+54 +18	+75 +18	+36 0	+57 0	+89 0	+140 0	+230 0	+360 0	+570 0	±18	±28	±44	+7 −29	+17 −40	+28 −61
>400 ~ 500	+60 +20	+83 +20	+40 0	+63 0	+97 0	+155 0	+250 0	+400 0	+630 0	±20	±31	±48	+8 −32	+18 −45	+29 −68

续附表33 μm

公称尺寸/mm	M6	M7	M8	N6	N7	N8	P6	P7	R6	R7	S6	S7	T6	T7	U7
≤3	−2/−8	−2/−12	−2/−16	−4/−10	−4/−14	−4/−18	−6/−12	−6/−16	−10/−16	−10/−20	−14/−20	−14/−24	—	—	−18/−28
>3~6	−1/−9	−0/−12	+2/−16	−5/−13	−4/−16	−2/−20	−9/−17	−8/−20	−12/−20	−11/−23	−16/−24	−15/−27	—	—	−19/−31
>6~10	−3/−12	0/−15	+1/−21	−7/−16	−4/−19	−3/−25	−12/−21	−9/−24	−16/−25	−13/−28	−20/−29	−17/−32	—	—	−22/−37
>10~14	−4/−15	0/−18	+2/−25	−9/−20	−5/−23	−3/−30	−15/−26	−11/−29	−20/−31	−16/−34	−25/−36	−21/−39	—	—	−26/−44
>14~18	−4/−15	0/−18	+2/−25	−9/−20	−5/−23	−3/−30	−15/−26	−11/−29	−20/−31	−16/−34	−25/−36	−21/−39	—	—	−26/−44
>18~24	−4/−17	0/−21	+4/−29	−11/−24	−7/−28	−3/−36	−18/−31	−14/−35	−24/−37	−20/−41	−31/−44	−27/−48	—	—	−33/−54
>24~30	−4/−17	0/−21	+4/−29	−11/−24	−7/−28	−3/−36	−18/−31	−14/−35	−24/−37	−20/−41	−31/−44	−27/−48	−37/−50	−33/−54	−40/−61
>30~40	−4/−20	0/−25	+5/−34	−12/−28	−8/−33	−3/−42	−21/−37	−17/−42	−29/−45	−25/−50	−38/−54	−34/−59	−43/−59	−39/−64	−51/−76
>40~50	−4/−20	0/−25	+5/−34	−12/−28	−8/−33	−3/−42	−21/−37	−17/−42	−29/−45	−25/−50	−38/−54	−34/−59	−49/−65	−45/−70	−61/−86
>50~65	−5/−24	0/−30	+5/−41	−14/−33	−9/−39	−4/−50	−26/−45	−21/−51	−35/−54	−30/−60	−47/−66	−42/−72	−60/−79	−55/−85	−76/−106
>65~80	−5/−24	0/−30	+5/−41	−14/−33	−9/−39	−4/−50	−26/−45	−21/−51	−37/−56	−32/−62	−53/−72	−48/−78	−69/−88	−64/−94	−91/−121
>80~100	−6/−28	0/−35	+6/−48	−16/−38	−10/−45	−4/−58	−30/−52	−24/−59	−44/−66	−38/−73	−64/−86	−58/−93	−84/−106	−78/−113	−111/−146
>100~120	−6/−28	0/−35	+6/−48	−16/−38	−10/−45	−4/−58	−30/−52	−24/−59	−47/−69	−41/−76	−72/−94	−66/−101	−97/−119	−91/−126	−131/−166
>120~140	−8/−33	0/−40	+8/−55	−20/−45	−12/−52	−4/−67	−36/−61	−28/−68	−56/−81	−48/−88	−85/−110	−77/−117	−115/−140	−107/−147	−155/−195
>140~160	−8/−33	0/−40	+8/−55	−20/−45	−12/−52	−4/−67	−36/−61	−28/−68	−58/−83	−50/−90	−93/−118	−85/−125	−127/−152	−119/−159	−175/−215
>160~180	−8/−33	0/−40	+8/−55	−20/−45	−12/−52	−4/−67	−36/−61	−28/−68	−61/−86	−53/−93	−101/−126	−93/−133	−139/−164	−131/−171	−195/−235
>180~200	−8/−37	0/−46	+9/−63	−22/−51	−14/−60	−5/−77	−41/−70	−33/−79	−68/−97	−60/−106	−113/−142	−105/−151	−157/−186	−149/−195	−219/−265
>200~225	−8/−37	0/−46	+9/−63	−22/−51	−14/−60	−5/−77	−41/−70	−33/−79	−71/−100	−63/−109	−121/−150	−113/−159	−171/−200	−163/−209	−241/−287
>225~250	−8/−37	0/−46	+9/−63	−22/−51	−14/−60	−5/−77	−41/−70	−33/−79	−75/−104	−67/−113	−131/−160	−132/−169	−187/−216	−179/−225	−267/−313
>250~280	−9/−41	0/−52	+9/−72	−25/−57	−14/−66	−5/−86	−47/−79	−36/−88	−85/−117	−74/−126	−149/−181	−138/−190	−209/−241	−198/−250	−295/−347
>280~315	−9/−41	0/−52	+9/−72	−25/−57	−14/−66	−5/−86	−47/−79	−36/−88	−89/−121	−78/−130	−161/−193	−150/−202	−231/−263	−220/−272	−330/−382
>315~355	−10/−46	0/57	+11/−78	−26/−62	−16/−73	−5/−94	−51/−87	−41/98	−97/−133	−87/−144	−179/−215	−169/−226	−257/−293	−247/−304	−369/−426
>355~400	−10/−46	0/57	+11/−78	−26/−62	−16/−73	−5/−94	−51/−87	−41/98	−103/−139	−93/−150	−197/−233	−187/−244	−283/−319	−273/−330	−414/−471
>400~450	−10/−50	0/63	+11/−86	−27/−67	−17/−80	−6/−103	−55/−95	−45/−108	−113/−153	−103/−166	−219/−259	−209/−272	−371/−357	−307/−370	−467/−530
>450~500	−10/−50	0/63	+11/−86	−27/−67	−17/−80	−6/−103	−55/−95	−45/−108	−119/−159	−109/−172	−239/−279	−229/−292	−347/−387	−337/−400	−517/−580

注:1. *公称尺寸小于1 mm时,各级的A和B均不采用。

2. 黑体字为优先公差带。

附录5　常用金属与非金属材料

1. 钢

名称	钢号	应 用 举 例	说 明
碳素结构钢	Q195	受轻载荷机件、铆钉、螺钉、垫片、外壳、焊件	"Q"为钢屈服点的"屈"字汉语拼音首位字母,数字为屈服点数值(单位:MPa)
	Q215	受力不大的铆钉、螺钉、轴、轴销、凸轮、焊件、渗碳件	
	Q235	螺栓、螺母、拉杆、钩、连杆、楔、轴、焊件	
	Q255	金属构造物中一般机件、拉杆、轴、焊件	
	Q275	重要的螺钉、拉杆、钩、楔、连杆、轴、销、齿轮	
优质碳素结构钢	08F	可塑性需好的零件:管子、垫片、渗碳件、氰化件	数字表示钢中平均碳的质量分数的万分数,例如,"45"表示平均碳的质量分数为0.45%。序号表示抗拉强度、硬度依次增加,延伸率依次降低
	10	拉杆、卡头、垫片、焊件	
	15	渗碳件、紧固件、冲模锻件、化工贮器	
	20	杠杆、轴套、钩、螺钉、渗碳件与氰化件	
	25	轴、辊子、连接器、紧固件中的螺栓、螺母	
	30	曲轴、转轴、轴销、连杆、横梁、星轮	
	35	曲轴、摇杆、拉杆、键、销、螺栓	
	40	齿轮、齿条、链轮、凸轮、轧辊、曲柄轴	
	45	齿轮、轴、联轴器、衬套、活塞销、链轮	
	50	活塞杆、轮轴、齿轮、不重要的弹簧	
	55	齿轮、连杆、扁弹簧、轧辊、偏心轮、轮圈、轮缘	
	60	叶片、弹簧	
	30Mn	螺栓、杠杆、制动板	锰的质量分数为0.7%~1.2%的优质碳素钢
	40Mn	用于承受疲劳载荷零件:轴、曲轴、万向联轴器	
	50Mn	用于高载荷下耐磨的热处理零件:齿轮、凸轮、摩擦片	
	60Mn	弹簧、发条	
合金结构钢	15Cr	渗碳齿轮、凸轮、活塞销、离合器	1.合金结构钢前面两位数字表示钢中碳的质量分数的万分数;2.合金元素以化学符号表示;3.合金元素的质量分数小于1.5%时仅注出元素符号
	20Cr	较重要的渗碳件	
	30Cr	重要的调质零件:齿轮、轮轴、摇杆、螺栓	
	40Cr	较重要的调质零件:齿轮、进气阀、辊子、轴	
	45Cr	强度及耐磨性高的轴、齿轮、螺栓	
	20CrTnMi	汽车上重要的渗碳件;齿轮	
	30CrTnMi	汽车、拖拉机上强度特高的渗碳齿轮	
	40CrTnMi	强度高且耐磨性高的大齿轮、主轴	
铸钢	ZG230-450	机座、箱体、支架	"ZG"表示铸钢,第一组数字表示屈服强度,第二组为抗拉强度(单位:MPa)
	ZG310-570	齿轮、飞轮、机架	

续附表34

2. 铸铁

名称	牌　号	特性及应用举例	说　　明
灰铸铁	HT100 HT150	低强度铸铁:盖、手轮、支架 中强度铸铁:底座、刀架、轴承座、胶带轮端盖	"HT"表示灰铸铁,后面的数字表示抗拉强度(单位:MPa)
	HT200 HT250	高强度铸铁:床身、机座、齿轮、凸轮、汽缸泵体、联轴器	
	HT300 HT350	高强度耐磨铸铁:齿轮、凸轮、重载荷床身、高压泵、阀壳体、锻模、冷冲压模	
球墨铸铁	QT800-2 QT700-2 QT600-2	具有较高强度,但塑性低;曲轴、凸轮轴、齿轮、汽缸、缸套、轧辊、水泵轴、活塞环、摩擦片	"QT"表示球墨铸铁,其后的第一组数字表示抗拉强度(单位:MPa),第二组表示延伸率(%)
	QT500-7 QT450-10 QT400-15	具有较高的塑性和适当的强度,用于承受冲击载荷的零件	
可锻铸铁	KTH300-06 KTH330-08* KTH350-10 KTH370-12*	黑心可锻铸铁:用于承受冲击振动的零件,如汽车、拖拉机、农机铸铁	"KT"表示可锻铸铁,"H"表示黑心,"B"表示白心,第一组数字表示抗拉强度(单位:MPa),第二组表示延伸率(%)
	KTB350-04 KTB380-12 KTB400-05 KTB450-07	白心可锻铸铁:韧性较低,但强度高,耐磨性,加工性好,可代替低、中碳钢及低合金钢的重要零件,如曲轴、连杆、机床附件	

注:1. KTH300-06适用于气密性零件。

　　2. 有 * 号者为推荐牌号。

续附表 34

3. 有色金属及合金

名称	牌　　　号	特性及应用举例	说　　明
普通黄铜	H62	散热器、垫圈、弹簧、螺钉等	"H"表示黄铜,后面数字表示铜的平均质量百分数
铸造黄铜	ZCuZn38Mn2Pb2	轴瓦、轴套及其他耐磨零件	牌号的数字表示含元素的平均质量百分数
铸造锡青铜	ZCuSn5Pb5Zn5	用于承受摩擦的零件,如轴承	
铸造铝青铜	ZCuAl9Mn5	强度高,减磨性、耐蚀性、铸造性良好,可用于制造蜗轮、衬套和防锈零件	
铸造铝合金	ZL201 ZL301 ZL401	载荷不大的薄壁零件,受中等载荷的零件,需保持固定尺寸的零件	"L"表示铝,后面的数字表示顺序号
硬铝	LY13	适用于中等强度的零件,焊接性能好	

4. 非金属材料

材料名称	牌号	用　　途	材料名称	牌号	用　　途
耐酸碱橡胶板	2023 2040	用作冲制密封性能好的垫圈	耐油橡胶石棉板		耐油密封衬垫材料
耐油橡胶板	3001 3002	适用冲制各种形状的垫圈	油浸石棉盘根	YS450	适用于回转轴、往复运动或阀杆上的密封材料
耐热橡胶板	4001 4002	用作冲制各种垫圈和隔热垫板	橡胶石棉盘根	XS450	同上
酚醛层压板	3302-1 3302-2	用作结构材料及用以制造各种机械零件	毛毡		用作密封、防漏油、防振、缓冲衬垫
布质酚醛层压板	3305-1 3305-2	用作轧钢机轴瓦	软钢板纸		用作密封连接处垫片
			聚四氟乙烯	SFL-4-13	用于腐蚀介质中的垫片
尼龙66 尼龙1010		用以制作机械零件	有机玻璃板		适用于耐腐蚀和需要透明的零件

附录 6　几何公差

附表 35　几何公差（摘自 GB/T 1182—2018）

特性项目	公差带定义	示　　例	说　　明
直线度	1. 在给定平面内，公差带是距离为公差值 t 的两平行直线之间的区域	（读作：ϕd 圆柱母线的直线度公差值为 0.02）	圆柱表面上任一素线必须位于距离为公差值 0.02 mm 的两平行直线之间
	2. 在任意方向上，公差带是直径为公差值 t 的圆柱面内的区域		ϕd 圆柱的轴线必须位于直线为公差值 ϕ0.04 mm 的圆柱面内
平面度	公差带是距离为公差值 t 的两平行平面之间的区域		被测表面必须位于距离为公差值 0.02 mm 的两平行平面内
圆度	公差带是在同一正截面上半径差为公差值 t 的两同心圆之间的区域		被测圆锥面任一正截面上的圆周必须位于半径差为公差值 0.02 mm 的两同心圆之间

续附表 35

特性项目	公差带定义	示　例	说　明
圆柱度	公差带是半径差为公差值 t 的两同轴圆柱面之间的区域	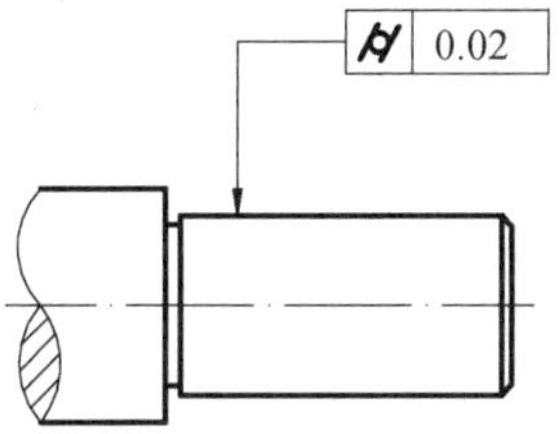 ⊿ 0.02	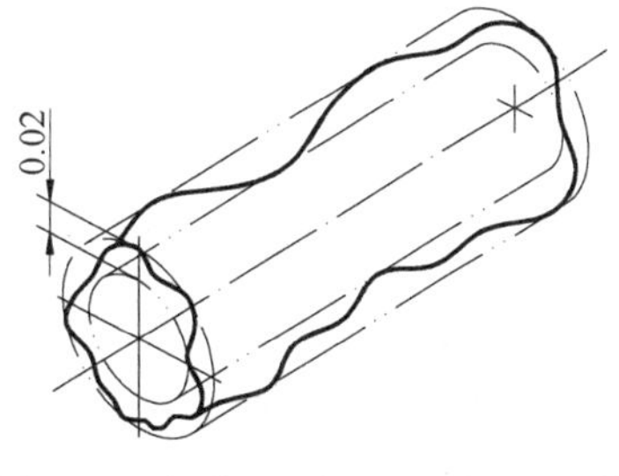 圆柱面必须位于半径差为公差值 0.05 mm 的两同轴圆柱面之间
平行度	1. 在给定方向上，公差带是距离为公差值 t，且平行于基准平面（或直线、轴线）的两平行平面之间的区域	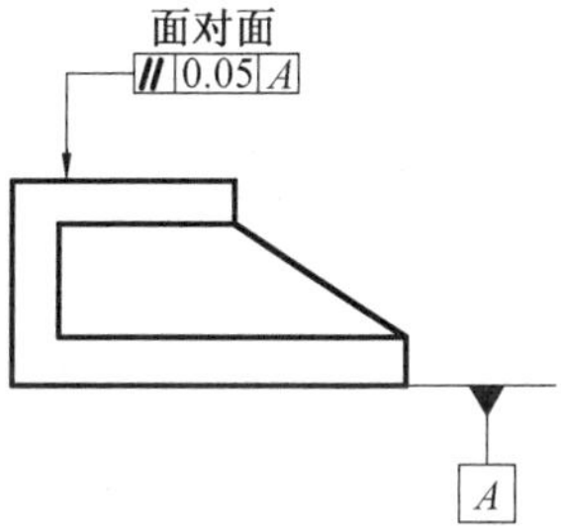 面对面　∥ 0.05 A　A	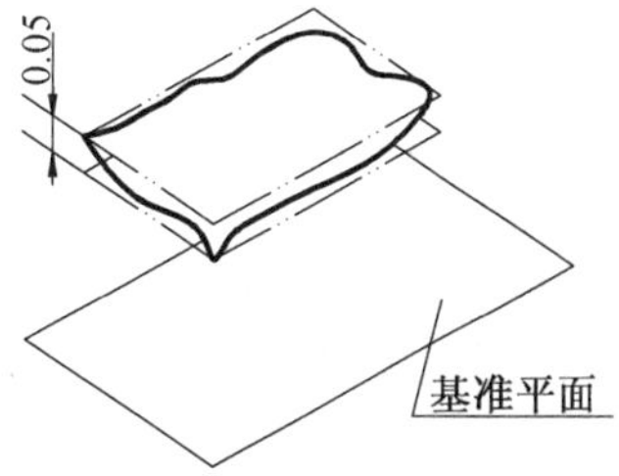 上表面必须位于距离为公差值 0.05 mm，且平行于基准平面 A 的两平行平面之间
	2. 在任意方向上，公差带是直径为公差值 t，且平行于基准线的圆柱面内的区域	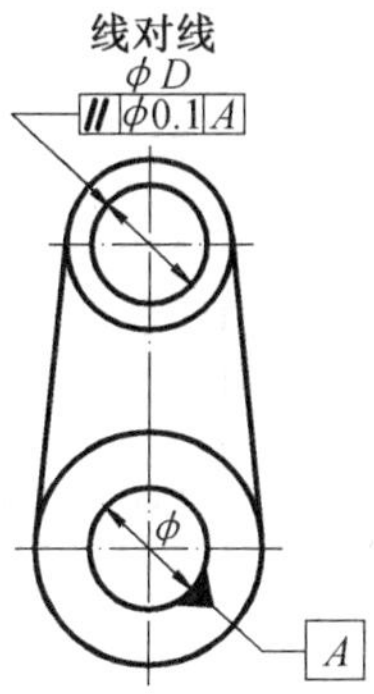 线对线　ϕD　∥ $\phi 0.1$ A　ϕ　A	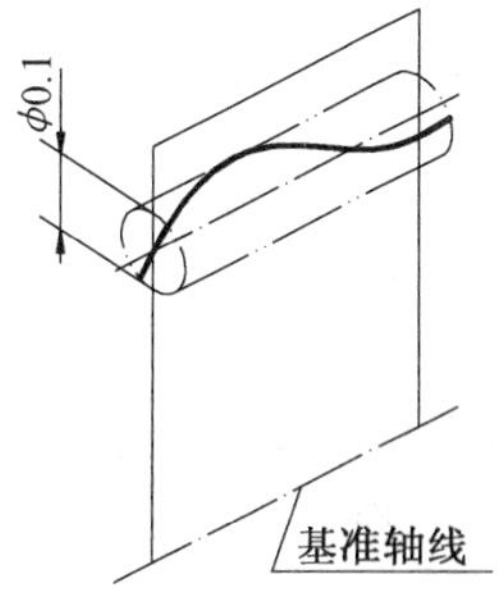 ϕD 孔的轴线必须位于直径为公差值 $\phi 0.1$ mm，且平行于基准轴线 A 的圆柱面内

续附表 35

特性项目	公差带定义	示 例	说 明
垂直度	1. 在给定方向上，公差带是距离为公差值 t，且垂直于基准线的两平行平面之间的区域	面对线 $\perp \boxed{0.05\ A}$ ϕ $\boxed{A}$	基准轴线 0.05 左侧端面必须位于距离为公差值 0.05 mm，且垂直于基准轴线 A 的两平行平面之间
	2. 在任意方向上，公差带是直径为公差值 t，且垂直于基准面的圆柱面内的区域	线对面 ϕd $\perp \boxed{\phi 0.05\ A}$ $\boxed{A}$	$\phi 0.05$ 基准平面 ϕd 轴线必须位于直径为公差值 $\phi 0.05$ mm，且垂直于基准平面 A 的圆柱面内
同轴（心）度	公差带是直径为公差值 t 的圆柱面内的区域，该圆柱面的轴线与基准轴线同轴	ϕd $\odot \boxed{\phi 0.1\ A\text{-}B}$ $\boxed{A}$ $\boxed{B}$	$\phi 0.1$ A-B 公共基准轴线 ϕd 的轴线必须位于直径为公差值 $\phi 0.1$ mm，且与公共基准轴线 A-B 同轴的圆柱面内

续附表 35

特性项目	公差带定义	示　例	说　明
对称度	公差带是距离为公差值 t，且相对基准平面对称配置的两平行平面之间的区域	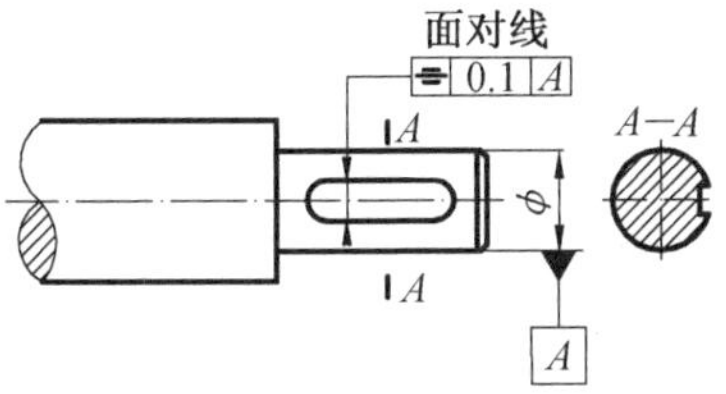	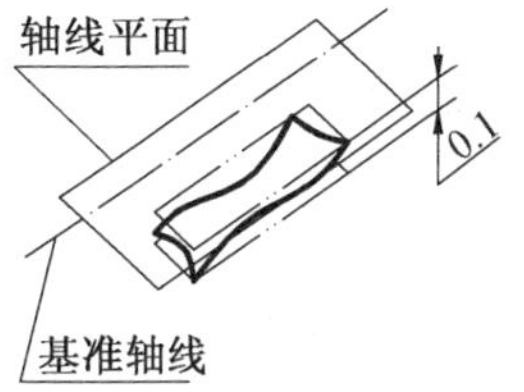 键槽的中心平面必须位于距离为公差值 0.1 mm 的两平行平面之间，该两平行平面对称配置于基准轴线的两侧
位置度	在任意方向上，公差带是直径为公差值 t 的圆柱面内的区域。公差带的轴线的位置由相对于三基面体系的理论正确尺寸确定	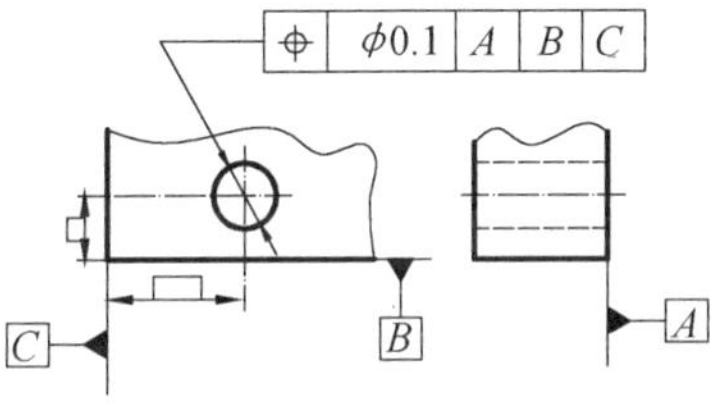	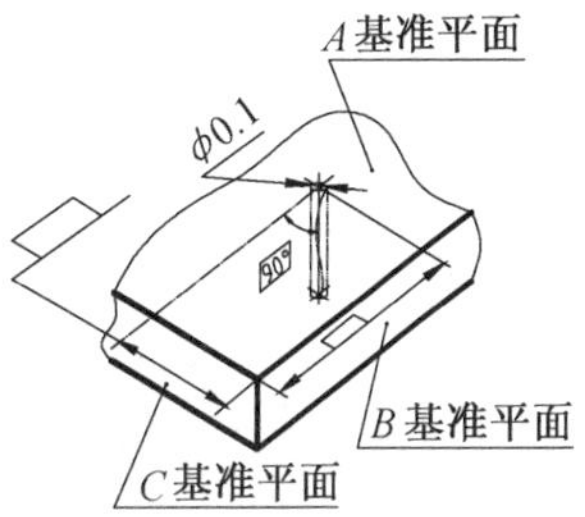 ϕD 的轴线必须位于直径为公差值 $\phi 0.1$ mm，且以相对于 A、B、C 基准平面的理论正确尺寸所确定的理想位置为轴线的圆柱面内
圆跳动	1. 径向圆跳动，公差带是在垂直于基准轴线的任一测量平面内、半径差为公差值 t，且圆心在基准轴线上的两个同心圆之间的区域	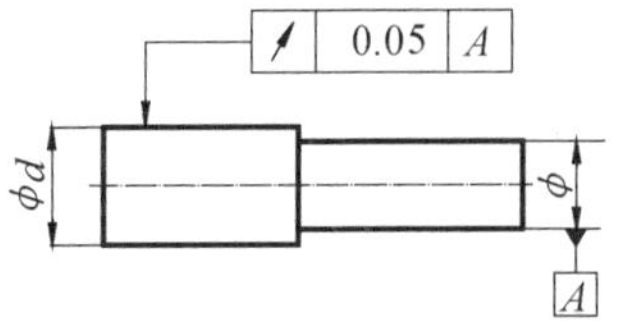	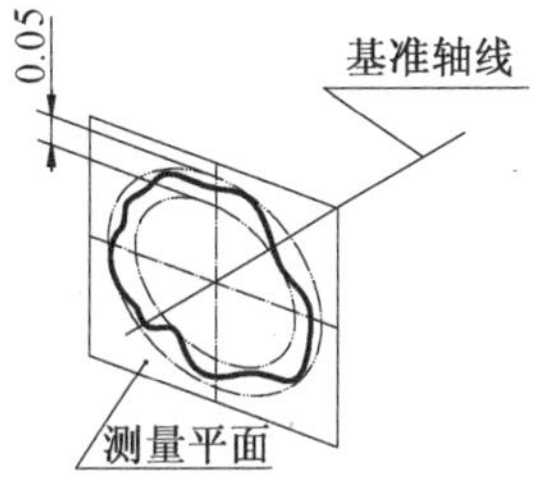 ϕd 圆柱面围绕基准轴线 A 做无轴向移动旋转一周时，在任一测量平面内的径向圆跳动量均不得大于 0.05 mm

续附表 35

特性项目	公差带定义	示　　例	说　　明
圆跳动	2.端面圆跳动,公差带是在与基准同轴的任一半径位置的测量圆柱面上距离为 t 的两圆之间的区域	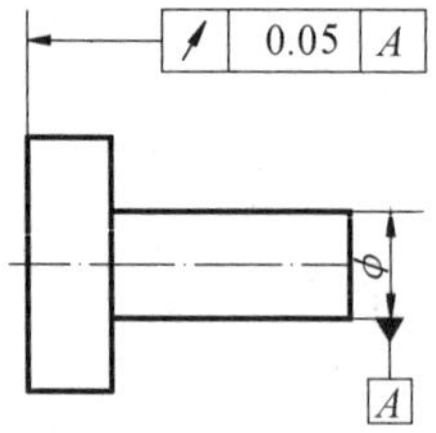	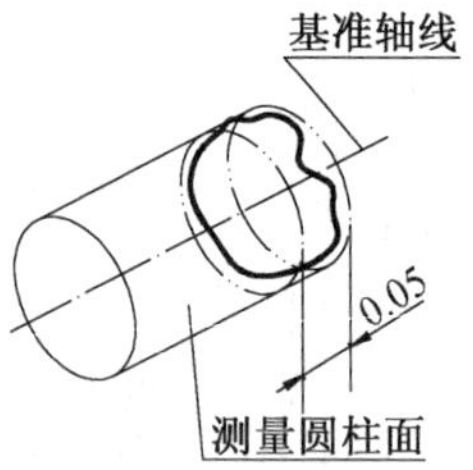 被测面围绕基准轴线旋转一周时,在任一测量圆柱面内轴向的跳动量均不得大于 0.05 mm

参考文献

［1］全国技术产品文件标准化技术委员会.机械制图卷［M］.北京:中国标准化出版社, 2006.

［2］周明贵,郭红利,刘庆立,等.机械制图与识图从入门到精通［M］.北京:化学工业出版 社,2020.

［3］吴佩年,宫娜.机械制图实用手册［M］.北京:化学工业出版社,2019.

［4］焦永和,张彤,张昊.机械制图手册［M］.6 版.北京:机械工业出版社,2022.

［5］李秀娟,许晓陆,陈秋霞.机械制图［M］.北京:航空工业出版社,2022.

［6］朱菊香,郭业才,李鹏.现代工程制图［M］.北京:机械工业出版社,2023.

［7］冯涓,杨惠英,王玉坤.机械制图:机类、近机类［M］.4 版.北京:清华大学出版社, 2018.

［8］穆浩志.工程图学与 CAD 基础教程［M］.2 版.北京:机械工业出版社,2022.

［9］CAD/CAM/CAE 技术联盟.AutoCAD2020 中文版机械设计从入门到精通［M］.北京: 清华大学出版社,2020.

［10］朱静,谢军,王国顺.现代工程制图［M］.3 版.北京:机械工业出版社,2023.

［11］叶霞,张向华,蒋琴仙.机械制图.［M］.北京:清华大学出版社,2023.

［12］王兰美,殷昌贵.机械制图［M］.3 版.北京:高等教育出版社,2020.